KB135833

빅데이터 시대, 올바른 인사이트를 위한

통계101
×
데이터 분석

DATABUNSEKI NI HISSU NO CHISHIKI KANGAEKATA TOKEIGAKUNYUMON

BY Masato Abe

Copyright © 2021 Masato Abe

Original Japanese edition published by SOCYM CO.,Ltd.

All rights reserved.

This Korean edition was published by FREELEC in 2022 by arrangement with SOCYM Inc.

through Eric Yang Agency, Inc.

빅데이터 시대, 올바른 인사이트를 위한

통계 101

STATISTICS × FOR DATA

데이터 분석

데이터는 다뤄도
통계까지 배울
시간은 없었던
당신에게

아베 마사토 지음 | 안동현 옮김

프리렉

'데이터 분석'은 정량적이고 객관적으로 사건에 접근하는 가장 유효한 수단 가운데 하나입니다. 데이터 분석을 통해 재현 가능한 신뢰성 높은 증거를 얻거나 미래의 상태를 예측할 수 있으므로, 데이터 분석은 생물학, 의학, 농학, 심리학, 경제학, 사회과학, 지구과학 등 데이터를 다루는 연구 분야에서는 필수로 사용됩니다. 더욱이 최근에는 다양한 비즈니스 현장에서 데이터를 기반으로 한 분석에 따라 의사결정을 내리기 시작했습니다. 이제 데이터 분석은 모든 인간 활동의 근간을 이루고 있다고 해도 과언이 아닙니다.

데이터 분석 방법에는 여러 가지가 있습니다만, 대부분이 통계학의 사고방식에 기초하고 있습니다. 그러므로 본격적인 데이터 분석을 하려면 통계학을 배워야 합니다. 그러나 지금까지의 통계학 해설서는 어려운 수식을 사용한 책이 많았기에, 수학 지식이 부족한 사람이 배우려면 긴 시간과 많은 노력을 들여야 했습니다. 경우에 따라서는 도중에 좌절하여 배움을 포기하게 되기도 했을 겁니다. 또는 '통계학 울렁증'인 채로 데이터 분석과 씨름하는 바람에, 본연의 연구에는 충분히 집중하지 못하거나 분석 결과를 잘못 해석하는 등, 통계학 자체가 발목을 잡을 때도 흔했습니다.

또 한쪽에는 알기 쉬운 해설을 표방하는 소위 '문과 대상 통계학 입문서'도 많이 있습니다만, 다루는 주제를 평균이나 분산 같은 기초 중의 기초에 한정한 탓에 본격적인 데이터 분석에 필요한 지식을 얻기에는 부족했습니다.

• • •

그러므로 이 책에서는 본격적인 데이터 분석에 필수불가결한 통계학적 사고방식과 다양한 통계분석 방법 지식에 대해 가능한 한 알기 쉽게, 모든 내용을 빠짐없이 설명했습니다. 문장은 최대한 잘 읽히도록 하고, 수학적인 설명은 될 수 있는 대로 줄이되 그림을 많이 사용함으로써, 수학에 자신감이 없는 독자라도 끝까지 읽을 수 있도록 노력했습니다.

필자는 통계학을 배운 적이 없는 생물학, 심리학, 농학 등 다양한 전공의 대학생과 대학원생을 대상으로 통계학 입문을 강의해 왔습니다. 이 책은 그 강의 내용을 기초로, 강의 경험에서 얻은 초보자가 실수하기 쉬운 점(예를 들어 가설 검정의 사고방식, 데이터 분석 방법의 선택 요령)을 자세하게 설명하여 알기 쉬운 입문서가 되도록 했습니다.

물론 이 책은 통계학을 배운 적 없는 독자뿐 아니라 다음과 같이 통계학에 어려움을 겪는 독자에게도 큰 도움이 되리라 기대합니다.

- 통계학을 배운 적은 있지만 제대로 이해하지 못해 여전히 서툴다.
- p값을 사용하여 논문에 결과를 서술하기는 했지만, 그 뜻을 정확히 이해하지는 못한다.
- 통계분석 방법이 너무 많아 혼란스러우므로 전체 모습을 파악하고 싶다.

또한, 최근에는 기계학습 방법을 왕성하게 사용하게 되었으므로, '기계학습은 알겠지만 통계학은 잘 모르겠다.' 하는 독자도 있으리라 생각합니다. 이 책에서는 이런 독자를 위해 기계학습과 통계가 어떻게 연결되는지도 다루고 있으니, 한번 살펴보길 바랍니다.

• • •

이 책에는 본격적이며 현대적인 데이터 분석에 반드시 필요한 지식이 충분히 채워져 있습니다. 특히 통계학의 기초 개념부터 가설검정, 통계 모형화는 물론, 나아가 인과 추론, 베이즈 통계, 기계학습, 수리 모형에 이르기까지 폭넓은 주제를 다루기 때문에, 이 책 한 권이면 통계학의 전체상과 통계학 관련 데이터 분석 방법을 조감하고, 실전 데이터 분석을 대비한 기초를 쌓을 수 있습니다.

이 책은 모두 13장으로 구성되었습니다. 1~3장에서는 데이터 분석의 목적부터 통계분석에 필요한 기초 지식과 개념까지 설명하므로, 통계학을 배운 적이 없거나 제대로 이해하지 못했다면 여기서부터 읽도록 합시다. 4~5장에서는 본격적인 통계분석인 추론통계 개념을 설명하고, 6~8장에서는 데이터 형태나 목적에 따른 다양한 추론통계 분석 방법을 폭넓게 소개합니다. 추론통계를 복습하고 싶거나, 다양한 분석 방법을 어떻게 적용하는지를 알고 싶은 독자는 이 부분을 읽으면 좋습니다. 그리고 9장에서는 최근 화제가 된 가설검정 사용법과 과학 분야의 재현 가능성 관련 논의를 설명하므로, 분석에 가설검정을 이용하는 독자라면 꼭 읽어 보기 바랍니다.

10장에서는 결과를 해석할 때 중요한 상관과 인과 간 차이 및 인과 추론 방법에 대해 소개합니다. 상관과 인과를 혼동하면 중대한 오류로 이어질 수 있으므로 정확히 이해해야 합니다. 이 책은 주로 '빈도주의 통계'라 불리는, 비교적 고전적인 방법론을 중점적으로 설명합니다만, 11장에서는 베이즈 통계라는 새로운 통계학 기법도 설명하며, 더 유연한 데이터 분석으로 이어갑니다. 12장과 13장에서는 통계학과 관련이 깊은 기계학습과 수리 모형을 설명합니다. 특히 13장에는 수리 모형 사례로 감염병이 등장하므로, 최근 자주 접하는 주제를 이해하는 데 도움이 되지 않을까 합니다.

　이 책이 많은 독자의 데이터 분석과 통계학 이해에 도움이 된다면 더 바랄 나위가 없겠습니다.

아베 마사토 (阿部真人)

• • •

1장에서는 통계학을 배우기 앞서, 먼저 '데이터 분석의 목적'에 대해 설명합니다. 또한 데이터 분석에서 통계학이 왜 중요한지, 통계학의 역할을 알아보면서 풀어 나가겠습니다. 통계분석이 어떤 세계인지를 개관하며, 통계학의 전체 모습을 파악하기 바랍니다.

1^장

통계학이란?

데이터 분석에서 통계학의 역할

1.1 ▶ 데이터를 분석하다

 데이터와 통계학

흥미가 있는 대상을 관찰하고 측정함으로써, 그 대상의 정보, 즉 '**데이터**'를 얻을 수 있습니다. 예를 들어 쥐를 대상으로 한 연구라면, 쥐의 몸 크기나 유전자 발현, 나아가 뇌 활동까지 다양한 데이터를 얻게 됩니다. 비즈니스라면 설문 조사를 집계하여 고객의 상품 만족도 데이터를 얻을 수 있습니다(**그림 1.1.1**).

데이터는 수치의 모음*으로, 막연히 바라보기만 해서는 무엇인지 제대로 알 수 없습니다. 거의 아무것도 모른다고 해도 좋을 겁니다. 때로는 사람에 따라 데이터가 왜곡되어 해석돼 버리기도 합니다. 이때 데이터 분석 방법을 하나의 도구로서 사용하여 적절하게 데이터를 분석한다면, 비로소 데이터의 성질을 알 수 있으며, 대상을 이해하거나 미래를 예측할 수 있습니다.

최근 정보 기술의 발달에 따라, 지금까지 얻을 수 없었던 영역의 데이터나 전례 없이 대량인 고해상 데이터를 얻을 수 있게 되었습니다. 생물이나 의학 분야에서는 단일 세포 수준의 고정밀 계측 데이터나 의료영상 데이터 획득이 가능해졌습니다. 비즈니스 분야에서는 각 사용자의 검색 이력 같은, 웹상에서의 상세한 행동 데이터를 대량으로 수집할 수 있습니다. 잘 알려져 있다시피 각 기업은 이러한 행동 데이터를 분석하여, 사용자가 흥미를 보일 만한 상품을

---

* 문자로 이루어진 데이터도 있습니다.

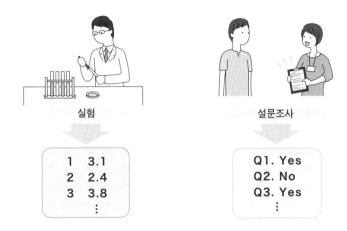

실험 　　　　　　　　　　　　설문조사

1　3.1	Q1. Yes
2　2.4	Q2. No
3　3.8	Q3. Yes

생물 실험으로 얻은 데이터(왼쪽)와 설문 조사로 수집한 고객 만족도 데이터(오른쪽)의 예입니다.

예측해 자동으로 표시하는 등, 비즈니스에 이를 응용하고자 하고 있습니다. 이처럼 정보 기술이 발달한 시대에는 데이터 분석이 무척 중요한 역할을 할 것이 분명합니다.

　데이터 분석의 근간이 되는 통계학은 '확률론'이라는 수학을 이용합니다. 수학을 잘하는 독자라면 수리통계학 서적을 읽어 가며 공부해도 되지만, 그렇지 않은 독자라면 통계학을 배운다는 것이 그리 쉽지만은 않습니다. 이 책에서는 통계학의 기초 개념부터 응용까지 폭넓은 주제를 다룸과 동시에, 간결하고 알기 쉽도록 이를 설명하고자 합니다.

데이터 분석의 목적

　통계학을 배우는 첫 단계로, '데이터 분석의 목적은 무엇인가?'부터 생각해 봅시다. 데이터 분석의 주요 목적으로는 크게 다음 3가지를 들 수 있습니다.

① 데이터를 요약하는 것

② 대상을 설명하는 것

③ 새로 얻을 데이터를 예측하는 것

목적에 따라 데이터 획득 방법이나 분석 방법이 달라지므로, 데이터를 얻기 전에 어떤 목적을 달성하고 싶은지를 정하는 것이 중요합니다.

자, 각 목적을 하나씩 살펴보도록 하겠습니다.

● 목적 ①: 데이터 요약

아무런 처리도 하지 않은 원자료(raw data)는 수치의 나열일 뿐이므로, 바라보기만 해서는 경향을 파악할 수 없습니다(**그림 1.1.2**). 사람의 뇌는 이러한 대량의 수치는 적절히 처리할 수 없게 되어 있나 봅니다. 따라서 데이터를 요약하

◆ 그림 1.1.2 **데이터 요약**

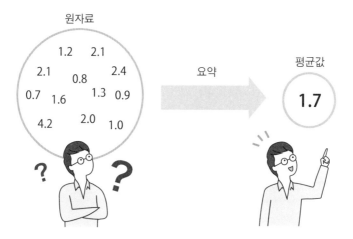

12개 숫자로 이루어진 왼쪽의 원자료는 보기만 해서는 데이터의 경향을 알기 어렵습니다. 그러나 이를 평균값이라는 하나의 숫자로 변환하면, 전체 경향을 파악하는 일이 가능해집니다.

고 정리할 방법이 필요합니다.

통계학에는 데이터를 요약하는 다양한 방법이 존재합니다. 가장 흔한 예로는 평균값 계산이 있습니다. 수많은 숫자를 평균값이라는 하나의 값으로 요약함으로써 데이터에 포함된 수치의 경향을 대략적으로 알 수 있습니다. 이러한 데이터 요약이 데이터 분석의 첫 번째 목적입니다.

● 목적 ②: 대상 설명

두 번째 목적은 대상 설명입니다. "대상을 설명한다."라고 하기보다, "대상이 가진 성질과 관계성을 명확히 밝히고 이를 이해한다."라고 바꿔 말하면 이해하기 쉬울 겁니다. 우리는 통계학에 의거한 데이터 분석뿐 아니라, 평소 주위에서 일어나는 일에서도 관찰을 통해 관계성을 발견하려 합니다. 예를 들어 "붉은 사과를 먹었더니 달았고, 초록 사과를 먹었더니 시큼했다."란 경험을 했다면, 사과의 색과 맛 사이에는 관계성이 있다고 짐작할 수 있습니다. 이는 일상생활에서 얻은 경험과 지식(이 역시 일종의 데이터라 할 수 있음)으로 사과의 색과 맛의 관계를 설명하는 하나의 예라 할 수 있습니다.

통계학에 의거한 데이터 분석은, 데이터를 정량적이고 객관적으로 평가하여 대상이 가진 성질과 관계성을 올바르게 찾고자 하는 시도입니다. **그림 1.1.3**의 왼쪽을 보십시오. 고혈압 환자를 '신약 투여 집단'과 '위약 투여 집단'으로 나누어 약을 복용하게 한 뒤, 혈압을 측정하는 실험을 가상으로 수행한 예입니다. 신약을 투여한 집단에서는 혈압이 내려갔음을 알 수 있습니다.

그림 1.1.3 오른쪽은 연소득과 행복도를 설문 조사한 가상의 예로, 연소득이 높은 사람은 행복도도 높은 경향이 있다는 것을 알 수 있습니다. 그러나 눈으로만 봐서는 이러한 경향이 '우연히 나타났을' 가능성을 배제할 수 없고, 경향이 얼마나 강한지도 평가할 수 없습니다. 그러므로 데이터 분석 방법을 이용할 필요가 있으며, 이를 통해 비로소 객관적인 증거(evidence)를 손에 넣을

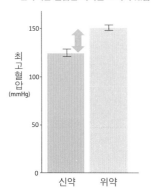

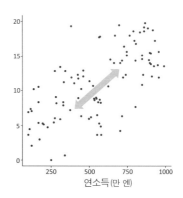

(왼쪽) 고혈압 환자를 신약 집단과 위약 집단으로 나누고 약을 복용하도록 한 뒤, 혈압을 측정한 실험의 가상 데이터. 각 막대그래프 위에 있는 검은 선은 오차 막대(error bar)입니다. 이는 5장에서 설명합니다. (오른쪽) 연소득과 행복도를 각각 설문 조사한 가상의 예. 각 점이 한 사람을 나타냅니다.

▼ 모든 가능성을 배제

그림 1.1.3 왼쪽 예에서 위약을 복용하도록 한 이유는, 만일 위약을 복용하지 않는 집단으로 실험하면 신약의 성분이 아니라 약을 복용한다는 행위 자체에 효과가 있을 가능성을 배제할 수 없기 때문입니다. 효과 없는 성분만으로 만든 위약을 복용하도록 함으로써, 신약 성분의 유효성만을 조사할 수 있습니다. 이러한 실험에서 효과가 기대되는 처리를 한 집단을 **실험군**(여기서는 신약을 투여한 집단), 이와 비교·대조하기 위한 집단을 **대조군**(여기서는 위약을 투여한 집단) 또는 **통제군**이라 부릅니다.

물론, 피험자는 신약과 위약 중 어느 것을 복용했는지 알지 못합니다. 안다면 편견 등으로 결과에 영향을 줄 가능성이 있기 때문입니다. 이처럼 피험자에게 어느 쪽 약인지 알리지 않고 실험하는 방법을 단일맹검법이라 합니다. 더 나아가 연구자가 무의식적으로 피험자에게 영향을 줄 가능성도 배제하고자 연구자도 어느 쪽 약인지 모른 채 실험하는 방법도 있는데, 이것은 이중맹검법이라 합니다.

여기서 얻을 수 있는 교훈은 데이터에 나타난 차이를 약 효과 이외의 가능성으로 설명할 수는 없는지, 항상 의문을 품어야 한다는 것입니다. 모든 가능성을 배제하고도 남아 있는 것만이 확고한 증거가 될 수 있습니다.

수 있습니다.

설명에는 수준이 있다

설명(또는 이해)에는 수준이 있습니다. **그림 1.1.3**에서 본 예는 둘 다 2개 사건의 관계를 나타냅니다(신약의 예에서는 신약 복용과 혈압의 관계). 일반적으로 데이터 분석에서 말하는 관계성에는 **인과관계**와 **상관관계**가 있습니다. 자세한 설명은 10장에서 하겠지만, 여기서도 가볍게 살펴보겠습니다.

인과관계란 2가지 중 하나(원인)를 변화시키면, 다른 하나(결과)도 바꿀 수 있는 관계를 말합니다. 즉, "○○하면 △△이 된다."라는 관계입니다. 인과관계를 알면 곧 원리(메커니즘)에 관한 지식을 얻는 것이기에 깊은 이해라고 할 수 있습니다. 예를 들어 **그림 1.1.3** 왼쪽에서 신약과 혈압은 각각 원인과 결과로서, 신약에 포함된 특정 성분이 혈압을 내리는 데 효과가 있음을 말해 줍니다.

더욱이 인과관계를 알면 좋은 점은 원인을 바꿈으로써 원하는 결과를 얻을 수 있다는 것입니다. 이때 원인을 바꾸는 것을 '개입'이라 합니다.*

상관관계란 한쪽이 크면 다른 한쪽도 큰(또는 한쪽이 크면 다른 한쪽은 작은) 관계를 말합니다.** 한쪽을 '변화시켰다' 하더라도 다른 한쪽이 '변한다'고 단정할 수 없다는 점에서 인과관계와 다릅니다. 원리에 관련된 몇 가지 가능성을 구별할 수 없으므로, 얕은 이해라 할 수 있습니다.

연소득과 행복도의 예로 말하자면, 소득이 많아지면 행복도가 오를 가능성도 물론 있지만, 행복도가 올라 성격이 긍정적으로 바뀌고, 일도 잘 풀리게 되어 높은 연봉을 받게 되었을 가능성도 있습니다. 또한, 좋은 가정환경에서 자랐다는 사실이 소득과 행복도 양쪽에 영향을 줬을 가능성도 있습니다. 상관관계에서는 이런 가능성을 구별할 수 없으므로 주의해야 합니다. 단, 상관관계가

---

* 또는 원하는 결과를 얻도록 원인을 바꾸는 것을 통제라 합니다.

** 여기서는 설명을 위해 선형상관에 한정했습니다.

있다면 다음에 설명할 미지의 데이터 예측이 가능해집니다.

● **목적 ③: 미지의 데이터 예측**

미지의 데이터 예측이란 이미 얻은 데이터를 기반으로, 이후 새롭게 얻을 데이터를 예측하는 것을 말합니다. 이러한 예측은 의료나 비즈니스 현장의 의사결정에서 중요한 역할을 합니다.

그림 1.1.3 오른쪽에서는 새롭게 얻은 소득 데이터로 그 사람의 행복도를 어느 정도 예측할 수 있습니다. 거꾸로 행복도 데이터로 소득을 예측할 수도 있을 겁니다. 마찬가지로 **그림 1.1.4**는 통계분석을 통해 매년 여름의 평균 기온과 그해 가을의 농작물 수확량 사이에 나타난 관계를 이용하여, 올여름 평균 기온으로부터 올가을 수확량을 예측하는 예를 보여줍니다.

사실 예측 값과 실제 값에는 차이가 생기기 마련이지만, 통계분석을 이용하면 가능한 한 오차가 작은, 즉 예측이 들어맞기 쉬운 관계성을 발견할 수 있게

◆ 그림 1.1.4 **미지의 데이터 예측**

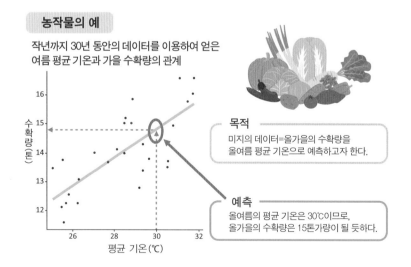

농작물의 예

작년까지 30년 동안의 데이터를 이용하여 얻은 여름 평균 기온과 가을 수확량의 관계

목적
미지의 데이터=올가을의 수확량을 올여름 평균 기온으로 예측하고자 한다.

예측
올여름의 평균 기온은 30℃이므로, 올가을의 수확량은 15톤가량이 될 듯하다.

됩니다. 이와 함께 차이가 어느 정도인가를 평가하는 것도 중요합니다.

여기에 제시한 사례에서는 그림에 그린 것 같은 두 요소 간의 선형관계를 가지고 예측을 수행했습니다. 선형관계에는 사람이 다루기 쉽고, 해석하기도 쉽다는 특징이 있습니다. 한편, 해석이 어려운 복잡한 관계를 추출하고 예측하는 **기계학습**이란 방법도 있습니다(12장에서 살펴봅니다).

1.2 ▶ 통계학의 역할

통계학은 데이터 퍼짐 정도가 클수록 힘을 발휘한다

데이터 분석에서 통계학의 중요한 역할은, **퍼짐(산포, dispersion)**이 있는 데이터에 대해 설명이나 예측을 하는 것입니다. 여기서 말하는 '퍼짐'이란, 데이터에 포함된 값 하나하나의 차이를 가리킵니다. 주위를 둘러보면 알 수 있듯이, 우리가 사는 세계는 데이터 퍼짐으로 가득합니다. 한 사람 한 사람은 유전적으로 다르며, 자란 환경도 다릅니다. 그러므로 키, 몸무게 등 다양한 성질이 개인마다 다릅니다. 어떤 사람에게는 효과가 있는 약이, 어떤 사람에게는 그렇지 않기도 합니다.

이러한 데이터 퍼짐은 대상이 가진 성질이나 관계성의 본모습을 감추고, 정확하게 파악할 수 없도록 합니다. 데이터 퍼짐에 의해 실제로는 약의 효과가 없는데도 불구하고 효과가 있다고 판단하는 오류나, 거꾸로 효과가 있음에도 효과가 없다고 판단하는 오류가 일어나기도 합니다. 통계학은 이러한 데이터 퍼짐을 '불확실성'이라 평가하고, 통계학의 목적인 '대상의 설명과 예측'을 수행합니다.

예를 들어 혈압을 내리는 신약이 존재하는 가상의 세계를 상상해 봅시다. 고혈압 환자 전원의 혈압이 150이고, 신약을 복용하면 똑같이 125로 떨어지는,

데이터 퍼짐이 없다면

신약	위약
125	150
125	150
125	150
125	150
125	150
⋮	⋮

혈압을 25 내리는 효과

데이터 퍼짐이 있다면

신약	위약
125	130
145	170
105	135
140	165
110	150
⋮	⋮

？？

그런 데이터 퍼짐이 없는 세계에서는 신약의 효과를 이해하기가 쉽습니다(**그림 1.2.1** 왼쪽). 이와 달리 현실처럼 데이터 퍼짐이 있는 경우에는 어떨까요(**그림 1.2.1** 오른쪽)? 사실 평균값은 각각 150과 125로 왼쪽 예와 동일합니다. 그러나 이처럼 데이터 퍼짐이 있다면 정말로 신약이 효과가 있는 것인지, 아니면 약효는 없고 그저 데이터 퍼짐이 나타난 것인지가 불분명해집니다.

또 이번에는 새로운 환자가 신약을 복용했을 때 혈압이 얼마가 될 것인지를 예측한다고 가정해 봅시다. 데이터 퍼짐이 없는 경우라면, 그때까지의 환자 데이터와 마찬가지로 혈압이 125가 될 것을 높은 정밀도로 예측할 수 있을 듯합니다. 이와는 달리 데이터 퍼짐이 있는 경우에는 "혈압이 110일 수도 있고, 140일 수도 있다."는 식이 되어 예측이 어려워질 것입니다.

● **확률을 사용하자**

통계학은 데이터 퍼짐이나 불확실성에 대처하는 방법을 제공합니다. 그 근거가 되는 것이 데이터 퍼짐이나 불확실성을 확률로 나타내는 **확률론**입니다.

그러므로 통계학을 배울 때는 확률 개념이 필수입니다. 2장에서는 이 책에 필요한 확률론의 기초를 설명하므로, 기초 지식이 부족하다고 느끼는 독자라면 꼭 읽기 바랍니다.

 ## 데이터 퍼짐이 작은 현상

우리 주변에는 데이터 퍼짐이 큰 현상이 많습니다만, 한편으로 이 퍼짐이 아주 작은 현상도 있습니다. 물리 현상인 물체의 운동이 그 예입니다.

예를 들어 공의 궤도는 (공기 저항 등을 무시한다면) 질량과 속도에 따라 결정되기 때문에, 매번 관측한 궤도 데이터에는 퍼짐이 거의 없습니다. 그리고 공의 운동을 지배하는 방정식(운동 방정식)을 이용하면 높은 정밀도로 공이 어디로 갈지 예측할 수 있습니다. 이는 미분 방정식이라는 수리 모형을 사용한 예측입니다. (자세한 내용은 13장을 참조하세요.)

1.3 통계학의 전체 모습

 기술통계와 추론통계

지금까지 데이터 분석을 목적으로 한 통계학의 역할을 알아보았습니다. 이제는 이를 바탕으로 통계학을 개관하며, 전체 모습을 파악하고자 합니다.

수집한 데이터를 정리하고 요약하는 방법을, **기술통계(descriptive statistics)**라 합니다(**그림 1.3.1** 왼쪽). 이를 통해 데이터 그 자체의 특성이나 경향을 알 수 있습니다. 기술통계에서는 확보한 데이터에만 집중하면서, 데이터 자체의

◆ 그림 1.3.1 **기술통계와 추론통계**

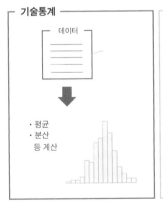 

성질을 이해하는 것을 목표로 한다는 점에 주의하세요.

이와는 달리 수집한 데이터로부터 데이터의 발생원을 추정하는 방법을, **추론통계(inferential statistics)**라 합니다(**그림 1.3.1** 오른쪽). 대상을 이해하거나 미지의 데이터를 예측하기 위해서는, 데이터 자체가 아니라 그 데이터의 발생원에 대해 알 필요가 있습니다. 따라서 추론통계는 통계학에서 가장 중요한 위치를 차지한다고 해도 과언이 아닙니다. 데이터에서 데이터의 발생원을 추정할 때는, 애초 데이터를 얻는다는 것이 무엇인지부터 생각해야 합니다(4장에서 자세히 알아봅니다).

● **확률 모형**

데이터가 발생한 대상의 성질을 추정할 때는 다음과 같이 생각합니다.

데이터는 대상을 관찰함으로써 얻습니다만, 이 대상의 성질 자체는 직접 관

◆ 그림 1.3.2 **확률 모형과 추정**

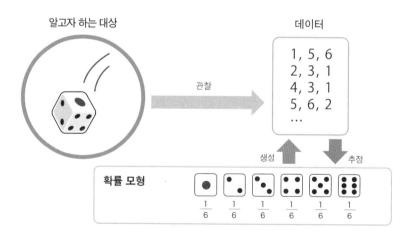

특정 주사위(대상)의 성질을 알고 싶지만, 관측할 수 있는 것은 나온 눈을 기록한 데이터뿐입니다. 그래서 각 눈이 나올 확률을 나타내는 확률 모형에서 데이터가 생성된다고 가정하고, 데이터로부터 확률 모형의 성질을 추정하게 됩니다.

찰할 수 없으며 다루기도 어렵습니다. 여기서, 데이터가 비교적 단순한 확률 장치에서 생성되었다고 가정해 보겠습니다. 이런 확률 장치를 **확률 모형**이라 부릅니다. 일단 수학 세계로 이야기를 끌고 가면, 데이터와 확률 모형의 관계는 계산이라는 객관적인 절차를 통해 분명하게 밝힐 수가 있습니다.

구체적인 예를 들어 봅시다. 현실의 주사위는 물리 법칙을 따르며, 때문에 미세한 움직임의 차이가 어떤 눈이 나올지를 불확실하게 만듭니다. 주사위를 던지는 손의 움직임부터 공기의 흐름까지, 전부 자세히 관측하고 어떤 눈이 나올지 기술하는 것은 무척 어려운 일입니다. 이에 우리는 보통 확률을 이용하여 주사위를 각 눈이 1/6 확률로 나타나는 확률 모형으로 표현하고 있습니다.

● 통계적 추론과 가설검정

추론통계에는 크게 다음 두 가지가 있습니다. 하나는 데이터에서 가정한 확률 모형의 성질을 추정하는 방법인 **통계적 추론(statistical inference)**입니다. 예를 들어, 모서리가 닳아버린 주사위라면 각 눈이 나올 확률이 1/6이 아닐지도 모릅니다. 이럴 때는 통계적 추론을 이용하여, 얻은 데이터로부터 각 눈이 어떤 확률로 나오는 주사위인가를 추정할 수 있습니다.

또 하나는 세운 가설과 얻은 데이터가 얼마나 들어맞는지를 평가하여, 가설을 채택할 것인가를 판단하는 방법인 **가설검정(statistical test)**입니다.

다시 모서리가 닳은 주사위의 예로 돌아가, 모서리가 닳더라도 똑같이 각 눈이 1/6 확률로 나온다는 가설을 세워 보겠습니다. 그리고 주사위를 100번 던져 1의 눈이 50번씩이나 나온 데이터를 얻었다고 합시다. 이때 세운 가설이 옳다고 가정하면 이 정도로 치우친 데이터가 나타날 일은 거의 없을 것입니다. 그러므로 이 가설은 잘못되었다고 판단할 수 있습니다.

추론통계는 데이터 분석에서 빈번하게 사용됩니다. 그러나 추론통계 방법은 통계학을 배울 때 가장 좌절하기 쉬운 지점이기도 합니다. 통계학에는 다양한 방법이 있으나 통계적 추론과 가설검정 방법만 제대로 이해한다면, 이후는 큰 어려움 없이 배울 수 있습니다.

다양한 분석 방법

통계분석에는 다양한 방법이 있습니다. 그 이유는 데이터 유형이나 변수(특정 속성의 데이터)의 개수, 가정하는 확률 모형 등에 따라 이용하는 방법이 다르기 때문입니다. 더욱이 데이터 분석 목적에 따라서도 방법이 달라질 수 있습니다.

3장에서 자세히 살펴볼 테지만, 데이터 유형에는 혈액형처럼 범주로 다뤄지는 '범주형 변수'와 키처럼 수치로 다뤄지는 '양적 변수(수치형 변수)'가 있습니다.

변수의 개수는, '특정 속성에 관한 데이터의 모음'을 하나로 셉니다. 예를 들어 키뿐인 데이터는 1변수, 키와 몸무게로 된 데이터는 2변수입니다. 2변수 이상의 데이터라면 변수 사이의 관계에 주목하게 됩니다. 앞서 살펴본 신약 혹은 위약과 혈압의 관계, 연소득과 행복도의 관계는 모두 2변수 관계입니다.

3개 이상의 변수 분석도 가능합니다. 예를 들어 키를 결정하는 요인으로 유전자나 식사량, 운동량 등의 요소들을 도입하여 분석할 수 있습니다.

이 책에는 이런 차이에 따른 다양한 방법이 등장합니다만, 사고방식은 모두 앞서 이야기한 추론통계 방법에 기반하고 있으므로, 특별히 더 익혀야 할 내용은 없습니다.

• • •

2장에서는 데이터 분석의 목적과 대상을 설정하고, 통계학의 중요 개념인 모집단과 표본에 대해 설명합니다. 또한, 모집단을 알기 위한 전수조사와 표본조사의 개요도 간단하게 정리합니다. 이들 방법과 그 사고방식은 통계학의 많은 데이터 분석에 공통되는 내용이므로, 반드시 이해하도록 합시다.

2^장

모집단과 표본

데이터 분석 목적과 대상 설정

2.1 데이터 분석의 목적과 알고자 하는 대상

 데이터 분석의 목적

1장에서는 데이터 분석의 주된 목적이 대상의 요약이나 설명, 예측이라고 이야기했습니다. 데이터 분석을 시작할 때는 "○○을 설명한다.", "□□을 예측한다." 등과 같이 구체적인 데이터 분석 목적을 정하는 것이 중요한 첫 단계입니다. 데이터 분석의 목적에 따라 어떤 실험이나 관측으로 데이터를 얻어야 할지, 어떻게 데이터를 분석해야 할지가 달라지기 때문입니다.

연구나 비즈니스의 데이터 분석 현장에서 목적을 명확히 하지 않은 채 데이터를 수집하고 적당히 데이터 분석 방법을 적용한다고 해서, 무엇인가 중요한 사실을 발견하거나 성과를 내기는 무척 어렵다고 말할 수 있습니다.

데이터 분석의 목적 설정 사례

- 신약의 효과 유무와 효과의 크기를 알고 싶다.
- 소득과 행복도 사이에 어떤 관계가 있는지 알고 싶다.
- 기온으로부터 올해 농작물 수확량을 예측하고 싶다.

알고자 하는 대상

데이터 분석의 목적을 정했다면, 다음으로는 알고자 하는 대상을 명확히 하는 것이 중요합니다. 1장에서 봤던 '혈압을 내리는 신약'을 예로 생각해 봅시다.

여기서의 데이터 분석 목적은 신약의 효과를 알아내는 것입니다. 그러면 알고자 하는 대상은 고혈압이 있는 모든 사람(의 혈압)이 됩니다. 여기서 '모든'이라는 표현이 중요합니다. 예를 들어 실제 신약 효과를 조사하는 실험에서 고혈압 환자 80명을 모집해, 이 중 40명에게는 신약을, 나머지 40명에게는 위약을 복용하도록 한 뒤 그 결과를 조사했다고 합시다. 이때 알고자 하는 대상은 이 실험에 참가한 80명뿐만은 아닙니다. 왜냐하면 실제로 약을 복용할 사람은 실험

◆ 그림 2.1.1 **데이터 분석 목적과 알고자 하는 대상 예시**

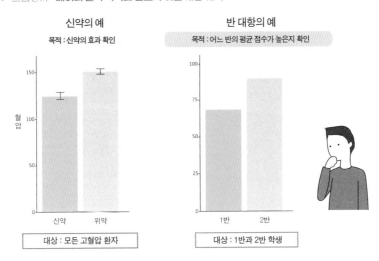

왼쪽 예에서는 알고자 하는 대상의 규모가 엄청나게 크고, 오른쪽 예에서는 작습니다. 알고자 하는 대상의 규모에 따라 모든 데이터를 얻을 수 있는지 없는지가 결정됩니다. 왼쪽 막대그래프에 표시한 오차 막대에 대해서는, 5장에서 알아봅니다.

에 참가하지 않은 수많은 고혈압 환자이기 때문입니다. 그러므로 알고자 하는 대상은 모든 고혈압 환자가 됩니다(**그림** **2.1.1** 왼쪽).

다른 예로 한 고등학교에서 반 대항으로 영어 시험 점수를 겨룬다고 합시다. 한 반에 40명인 3학년 1반과 3학년 2반 2개 반 중에, 평균 영어 시험 점수가 높은 쪽이 승리입니다. 여기서 데이터 분석의 목적은 어느 반의 평균 점수가 높은지를 아는 것이므로, 알고자 하는 대상은 **1반과 2반 학생 80명**뿐입니다. 다른 학교나 내년의 3학년 1반과 2반에는 관심이 없습니다. 그러므로 이 80명의 점수를 조사하여 반끼리 비교하면, 데이터 분석의 목적은 달성됩니다(**그림** **2.1.1** 오른쪽).

이 두 가지 사례는 비슷한 데이터와 결과입니다만, 알고자 하는 대상은 전혀 다르다는 것을 알 수 있습니다.

2.2 모집단

모집단을 생각하다

통계학에서는 알고자 하는 대상 전체를 모집단이라 합니다. 가령 한국인 성인 남성의 키를 알고 싶다면, 한국인 성인 남성 전원을 모집단으로 설정합니다 (**그림 2.2.1**). 앞에서 본 신약 예에서는 모든 고혈압 환자를 대상으로, 신약 복용자가 포함된 모집단과 위약 복용자가 포함된 모집단 2개를 가정하면 됩니다. 여기서는 신약/위약이라는 조건에 따른 차이를 알고 싶기 때문입니다.

다른 예로는 어떤 주사위가 모든 눈이 정확히 균등한 확률로 나오는 주사위인가, 아니면 특정 눈이 더 잘 나오는 사기 주사위인가를 알고자 하는 경우를 생각해 볼 수 있습니다. 이 경우에는 그 주사위를 무한하게 던졌을 때 나오는 눈의 전체 집합을 모집단으로 생각할 수 있습니다.

데이터를 분석할 때는, 데이터 분석 목적과 알고자 하는 대상에 기초하여 직접 모집단을 설정해야 합니다. 단, 알고자 하는 대상이 전체일지라도, 실제로 데이터를 얻을 가능성이 없는 요소를 포함한 모집단은 적절하지 않습니다. 예를 들어 모든 고혈압 환자를 대상으로 하고 싶지만 모종의 이유로 여성 환자의 데이터를 얻을 수 없는 경우에는, 고혈압 남성 환자를 모집단으로 설정하는 것이 적절합니다. 이는 분석 결과의 일반화와도 관련된 중요한 지점입니다.

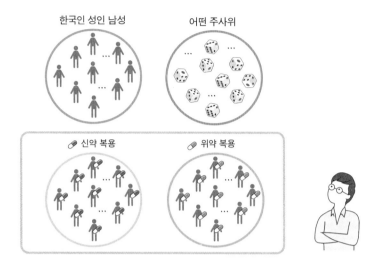

한국인 성인 남성   어떤 주사위

🔖 신약 복용   🔖 위약 복용

통계분석을 할 때는 알고자 하는 대상을 모집단으로 설정합니다. 이 그림에서는 원이 모집단을 나타
내며, 그 내부에는 여러 개의 요소가 포함되어 있습니다.

이 책에서는 앞으로 많은 통계분석 방법을 살펴볼 터입니다만, 어떤 방법을
사용하든 간에 '지금 알고자 하는 대상은 무엇인지' 그리고 '무엇을 모집단으
로 설정할 것인지'의 문제에는 항상 주의를 기울여야 합니다.

모집단 크기

모집단에는 알고자 하는 대상의 많은 요소가 포함됩니다. 모집단에 포함된
요소(element)의 수를 **모집단 크기**라 합니다.* 모집단은 그 크기에 따라 다음과
같이 유한모집단과 무한모집단으로 나눌 수 있습니다.

---

* 간혹 이것을 모수(population parameter)라고 부르는 경우가 있는데, 통계학에서 모수는 모집단의 특성치(예: 평균값)를
일컫는 용어입니다.

● 유한모집단

모집단 중 한정된 요소만 포함한 것을 유한모집단이라 합니다. **그림 2.1.1** 오른쪽 반 대항 예에서는 1반과 2반 학생만 알고자 하는 대상에 해당됩니다. 각 40명으로 요소 개수가 한정되어 유한모집단이 됩니다. 단, 이것은 예외적으로 작은 모집단이라고 할 수 있습니다. 실제 데이터 분석 현장에서는 1반과 2반을 더한 80명과 같은 한정된 대상을 다루기보다는, 일반적인 결과를 얻고자 큰 모집단을 다룰 때가 대부분입니다.

다른 예로, 한국인을 모집단으로 삼을 수 있습니다. 그러면 2020년 기준 5.183만 명이라는 한정된 요소로 구성되기 때문에 유한모집단이 됩니다. 유한모집단인 경우 원칙적으로는 모든 요소를 조사하는 것이 가능하지만, 시간과 비용이 많이 드는 탓에 현실적이지 않다는 문제가 있습니다. 또한 이 한국인 모집단은 유한이라고는 해도 출생과 사망에 의해 그 숫자가 시간에 따라 변합니다. 따라서 엄밀하게는 유한모집단이라 규정할 수 없으며, 그 전부를 조사한다는 것도 어렵다는 문제가 있습니다.

● 무한모집단

모집단 중 포함된 요소의 개수가 무한한 것을, **무한모집단**이라 합니다. 신약 효과의 예에서는 미래에 고혈압으로 약을 복용할 사람도 대상에 포함되기에, 요소 개수에 제한이 없다고 생각할 수 있습니다. 주사위도 언젠가는 망가질지 모른다는 사실을 무시하면 몇 번이든 던질 수 있으므로, 나오는 눈에 제한이 없다고 할 수 있습니다.

이러한 무한모집단에서는 유한모집단과 달리 포함된 요소 전부를 조사한다는 것은 원칙적으로 불가능한 일입니다.

2.3 ▶ 모집단의 성질을 알다

모집단의 성질

지금까지 모집단의 설정에 대해 설명했습니다. 모집단은 데이터 분석에서 알고자 하는 대상 전체를 가리키기 때문에, **모집단의 성질**을 알 수 있다면 대상을 설명하거나 이해할 수 있고, 미지의 데이터를 예측할 수도 있게 됩니다. 모집단의 성질이란, 다음과 같이 모집단에 포함된 요소를 특징 짓는 값입니다.

모집단 성질의 예

- 한국인 남성의 평균 키는 172.5cm이다.
- 한국인 여성의 평균 키는 159.6cm이다.
- 신약을 복용한 사람의 최고 혈압 평균은 120mmHg이다.
- 이 주사위는 모든 눈이 균등하게 나온다.
- 이 주사위는 6의 눈이 1/4 확률로 나온다.

그렇다면 이러한 모집단의 성질을 알기 위해서는 어떻게 해야 할까요?

전수조사

모집단의 성질을 아는 방법의 하나로, 모집단에 포함된 모든 요소를 조사하는 전수조사가 있습니다. 이는 모집단에 포함된 요소의 개수가 한정된, 유한모집단일 때 선택할 수 있는 조사 방법입니다. 가령 한국인 성인 남성의 평균 키를 알고 싶다면, 모든 성인 남성의 키를 측정하여 데이터를 얻은 후에, 그 평균값을 계산하면 됩니다. 실제 사례로는 전 국민을 대상으로 하는 인구주택총조사가 있습니다.

전수조사의 경우, '분석할 데이터=모집단'입니다. 그러므로 획득한 데이터의 특징을 파악하고 기술하기만 해도, 모집단의 성질을 설명하고 이해할 수 있습니다. 1장에서 살펴본 것처럼 데이터 그 자체의 특징을 기술하고 요약하는 것을 **기술통계(descriptive statistics)**라 합니다.

● 전수조사의 어려움

전수조사를 하면 그대로 모집단의 성질 이해로 이어지고, 데이터 분석의 목적이 달성되니 아주 좋은 방법이라 생각할지도 모르겠습니다. 그러나 전수조사를 실시하려면 비용이나 시간 면에서 부담이 막대하여 실현 불가능할 때가 대부분입니다. 비용이 드는 예로 전 국민 약 5천만 명을 대상으로 키를 측정하는 것을 생각해 봅시다. 가령 한 사람을 측정하는 데 100원의 비용이 든다고 하면, 1,000명 측정은 10만 원의 비용이면 됩니다만, 전수조사에는 50억 원 이상의 비용이 필요합니다. 이는 조직이 크고, 예산도 풍부한 곳이 아니면 불가능하며, 이러한 경제적 비용을 들여서까지 얻을 가치가 있는 데이터인지 여부는 데이터 분석의 목적에 따라서도 달라집니다.

또한 시간이 문제가 되는 예로서, 대학 졸업논문을 위해 10만 명의 유한모집단을 대상으로 설문조사를 시행하는 경우를 상정해 보겠습니다. 가령 하루에 100명의 데이터밖에 얻을 수 없다면, 전수조사를 끝내는 데 약 1,000일이 걸리므로 졸업 때까지 조사를 마치기란 불가능합니다.[*]

더욱이 모집단이 무한모집단이라면 원칙적으로 전수조사가 불가능합니다. 신약의 효과를 조사하는 경우 지금 있는 환자뿐 아니라 미래의 환자에게도 효과가 있는지 알아야 하므로, 모집단에 제한이 없습니다. 그렇기에 모집단에 포함된 사람 모두를 조사할 수는 없습니다. 마찬가지로 주사위의 눈이라면 모집단에는 무한 횟수의 눈이 포함되어 있고, 따라서 이 전부를 다 조사할 수는 없습니다.

표본조사

앞서 이야기했듯이, 유한모집단이든 무한모집단이든, 모집단 전체를 모두 조사하기는 보통 어렵다고 할 수 있습니다. 그래서 모집단 전체를 조사하지 않아도 모집단의 성질을 알아낼 수 있는 데이터 분석 방법이 필요해졌습니다.

통계학에는 모집단의 일부를 분석하여 모집단 전체의 성질을 추정하는 **추론통계(inferential statistics)**라는 분야가 있으며, 이것이야말로 통계학의 참모습이라 할 수 있습니다(**그림 2.3.1**). 추론통계에서 조사하는 모집단의 일부를 **표본(sample)**이라 하며, 모집단에서 표본을 뽑는 것을 **표본추출(sampling)**이라 합니다. 그리고 표본을 이용해 모집단의 성질을 조사하는 것을 **표본조사**라 부릅니다.

표본을 통해 모집단의 성질을 알 수 있는 잘 알려진 방법으로, 선거 출구조

---

[*] 한편, 최근에는 인터넷을 이용한 웹 조사를 할 수 있기 때문에, 비교적 염가로 단시간에 대규모 데이터를 얻을 수도 있게 되었습니다.

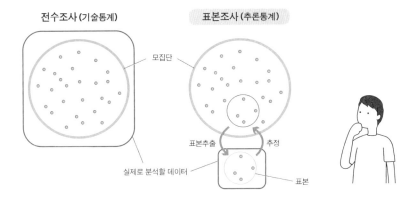

전수조사에서는 모집단 전체를 조사하는 반면, 표본조사에서는 모집단에서 일부를 추출한 표본을 조사함으로써 모집단의 성질을 추정합니다.

사를 들 수 있습니다. 일부의 표만으로도 당선확실 여부를 알 수 있습니다. 그 밖에도 TV 시청률을 조사할 때, 일부 세대를 대상으로 모니터링하여 전 세대의 시청률을 추정하는 사례도 있습니다.

추론통계는 '추론'이라는 말에서 알 수 있듯이 모집단의 성질을 100% 알아맞힐 수는 없으며, 어느 정도 불확실성을 염두에 두고 평가하게 됩니다. 기술통계와 추론통계의 자세한 분석 방법은 3장에서 살펴보기로 하고, 여기서는 통계학의 위상과 이를 이용하여 얻을 수 있는 결과가 무엇인지만 이해할 수 있었으면 합니다.

알아 둘 내용

- 대상을 설명(이해)하고 예측하기 위해서는 모집단의 성질을 알아야 한다.
- 일반적으로 모집단을 대상으로 한 전수조사는 어렵다.
- 표본을 조사하면 모집단의 성질을 추정할 수 있다.

표본크기

모집단에서 추출한 표본은 유한한 개수의 요소를 포함합니다. 통계학에서는 **표본에 포함된 요소의 개수를 표본크기(sample size)**라 부르며, 보통 알파벳 n으로 나타냅니다. 예를 들어 표본으로 30개를 추출했다면, n=30이라 표기합니다 (**그림 2.3.2**).

덧붙여 통계학에서 샘플 수라고 하면 표본의 개수를 뜻합니다. 예를 들어 20명으로 이루어진 표본A와 이와 별개로 30명으로 이루어진 표본B가 있는 경우, 표본은 A, B 2개이므로 샘플 수는 2가 됩니다. 이처럼 표본크기와 표본

◆ 그림 2.3.2 **표본크기 n=30인 표본을 추출한 추론통계 사례**

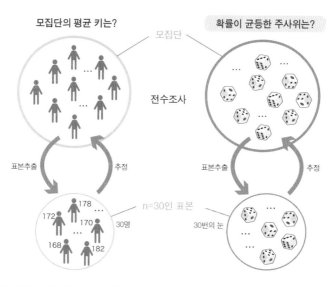

왼쪽은 모집단의 일부인 표본(n=30)을 추출하고 그 데이터를 분석하여, 모집단인 성인 남성의 평균 키를 추정하고자 합니다.
오른쪽은 주사위를 30번(n=30) 던져 나온 눈을 분석하여, 이 주사위가 각 눈이 나올 확률이 균등한 주사위인지를 추정하고자 합니다.

의 개수는 혼동하기 쉬우므로 주의하세요.

표본크기는 모집단의 성질을 추정할 때의 확실성이나 가설검정의 결과에도 영향을 끼치기 때문에, 통계분석에 있어 중요한 요소 중 하나입니다. 실험에서는 표본크기를 직접 결정할 수 있습니다. 반면, 관찰이나 조사에서는 얻을 수 있는 표본크기가 미리 정해져 있는 경우도 있습니다. 예를 들어 특정 상품을 구매한 사람을 대상으로 한 조사라면, 사람 수는 이미 정해져 있을 겁니다. 표본크기를 정하는 방법이나 표본크기가 데이터 분석 결과에 끼치는 영향에 대해서는, 5장과 9장에서 알아봅니다.

• • •

이 장에서는 통계학을 배울 때 필요한 기초 지식인 데이터 유형과 통계량 그리고 확률의 개념을 설명합니다. 통계학은 확률론에 기반을 두고 성립된 것이기에, 적절한 분석 방법 선택이나 결과의 적절한 해석을 위해서는 확률론의 사고방식을 이해해야 합니다. 그렇다곤 해도 일반적인 통계분석 범위라면, 고등학교에서 배운 확률 지식+α로 충분하므로 염려할 필요는 없습니다.

3^장

통계분석의 기초

데이터 유형, 통계량, 확률

3.1 ▶ 데이터 유형

모집단과 표본

2장에서, 데이터 분석을 실행할 때에는 그 목적과 알고자 하는 대상을 바탕으로 모집단을 설정하는 것이 중요하다고 했습니다. 모집단은 많은 요소를 포함하고 있어 전수조사가 어려운 경우가 많습니다. 이에 모집단의 일부인 표본을 조사함으로써 모집단의 성질을 알아내고자 하는 추론통계의 방침에 관해서도 설명했습니다. 전수조사 대상인 모집단이든, 또는 통계적 추론의 표본이든 간에, 모두 데이터로 취급하여 분석해 갑니다.

3장에서는 이런 분석에 필요한 데이터에 관한 기본 지식과 확률 개념을 설명하면서, 본격적으로 통계학에 진입해 보도록 하겠습니다.

변수

먼저 통계학에서 자주 사용하는 '변수'라는 용어를 알아보겠습니다.

데이터 중 **공통의 측정 방법으로 얻은 같은 성질의 값을 변수**라 합니다. 예를 들어, 키는 하나의 변수입니다(**그림 3.1.1**). 변수는 각각 다른 값을 취할 수 있으므로 변수라 불립니다.

데이터에 '키'만이 포함되어 있는 경우 1변수 데이터라 합니다. 이와 달리 키와 몸무게 2가지를 측정한 데이터라면 2변수 데이터입니다. 여기에 가령 성별 데이터를 추가한다면, 3변수 데이터가 됩니다.

변수가 여러 개인 경우, 변수 간의 관계를 밝히고자 데이터를 분석할 수 있습니다. 예를 들어 키와 몸무게에는 어떤 관계가 있는가, 식의 해석입니다. 이때 한 사람으로부터 각 변수의 데이터를 모두 얻는 것이 핵심입니다. A에게서는 키, B에게서는 몸무게, C에게서는 성별 정보만을 얻은 데이터는, 서로 다른 3개의 1변수 데이터가 되어 버리기 때문에 변수 사이의 관계성을 알 수 없습니다.

통계학에서 변수의 개수는 '차원'이라 표현되기도 합니다. 하나의 변수를 하나의 축으로 나타낸다고 할 때, 1변수라면 1차원 직선상에, 2변수라면 2차원 평면상에 각 값의 점을 찍을 수 있습니다(**그림 3.1.1**). 이렇게 보면, 변수의 개수를 차원이라 부르는 것이 자연스럽게 느껴질 것이라 생각합니다.

3차원까지는 이렇게 시각화함으로써 데이터가 어디쯤 위치하는지를 파악

◆ 그림 3.1.1 **1변수와 2변수 데이터 예시**

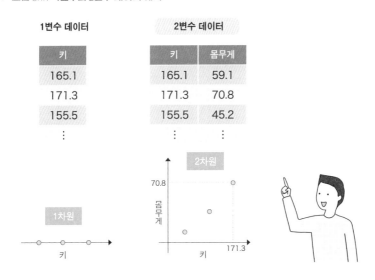

각 사람에게서 얻은 값은 1변수 데이터라면 1차원 직선 위, 2변수 데이터라면 2차원 평면 위의 점으로 나타낼 수 있습니다.

할 수 있으나, 4차원 이상이 되면 머릿속에 그려 보기조차 어려워집니다. 참고로 여러 개의 변수를 포함한 데이터는 '고차원 데이터'라 하는데, 고차원 데이터를 해석하는 경우 데이터 분석 난도가 높아진다고 보면 됩니다. (고차원 데이터를 다루는 방법은 12장에서 살펴봅니다.)

다양한 데이터 유형

구체적인 데이터를 떠올려 보면, 변수에는 몇 가지 유형이 있다는 것을 알 수 있습니다. 예를 들어 매출은 1,000만원과 같은 숫자로 표현할 수 있지만, 메뉴는 숫자가 아니라 짜장면, 짬뽕, 우동, 볶음밥과 같은 범주로 나타납니다. 변수의 유형마다 분석 방법이 달라지기 때문에, 데이터를 수집할 때나 분석을 실행할 때는 변수가 어떤 유형인지 주의 깊게 고려하는 것이 중요합니다.

먼저 변수는 크게 양적 변수와 질적 변수 2가지로 나눌 수 있습니다.

● 양적 변수 (수치형 변수)

숫자로 나타낼 수 있는 변수를 양적 변수라 합니다. 숫자이므로 대소 관계가 있으며, 평균값처럼 양을 계산할 수 있습니다. 양적 변수는 다시 이산형과 연속형으로 나눌 수 있습니다.

이산형

얻을 수 있는 값이 점점이 있는 변수를 **이산형 양적 변수(이산변수)**라 합니다. 예를 들어 주사위 눈은 나오는 값이 1부터 6까지의 정수이므로 이산형 양적 변수입니다. 그 밖에 횟수나 사람 수 같이, 셀 수 있는 숫자 데이터도 이산형 양적 변수입니다.

연속형

키 173.4cm나 몸무게 65.8kg 같이 간격 없이 이어지는 값으로 나타낼 수 있는 변수를 **연속형 양적 변수(연속변수)**라 합니다. 이는 정밀도가 높은 측정 방법을 이용하면, 원리상으로는 소수점 아래 몇 자리든 나타낼 수 있다는 점에서 이산형과는 다릅니다.

이산형과 연속형의 차이점은 나중에 설명할 확률분포의 종류와 밀접한 관계가 있으므로, 데이터를 다룰 때는 주의하도록 합시다.

● **질적 변수 (범주형 변수)**

숫자가 아닌 **범주로 변수를 나타낼 때, 이를 질적 변수 또는 범주형 변수**라 합니다. 예를 들어 설문조사의 예/아니요, 동전의 앞/뒤, 맑음/흐림/눈/비 등과 같은 날씨, 앞서 본 식당 메뉴 등이 있습니다. 숫자인 양적 변수와 달리, 변수 사이에 대소 관계는 없습니다. 예를 들어 짜장면은 짬뽕보다 크다/작다를 비교할 수 없습니다(물론 가격 등의 양적 변수를 이용하면 비교 가능하긴 합니다). 또한, 범주형 변수는 숫자가 아니므로, 평균값 등의 수치 역시 정의할 수 없습니다.

◆ 그림 3.1.2 **변수의 유형**

변수는 양적 변수와 질적 변수(범주형 변수)로 나눌 수 있습니다. 양적 변수는 다시 연속한 값인 연속변수와 분산된 값인 이산변수로 나눌 수 있습니다.

3.2 ▶ 데이터 분포

그림으로 데이터 분포 표현하기

그럼, 데이터가 어떤 유형의 변수인가를 염두에 두고 데이터의 전체적인 경향을 파악해 봅시다. 1장에서 설명했듯이, 원자료는 값을 나열하기만 한 것으로, 눈으로 바라본다고 해서 전체 경향을 파악하거나 대상을 설명하고 이해할 순 없습니다. 그러므로 '데이터가 어떻게 분포되어 있는지'를 그래프 등으로 시각화하여, 대략적인 데이터 경향을 파악하는 것이 데이터 분석의 첫 단계

◆ 그림 3.2.1 히스토그램 예시

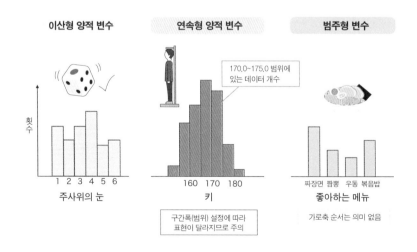

이산형 양적 변수

연속형 양적 변수

범주형 변수

횟수

170.0~175.0 범위에 있는 데이터 개수

1 2 3 4 5 6
주사위의 눈

160 170 180
키

구간폭(범위) 설정에 따라 표현이 달라지므로 주의

짜장면 짬뽕 우동 볶음밥
좋아하는 메뉴

가로축 순서는 의미 없음

가 됩니다.

데이터 분포를 그림으로 나타내는 데는 어떤 값이 데이터에 몇 개 포함되어 있는가(도수, 빈도, 횟수)를 나타내는 그래프인 **도수분포도(히스토그램)**를 자주 사용합니다(**그림 3.2.1**). 앞에서 설명한 변수 유형에 따라 히스토그램의 정의가 조금씩 다른 점에 주의하기 바랍니다.

● 이산형 양적 변수의 히스토그램

가로축은 숫자, 세로축은 데이터에 나타난 개수(도수, 빈도, 횟수)를 표시합니다. 주사위라면 가로축은 주사위 눈이고, 세로축은 해당 눈의 출현 횟수(막대의 높이)가 됩니다. **그림 3.2.1** 왼쪽 주사위 히스토그램 예시 그래프를 보면, 1~6의 눈이 대략 균등하게 나오기는 하나, 4가 비교적 많고 5가 적다는 사실을 알아차릴 수 있습니다.

● 연속형 양적 변수의 히스토그램

변수가 연속형 양적 변수인 경우, 소수점 이하 자리가 얼마든지 지속되기 때문에 엄밀하게 같은 값은 존재하지 않습니다.[*] 그러므로 범위를 설정하고, 그 범위에 포함되는 숫자 개수를 세어 이를 세로축에 둡니다. 이 범위의 넓이를 '**구간폭(bin width)**'이라 부릅니다. (구간폭에 대해서는 칼럼 〈연속변수의 히스토그램에서 주의할 점〉 참조.)

그림 3.2.1 가운데의 히스토그램은 구간폭을 5.0cm로 설정하고 있으며, 165.0~170.0 범위에 포함되는 수, 170.0~175.0 범위에 포함되는 수⋯ 와 같은 식으로 세로축의 막대 높이를 결정하고 있습니다. 이 히스토그램을 보면 봉우리 형태로 분포하고 있다는 점이나, 165.0~170.0 범위가 가장 많다(막대 높이가 가장 높음)는 점, 155cm 이하나 180cm 이상은 매우 적다(막대 높이가 낮음)는

---

[*] 실제로는 측정 기구의 정밀도에 따라 이산형 값이 되지만, 보통 연속형으로 다루어도 실용 면에서는 문제없습니다.

점 등을 시각적으로 알 수 있습니다.

● **범주형 변수의 히스토그램**

범주형 변수라면 가로축에는 각 범주를, 세로축에는 각 범주에 속하는 개수를 나타냅니다. 범주형 변수의 값에는 대소 관계가 없으므로, 가로축 순서에 특별한 뜻은 없습니다. 예를 들어 **그림 3.2.1** 오른쪽 가로축의 짜장면, 짬뽕, 우동, 볶음밥을 볶음밥, 짜장면, 우동, 짬뽕 순서로 바꾸어도 문제없습니다.

 ## 히스토그램은 그림으로 나타낸 것일 뿐

이처럼 히스토그램을 이용하여 분포를 그림으로 나타냄으로써, 데이터에 어떤 값이 얼마만큼의 빈도로 포함되어 있는지를 대략 파악할 수 있습니다. 이는 나중에 설명할 분포 형태 확인이나 다음 절의 이상값 확인을 위해서도 중요합니다.

한편으로는 그래프를 보는 사람의 주관적인 판단에 일임되기 때문에, 히스토그램만으로는 데이터를 정확히 기술하거나, 대상을 이해하려는 목적이 달성되지 않습니다. 그러므로 데이터에 대해 다양한 계산을 수행하고, 수치적으로 다루는 통계분석이 필요합니다. 즉, 히스토그램을 통한 시각화와 수치적인 분석 결과 모두를 이용하여 상호보완적으로 데이터를 바라보는 것이 중요합니다.

🍶 연속변수의 히스토그램에서 주의할 점

연속변수의 히스토그램에는 구간폭을 어떻게 설정하는지에 따라 인상이 달라진다는 문제가 있습니다. **그림 3.2.2**는 같은 데이터를 구간폭을 달리하여 히스토그램으로 나타낸 것입니다.

구간폭이 너무 좁으면(=0.05) 각 범위에 포함된 데이터가 거의 0이고, 드물게 1개 또는 2개인 상태가 됩니다. 그러므로 이 히스토그램은 세세한 정보를 가지고 있지만, 듬성듬성한 외관이 되어 어디에 어느 정도 수의 데이터가 있는지가 불분명해집니다.

반대로 구간폭이 너무 넓으면(=15) 데이터가 어떻게 분포되어 있는지의 정보가 대부분 빠져버리고 맙니다.

데이터에 따른 적절한 구간폭을 결정하는 공식으로 '스터지스 공식' 등 몇 가지가 있긴 합니다만, '올바른 구간폭'이란 것은 존재하지 않습니다. 그러므로 히스토그램은 대략적인 데이터 구성을 파악하는 것이 목적이지, 무엇인가 결론을 내기 위한 것이 아니라는 점을 명심하기 바랍니다.

◆ 그림 3.2.2   서로 다른 구간폭으로 나타낸 히스토그램

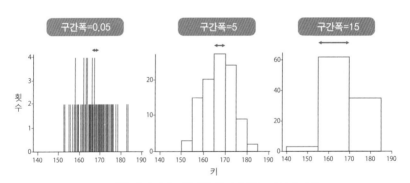

같은 데이터라도 구간폭에 따라 주는 인상이 다름

구간폭이 너무 좁으면 그림이 지나치게 세세하게 그려지므로, 어떤 형태의 분포인지 읽기 어렵습니다. 한편, 구간폭이 너무 넓으면 분포 형태 정보가 사라집니다. 그러므로 적절한 구간폭을 설정해야만 합니다. 통계 소프트웨어를 사용하면 통상 자동으로 구간폭을 정해 히스토그램을 그려 줍니다.

3.3 ▶ 통계량

데이터 특징 짓기

앞 절에서는 대략의 데이터 분포를 시각적으로 살펴보는 히스토그램을 소개했습니다. 그러나 이것만으로는 데이터를 객관적이고 정량적으로 평가하고 기술할 수 없습니다. 이에 데이터를 수치로 변환하여 특징 짓는 방법이 필요합니다.

수집한 데이터로 이런저런 계산을 수행하여 얻은 값을 일반적으로 통계량이라 합니다. 다양한 통계량 계산을 통해 대상을 이해하는 과정이 데이터 분석이라 할 수 있습니다.

히스토그램 작성은 데이터가 어떻게 분포하는지를 파악하는 것이 목적이었습니다. 같은 목적으로 데이터에서 몇 가지 통계량을 계산하여 요약하면, 데이터가 어떻게 분포하는지 정량적으로 특징 짓는 일이 가능해집니다. 이처럼 데이터 그 자체의 성질을 기술하고 요약하는 통계량을, **기술통계량** 또는 **요약통계량**이라 부릅니다(**그림 3.3.1**).

예를 들어 일상생활에서 자주 접하는 평균값은 하나의 기술통계량입니다. 원자료에는 수많은 요소가 포함되지만, 이를 평균값이라는 하나의 값으로 요약하면 대략 어떤 분포인지를 특징 지을 수 있습니다.

기술통계량은 주로 양적 변수를 대상으로 계산합니다. 범주형 변수인 경우,

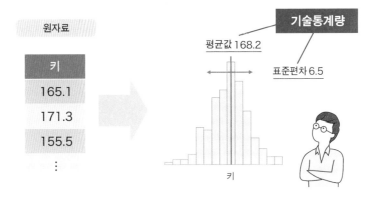

양적 변수를 평균값과 나중에 설명할 표준편차라는 기술통계량으로 특징 지음으로써, 분포 위치와 분포 폭을 알 수 있습니다.

'특정 범주의 값이 몇 개인지' 같은 개수(또는 비율)로만 데이터를 기술하고 요약할 수 있습니다.

● 통계량과 정보

1개 또는 몇 개의 통계량으로 요약한다는 것은, 데이터에 있는 정보 중 버리는 부분이 있다는 것을 뜻합니다. 예를 들어 평균값에는 '어느 정도 데이터가 퍼져 있는지'의 정보는 포함되지 않습니다. 다른 예로 데이터에 포함된 가장 큰 값인 최댓값도 하나의 통계량입니다만, 여기에는 데이터 전체의 경향을 알 수 있는 정보가 없습니다. 이처럼 최댓값은 분포의 중심 위치나 분포 형태에 관한 정보가 주어지지 않으므로, 분포를 파악하는 데는 적합한 통계량이 아닙니다.

다양한 기술통계량

지금부터 중요한 몇 가지 기술통계량에 대해 설명해 가겠습니다. 자주 사용하는 기술통계량에는 대략적인 분포 위치를 나타내는 대푯값인 평균값, 중앙값, 최빈값이 있으며, 데이터 퍼짐 정도를 나타내는 분산과 표준편차가 있습니다. 앞서 살펴본 바와 같이 각각의 통계량에는 집약한 정보와 버려진 정보가 있으므로, 서로 보완하는 통계량을 사용한다면 몇 가지의 기술통계량만으로도 데이터 전체를 특징 지을 수 있습니다.

대표적인 기술통계량

- 대푯값: 평균값, 중앙값, 최빈값
- 데이터 퍼짐 정도를 나타내는 값: 분산, 표준편차

● 대푯값

가장 먼저 살펴볼 것은 히스토그램에서 본 것처럼 '분포가 어느 부근에 있는지'입니다(그림 3.3.2). **대략적인 분포 위치, 즉 대표적인 값을 정량화하기 위해 사용하는 통계량**을 대푯값(representative value)이라 합니다. 대푯값에는 평균값, 중앙값, 최빈값이 있으며, 각각 다음과 같이 정의합니다.

평균값

가장 자주 쓰이며, 잘 알려진 대푯값은 평균값(mean)입니다. 표본의 평균값은 표본에서 얻었다는 점에서 '표본평균'이라고도 합니다. 표본크기 n인 양적변수 표본 $x_1, x_2, ..., x_n$이 있을 때, 평균값 $\bar{x}$는 다음과 같이 정의합니다.

$$\bar{x} = \frac{1}{n}\left(x_1 + x_2 + \cdots + x_n\right) = \frac{1}{n}\sum_{i=1}^{n} x_i \quad \text{(식 3.1)}$$

$x_1, x_2, ..., x_n$이라는 데이터의 평균값임을 강조하고자, 해당 변수 알파벳 위에 바(-)를 더한 문자를 사용할 때가 흔합니다.

◆ 그림 3.3.2 **분포가 어디에 있는가?**

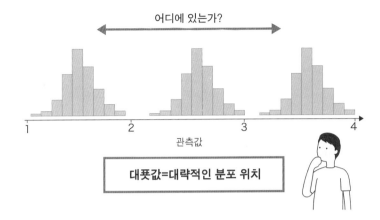

데이터의 특징을 파악하는 첫 단계로 분포가 어디쯤 있는지를 알고자 합니다. 그런데 원자료만 봐서는 데이터가 어디쯤 분포하고 있는지, 이를 대표하는 값은 몇 개인지 등을 파악하기 어렵습니다. 이에 대푯값이라는 값으로 분포의 대략적인 위치를 숫자로 나타냅니다.

중앙값

또 다른 대푯값으로 **중앙값**(median)을 들 수 있습니다. 중앙값은 '크기 순으로 값을 정렬했을 때 한가운데 위치한 값'입니다. 표본크기 n이 홀수라면 가운데 값은 1개이므로 이 값이 중앙값입니다. 한편 표본크기 n이 짝수일 때는 가운데에 있는 값이 2개이므로, 두 값의 평균값을 중앙값으로 합니다.

중앙값은 수치 자체의 정보가 아닌 순서에만 주목하기에, 극단적으로 크거나 작은 값이 있어도 영향을 받지 않는다는 특징이 있습니다. 예를 들어 데이터가 {1, 2, 5, 10, 15}인 경우에도, {1, 2, 5, 10, 1000}인 경우에도, 중앙값은 모두 5가 됩니다.

최빈값

그 밖의 대푯값으로 '데이터 중 가장 자주 나타나는 값'으로 정의되는 **최빈**

값(mode)이 있습니다. 예를 들어 주사위를 8번 던졌을 때 나온 눈이 {1, 2, 3, 3, 3, 5, 6, 6}이라면, 최빈값은 가장 많이 나온 3이 됩니다. 연속변수일 때는 히스토그램과 마찬가지로 일정 범위를 정한 뒤, 그 사이에 들어가는 데이터 개수로 정합니다. 최빈값은 자주 사용되지는 않지만, 전체에서 어떤 값이 전형적으로 나타나는가를 파악할 때 도움이 됩니다.

● 대푯값의 모습

분포가 좌우대칭에 가까운 봉우리 형태라면 평균값, 중앙값, 최빈값은 대체로 일치하며, 좌우 비대칭 분포라면 **그림 3.3.3**과 같이 각각 다른 값이 되는 경향이 있습니다.

예를 들어 국민소득분포는 오른쪽이 긴 좌우 비대칭 분포입니다.[*] 이때 평균값은 중앙값보다 오른쪽에 나타납니다. 이는 극단적으로 높은 수입을 얻는 소수가 존재함에 따라, 평균값이 밀려 올라가기 때문입니다. 중앙값은 소득이 많은 순으로 나열했을 때 가운데에 있는 값이므로, 국민 50%의 소득은 그 이

◆ 그림 3.3.3 **분포 형태와 대푯값**

좌우 대칭인 봉우리 형태라면 평균값, 중앙값, 최빈값은 대체로 일치

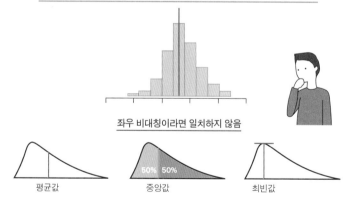

좌우 비대칭이라면 일치하지 않음

평균값 　　　 중앙값 　　　 최빈값

---

[*] 꼬리가 길다고 표현하기도 합니다.

상이고, 다른 50%의 소득은 그 이하임을 나타냅니다. 실제로 어느 정도의 소득을 가진 사람이 가장 많은지는 최빈값에 반영되는데, 여기서는 평균값이나 중앙값보다도 낮은 값임을 알 수 있습니다(**그림 3.3.3**).

원래 n개인 데이터를 대푯값으로 집약함으로써 분포의 위치를 정량적으로 특징 지을 수 있습니다. 물론 대푯값으로 집약하면 사라지는 정보도 있습니다. 예를 들어 '데이터가 어느 정도로 퍼져서 분포되어 있는지'나, '데이터에 포함된 최댓값과 최솟값은 얼마인지' 같은 몇 가지 정보는 대푯값에서는 읽을 수 없습니다. 따라서 다른 통계량도 함께 확인하는 것이 중요합니다.

 이상값이 대푯값에 끼치는 영향

드물게 극단적으로 큰 값이나 작은 값인 이상값(oulier)이 데이터에 포함될 때가 있습니다. 평균값은 계산 시 모든 값을 고려하기 때문에 이상값의 영향을 받기 쉽다는 특징이 있습니다. 한편, 중앙값은 상대적인 크기로부터 구해지며, 가운데에 있는 값만 참조하므로 이상값에는 잘 영향받지 않습니다.

그림 3.3.4는 100명의 성인이 있는 마을의 연소득 데이터를 가상으로 나타낸 것입니다. 원래 평균값과 중앙값 모두 약 5,090만 원인 마을인데, 연소득이 10억 원인 사장 한 사람이 이사 왔다고 합시다. 평균값은 6,030만 원까지 증가하는 반면, 중앙값에는 거의 영향이 없다는 것을 알 수 있습니다. 또한, 이상값은 빈도가 낮으므로, 최빈값에도 영향을 주지 않습니다.

◆ 그림 3.3.4 **평균값과 중앙값**

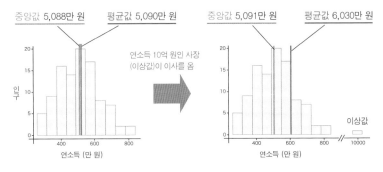

원래 주민 100명이던 마을(왼쪽)에 연소득 10억 원인 사장(이상값)이 이사를 오면(오른쪽), 평균값은 크게 오르지만 중앙값은 거의 변화하지 않습니다.

히스토그램의 중요성

대푯값은 매우 편리하긴 하지만, 이 값만으로 데이터를 이해하는 것은 경계해야 합니다. 예를 들어 분포가 봉우리 형태가 아닌 경우, 평균값을 계산하면 실제 데이터에서 멀리 동떨어진 값을 얻는 수가 있기 때문입니다.

그림 3.3.5는 어느 공원의 평일 오전 이용자의 연령 분포입니다. 평균값은 31.6세인데, 히스토그램 없이 이 값만으로 데이터를 이해하려 하면, 평일 오전에는 주로 성인이 방문하는 공원이라고 생각하기 쉽습니다. 그러나 실제로는 30대는 한 사람도 없고, 어린이와 그 부모 그리고 고령자가 공원을 이용합니다.

중앙값은 12.0세이므로 어린이가 대부분임을 알 수 있을 뿐, 실제 분포 형태까지는 알 수 없습니다. 이 예처럼 극단적인 쌍봉형(이봉형) 사례는 실제 데이터 분석에서 자주 나타나진 않습니다. 하지만 처음부터 히스토그램을 그려 대략적인 파악을 한 다음, 대푯값으로 적절하게 분포를 특징 지을 수 있는지 확인하는 것이 중요한 데이터 분석 작업 순서라는 점을 꼭 기억해 두세요.

◆ 그림 3.3.5 **대푯값으로는 알기 어려운 분포의 예**

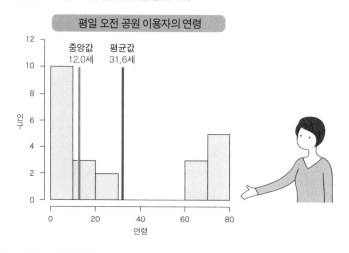

봉우리가 좌우 2개인 쌍봉형(이봉형)이라면, 평균값으로는 분포의 특징을 나타낼 수 없습니다.

● 분산과 표준편차

대푯값을 이용하면 데이터가 '어디를 중심으로 분포하는지'라는 정보를 얻을 수 있었습니다. 그럼 다음으로 분포 형태를 평가해 봅시다. 그러려면 분포의 폭, 다시 말해 데이터가 '어느 정도 퍼져 있는지(흩어져 있는지)'를 파악하는 것이 좋을 듯합니다.

데이터 퍼짐을 평가하기 위해서는 **분산(variance)** 혹은 **표준편차(standard deviation, S.D.)** 라는 통계량을 계산합니다. 표본에서 구하고, 표본을 평가한다는 점을 강조하여 '표본분산(sample variance)'이나 '표본표준편차(sample standard deviation)'라 부르기도 합니다.

표본분산은 표본의 각 값과 표본평균이 어느 정도 떨어져 있는지를 평가하는 것으로, 데이터 퍼짐 상태를 정량화한 통계량입니다. 표본분산 s^2는 다음과 같이 계산합니다.

$$s^2 = \frac{1}{n}\left\{\left(x_1 - \bar{x}\right)^2 + \left(x_2 - \bar{x}\right)^2 + \cdots + \left(x_n - \bar{x}\right)^2\right\} = \frac{1}{n}\sum_{i=1}^{n}\left(x_i - \bar{x}\right)^2$$

(식 3.2)

먼저 각 값과 평균값의 차이를 제곱한 것($(x_i - \bar{x})^2$)을 모두 더한 다음, 표본크기 n으로 나눕니다. 이렇게 각 값과 평균값 사이 거리의 제곱을 평균화한 값으로써 데이터 퍼짐 정도를 평가하는 것입니다.[*] 표본분산의 성질은 다음과 같습니다.

- $s^2 \geqq 0$
- 모든 값이 같다면 0
- 데이터 퍼짐 정도가 크면 s^2이 커짐

---

[*] $n-1$로 나눈 비편향분산은 4장에서 살펴봅니다.

표본표준편차 s는, 이 표본분산의 제곱근을 취한 값입니다.

$$s=\sqrt{s^2}=\sqrt{\frac{1}{n}\sum_{i=1}^{n}(x_i-\overline{x})^2}$$

(식 3.3)

계산상 분산과 표준편차에는 제곱근인지 아닌지의 차이만 있으며, 포함하는 정보에는 차이가 없습니다. 분산 단위는 원래 값 단위의 제곱이 되지만, 표준편차는 제곱근을 취하므로 원래 단위와 일치합니다. 따라서 데이터 퍼짐 정도를 정량화한 지표로는 표준편차 쪽이 감각적으로 더 알기 쉽게 느껴집니다.

분산과 표준편차의 예

그림 3.3.6은 분산과 표준편차의 구체적인 예로, 1,000명의 학력 테스트(100점 만점) 점수를 히스토그램으로 나타낸 것입니다. 비교를 위해 평균값이 같은

◆ 그림 3.3.6 **분산과 표준편차**

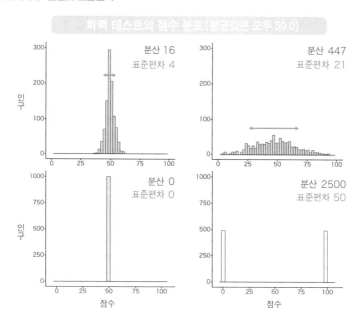

데이터를 예로 들었습니다.

어느 경우에도 평균값은 50입니다만, 데이터가 퍼진 모양과 분포의 넓이가 다릅니다. 이는 평균값에는 데이터 퍼짐 정도의 정보가 들어 있지 않다는 것을 나타냅니다. 그리고 분포의 넓이가 넓어질수록, 그에 따라 분산과 표준편차가 커진다는 것을 알 수 있습니다. 시험 점수처럼 학력의 차이를 측정할 때는, **그림 3.3.6** 오른쪽 위와 같은 '0점부터 100점까지 다양한 값이 나오는 테스트' 쪽이 바람직한 시험이라 할 수 있습니다.

그림 3.3.6 왼쪽 아래나 오른쪽 아래는 극단적인 예입니다. 왼쪽 아래처럼 모두가 같은 점수일 때는 분산과 표준편차 모두 0이 됩니다. 이런 경우 학력의 차이를 측정할 수 없게 되어 입학시험으로서는 유효하지 않습니다. 오른쪽 아래는 절반이 100점, 나머지 절반이 0점인 극단적인 예입니다. 이처럼 쌍봉형이 되면 평균값에서 벗어난 값이 대부분이기에 분산이나 표준편차는 눈에 띄게 커집니다.

 ## 분산을 확인할 수 있는 상자 수염 그림

앞에서 데이터 분포를 시각화하기 위한 수단으로 히스토그램을 소개했습니다만, 그 밖에도 데이터가 어떤 분포인지 나타내는 그래프들이 있습니다. 자주 사용되는 것은 **상자 수염 그림**(box-and-whisker plot)입니다. **그림 3.3.7**은 같은 데이터를 히스토그램(90도 회전)과 상자 수염 그림으로 각각 나타낸 것입니다.

상자 수염 그림은 이름처럼 상자와 수염으로 구성되며, 각각은 데이터의 분포를 특징 짓는 통계량을 나타냅니다. 제1사분위수는 큰 쪽부터 세었을 때 1/4 위치에 있는 값, 제3사분위수는 작은 쪽부터 세었을 때 1/4 위치에 있는 값입니다. 상위 절반 또는 하위 절반 위치를 가리키는 제2사분위수는 중앙값이라

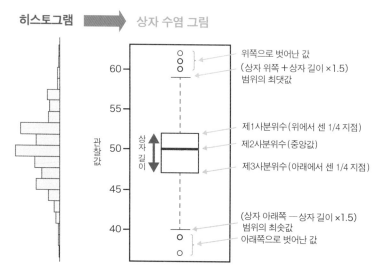

상자 수염 그림과 비교하고자, 히스토그램은 90도 회전시켜 표시했습니다. 상자 수염 그림은 중앙값이나 사분위수라는 통계량을 나타냄으로써 데이터가 어떤 분포인지를 눈으로 볼 수 있도록 합니다.

부르기도 합니다. 제1사분위수부터 제3사분위수까지의 범위가 바로 상자입니다.

수염은 상자 길이(제1사분위수와 제3사분위수의 차이)의 1.5배 길이를 상자로부터 늘인 범위 안에서, 최댓값 또는 최솟값을 가리킵니다. 이 범위에 포함되지 않은 값은 이상값(**그림 3.3.7**의 동그라미 부분)으로 정의됩니다.

상자 수염 그림은 중앙값이나 사분위수, 최댓값, 최솟값 등의 통계량은 나타내는 반면, 히스토그램에서 볼 수 있는 상세한 분포 형태 정보는 포함하지 않습니다.

● **분포를 시각화하는 다양한 방법**

데이터 분포를 눈으로 보는 방법에는 그 밖에도 몇 가지가 있습니다. **그림**

3.3.8은 같은 데이터를 5가지 방법으로 시각화한 것입니다. 가장 왼쪽은 평균 값을 막대그래프의 높이로 나타내고, 표준편차(S.D.)를 평균값에서 아래위로 늘인 오차 막대로 표시한 그림입니다. 이는 평균값과 표준편차라는 2가시 통계 량을 시각화한 것으로, 상자 수염 그림과 마찬가지로 분포 형태까지는 자세하 게 알 수 없습니다. 추론통계에서는 S.D.가 아닌, 표준오차(standard error, S.E.) 라는 값(4장에서 살펴봅니다)을 오차 막대로 그릴 때가 많기 때문에, 오차 막대가 무엇을 나타내는지 반드시 범례(캡션, 그림 설명)로 작성하도록 합니다.

최근에는 분포 형태를 좀더 자세히 시각화하기 위해 바이올린 플롯(violin plot)이나 스웜 플롯(swarm plot) 등의 방법을 사용하기도 합니다(**그림 3.3.8**). 바이올린 플롯은 히스토그램을 부드럽게 표현한 그래프로, '어디쯤 데이터가 존재하기 쉬운지'를 추정하여 이를 나타냅니다.[*]

스웜 플롯은 값이 겹치지 않도록 점을 찍음으로써, 각 데이터가 어디에 있

◆ 그림 3.3.8 **분포를 시각화하는 다양한 방법**

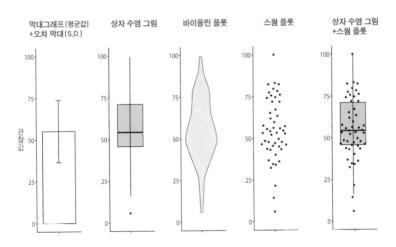

5가지 방법으로 같은 데이터를 시각화한 예입니다. 각 그래프가 나타내는 정보가 다름을 알 수 있습니다.

---

[*] 핵밀도 추정(kernel density estimation)이라는 방법을 사용합니다.

는지를 자세하게 나타내는 방법입니다. 이 그림에는 평균값이나 중앙값 등의 통계량은 표시되지 않지만, 분포 형태나 자세한 데이터 위치 정보는 시각화되어 있습니다. 그러므로 상자 수염 그림 등을 함께 그려 정보를 보완하는 것도 가능합니다(**그림 3.3.8** 오른쪽 끝).

다만 정보가 너무 많으면 보기 어려우므로, 무엇을 전달하려는 그래프인지를 명확히 한 다음, 어떤 시각화 방법을 이용할 것인가를 정하는 편이 좋습니다.

이상값

데이터에 극단적으로 크거나 작은 값인 이상값이 포함될 때가 가끔 있습니다. 이상값의 명확한 정의는 없으나, 평균값에서 표준편차의 2배 또는 3배 이상 벗어난 숫자를 **이상값**으로 보곤 합니다.

예를 들어 평균 50, 표준편차 15인 시험 점수 데이터 분포를 생각해 봅시다. '표준편차 2배'가 기준이라면, 20점 이하 또는 80점 이상이 이상값입니다. 또 '표준편차 3배'가 기준이라면, 5점 이하 또는 95점 이상이 이상값이 됩니다. 이외에도 **그림 3.3.7**에서 본 상자 수염 그림의 이상값 정의도 있습니다.

실제로 데이터를 해석할 때는 이상값이 실제 값이 아니라, 측정 시나 데이터 기록 시의 실수일 가능성도 고려해야만 합니다.

데이터 분석 현장에서는 시각화를 통해 이상값이 있는지를 확인하고, 그것이 실제 값인지 혹은 실수로 생긴 값인지를 판단하는 것이 중요합니다. 그리고 실수인 경우 데이터에서 제외하여, 이후 분석에서 사용되지 않도록 하는 등의 조치를 취해야 합니다. 평균값 등의 통계량은 앞서 이야기한 대로 이상값의 영향을 받으므로, 측정 실수나 데이터 기록 실수가 데이터 분석 결과 전체에 영향을 주는 일이 없어야 하기 때문입니다.

3.4 ▶ 확률

확률을 배우기 전에

여기서는 확률의 기초를 알아봅니다. 1장에서 설명했듯이 통계학(특히 추론 통계)에서는 확률론이 중요합니다. 이는 통계학이, 관찰한 데이터를 모집단에서 확률적으로 발생한 값으로 상정하고, 데이터 자체나 데이터의 배후에 있는 법칙을 이해하고자 하는 시도이기 때문입니다.

데이터 획득 및 통계분석 방법을 적절히 선택하고 분석 결과를 올바르게 해석하려면, 확률론의 기초를 이해하는 것이 필수입니다. 그러나 이를 이해하고자 어려운 수식을 연필과 종이로 계산할 필요는 없으며, 그 개념만 잘 이해하는 것으로 충분합니다. 이미 확률을 잘 아는 독자라면 이 절을 건너뛰어도 상관없습니다.

더욱이 지금부터 진행할 확률 설명을, 3.3절까지 살펴본 현실에서 관찰한 데이터 이야기와 혼동하지 않도록 합시다. 어디까지나 수학 세계의 이야기라는 점을 잊지 말기 바랍니다.

확률의 기본 사고방식

먼저 확률의 개념부터 설명하겠습니다. **확률**이란, '(발생 여부가) 불확실한 사건의 발생 가능성을 숫자로 표현한 것'입니다. 일반적으로 확률은 영문자 P로 표기하므로, 사건 A의 확률은 $P(A)$로 나타냅니다. 각 사건의 확률 P는 0 이상 1 이하의 실수로, 큰 값일수록 발생하기 쉽다는 뜻입니다. 그리고 모든 사건의 확률을 전부 더하면 1이 됩니다.

구체적인 예로 주머니에 붉은 구슬 4개와 흰 구슬 1개가 들어 있는데, 안을 보지 않고 구슬 하나를 꺼내는 경우를 생각해 봅시다(**그림 3.4.1**). 이때 일어날 수 있는 사건은 '붉은 구슬' 또는 '흰 구슬'의 2가지입니다. 그리고 고등학교 수학에서 붉은 구슬일 경우의 수는 4, 흰 구슬일 경우의 수는 1이고, 모든 사건이 일어나는 경우의 수는 5이므로, **붉은 구슬일 확률** P(붉은 구슬)=4/5, **흰 구슬일 확률** P(흰 구슬)=1/5이 됩니다.

실제로 이렇게 경우의 수로부터 확률을 정의하려면 어떤 구슬이든 동등한 확률로 꺼내진다는 가정이 있어야 합니다. 현대 확률론은 사건에 실수를 할당하여 확률을 정의하는 측도론적 사고에 기반을 두고 있습니다.[*]

◆ 그림 3.4.1 **확률의 예시**

어느 구슬이든 똑같이 꺼내진다는 것이라면, 꺼낸 구슬이 붉은 구슬일 확률은 4/5, 흰 구슬일 확률은 1/5입니다.

● **확률변수**

앞의 예에서 변수 $X=\{$붉은 구슬, 흰 구슬$\}$이라 하면, $P(X=$붉은 구슬$)=4/5$,

---

[*] 측도(測度)란, 집합에 '크기'를 부여하고 계산하는 함수인데, 이를 연구하는 수학 분야를 측도론이라고 합니다.

$P(X=$흰 구슬$)=1/5$의 식으로 표현할 수 있습니다. 여기서 X와 같이 확률이 달라지는 변수를, **확률변수**라 부릅니다.[*] 그리고 확률변수가 실제로 취하는 값(여기서는 붉은 구슬 또는 흰 구슬)을 **실현값**이라 합니다.

확률변수가 '붉은 구슬/흰 구슬' 같은 범주이거나, '주사위 눈'처럼 서로 떨어진 숫자인 경우 이산형 확률변수, 키(cm)와 같이 연속한 값인 경우 연속형 확률변수라 합니다. 둘의 차이는 확률분포에서 나타납니다.

● **확률분포**

확률분포란 가로축에 확률변수를, 세로축에 그 확률변수의 발생 가능성을 표시한 분포입니다. 확률변수가 이산형인 경우 세로축이 확률 그 자체를 나타냅니다(**그림 3.4.2**). 히스토그램과 마찬가지로 확률변수가 범주일 때는 가로축 순서에 의미는 없습니다.

◆ 그림 3.4.2 **이산형 확률분포**

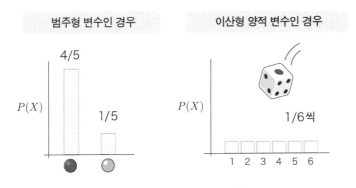

가로축은 확률변수, 세로축은 확률

---

[*] 측도론을 이용한 확률론에서는 확률변수 X를 사건을 나타내는 집합의 요소를 실수로 변환하는 함수라고 정의합니다. 예를 들어 붉은 구슬이 나오면 100원, 흰 구슬이 나오면 500원을 받는 뽑기라면 $X($ 붉은 구슬 $)=100$, $X($ 흰 구슬 $)=500$이 됩니다. 이 책에서는 간단하게 이해하고자 확률적으로 변하는 변수를 확률변수라고 하고 이야기를 진행합니다.

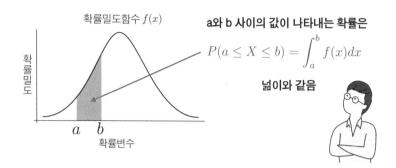

연속변수인 경우, 확률밀도함수와 x축으로 둘러싸인 넓이가 확률입니다.

확률변수가 연속형일 때의 확률분포는 이산형과는 조금 달라집니다. 확률변수가 실수면 소수점 이하 자리가 무한히 계속될 수 있으므로, 확률변수가 하나의 값일 확률은 0이 됩니다. 그런 까닭에 연속형 확률변수의 경우에는 값에 일정한 범위를 두고 확률을 구합니다(연속변수의 히스토그램과 비슷한 개념입니다). 그 확률을 계산하는 함수를 **확률밀도함수**라 합니다(**그림 3.4.3**).

확률밀도함수의 세로축은 확률 그 자체의 값이 아니라, 상대적인 발생 가능성을 표현한 값이라는 점에 주의하기 바랍니다. 확률변수가 어떤 값에서 어떤 값까지의 범위에 들어갈 확률을 알고 싶다면, 확률밀도함수를 적분하여 x축과 확률밀도함수로 둘러싸인 부분의 넓이를 구합니다. 이 넓이가 바로 확률에 해당합니다. 확률변수의 정의역 전체를 적분하면 1이 되며, 곧 모든 사건 중 어느 것이든 일어날 확률이 1이라는 것을 나타냅니다.

 ## 추론통계와 확률분포

확률분포를 살펴보았으므로, 이번에는 통계학에서 확률분포가 왜 중요한지를 이야기하겠습니다. 앞서 데이터 자체는 잊고 수학적인 이야기로서 확률을 생각해 달라고 했습니다만, 일단 여기서는 데이터를 가지고 생각해 봅시다.

2장에서 설명한 것처럼, 추론통계는 모집단의 일부인 표본에서 모집단의 성질을 추정하고자 합니다. 그러나 모집단은 직접 관측할 수 없고 이해하기도 어려운 대상이기에, 표본으로 추정하는 일 역시 어려울 듯합니다. 이에 **그림 3.4.4**와 같이 현실 세계의 모집단을 수학 세계의 확률분포로 가정하고, 표본 데이터는 그 확률분포에서 생성된 실현값인 것으로 가정하여 분석을 진행합니다. 이렇게 함으로써 '모집단과 표본 데이터'처럼 다루기 어려운 대상이 '확률분포와 그 실현값'처럼 다룰 수 있는 대상으로 치환되는 것입니다.

이는 또한 다음에 소개하는 바와 같이, 표본을 이용해 확률분포를 특징 짓는 숫자를 추정함으로써 모집단을 이해하고자 하는 방침이 됩니다. (자세한 내용은 4장에서 설명합니다.)

◆ 그림 3.4.4 **추론통계의 확률분포**

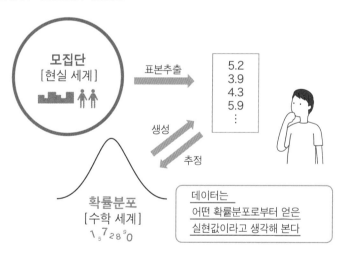

모집단에서 추출한 표본을 어떤 수학 확률분포에서 생성된 값이라고 가정함으로써 비로소 분석이 진행 가능해집니다. 그리고 통계적 추론이란, 얻은 데이터로부터 그 발생원이 어떤 확률분포를 취하는지를 추정하는 것입니다.

• 기댓값

양적 확률변수라면, 확률분포를 특징 짓는 양을 계산할 수 있습니다. 그 첫 번째는 '변수가 확률적으로 얼마나 발생하기 쉬운가'를 평균적인 값으로 나타낸 기댓값(expected value)입니다. 단순히 평균이라 불러도 문제없습니다.

확률변수 X의 기댓값은 $E(X)$로 표기하고, 다음과 같이 정의합니다.

 이산형

$$E(X) = \sum_{i=1}^{k} x_i P(X = x_i) \quad \text{(식 3.4)}$$

여기서 k는 확률변수가 가질 수 있는 실현값의 개수입니다. 각 실현값과 그 값이 발생할 확률을 곱하여 더합니다. 닮지 않은 주사위라면 확률변수의 각 실현값은 $x_i=\{1, 2, 3, 4, 5, 6\}$이고, 확률 $P(X=x_i)$는 모든 x_i가 1/6이므로, 기댓값은 1×1/6+2×1/6+3×1/6+4×1/6+5×1/6+6×1/6=3.5가 됩니다.

 연속형

$$E(X) = \int xf(x)dx \quad \text{(식 3.5)}$$

확률변수가 연속형일 때 기댓값 $E(X)$는, 실현값 x와 그에 대응하는 확률밀도 $f(x)$를 곱한 후, 적분한 값이 됩니다. 적분 범위는 확률변수가 정의된 전 범위입니다.

• 분산과 표준편차

확률분포가 기댓값 주변에 어느 정도 퍼졌는지를 나타내는 값은 통계량 계산에서도 등장한 분산으로, $V(X)$로 표기합니다.

이산형

$$V(X) = \sum_{i=1}^{k} (x_i - E(X))^2 P(X = x_i) \quad \text{(식 3.6)}$$

연속형

$$V(X) = \int (x - E(X))^2 f(x) dx \quad \text{(식 3.7)}$$

두 식은 각각 기댓값과의 차이를 제곱한 숫자를 이용해 데이터가 기댓값에서 어느 정도 떨어져 있는지를 평가하고 있습니다.

표준편차는 분산 $V(X)$의 제곱근을 취한 값으로 정의됩니다. 분산, 표준편차의 성질은 다음과 같습니다.

- 0 이상일 것
- 모두 같은 값이 나타나는 경우에는 0
- 기댓값에서 떨어진 값이 많을수록 커짐

이 성질들은 데이터로 직접 계산한 분산, 표준편차에도 마찬가지로 해당됩니다.

● **왜도와 첨도**

기댓값과 분산(또는 표준편차) 이외에도, 확률분포를 특징 짓는 값이 있습니다. 예를 들면 왜도와 첨도입니다. 왜도(skewness)는 분포가 좌우대칭에서 어느 정도 벗어났는지로, 첨도(kurtosis)는 분포가 얼마나 뾰족한지와 그래프의 꼬리가 차지하는 비율(분포의 양쪽 끝 꼬리의 확률 크기)이 얼마인지로 평가합니다. 이 책에서는 자세히 다루지 않지만, 이런 값이 있다는 것은 알아 두기 바랍니다.

확률변수가 2개일 때

지금까지 확률변수가 1개일 때를 설명했습니다. 다음은 확률변수가 X와 Y, 2개일 때를 살펴봅시다. 확률변수가 여러 개라면 그 사이의 관계성을 생각할 수 있습니다.

확률변수 2개를 동시에 생각할 때의 확률분포를 **동시확률분포** $P(X, Y)$라 합니다. 예를 들어 2개의 주사위 A, B가 있을 때 주사위A에서 나온 눈을 X, 주사위B에서 나온 눈을 Y라 하면, 주사위A가 1의 눈이 나오는 동시에 주사위B가 2의 눈이 나올 확률은 $P(X=1, Y=2)$로 표현합니다.

그럼, 여기서 2개 변수 사이의 관계에 있어 중요한, '독립'이라는 개념을 알아봅시다. X와 Y 2개 확률변수가 독립이라는 말은, X와 Y의 동시확률분포 $P(X, Y)$가 각각의 확률 $P(X)$와 $P(Y)$의 곱과 같다는 뜻입니다.

수식으로 나타내면 다음과 같습니다.

$$P(X,Y) \;=\; P(X) \times P(Y)$$ (식 3.8)

이는 한쪽이 어떤 값을 취하든지, 다른 한쪽의 발생 확률은 변하지 않는다는 것을 뜻합니다. 아무런 결점이 없는 보통의 주사위라면, 주사위 2개에서 나오는 눈은 독립입니다. 하나가 어떤 눈이든 간에, 다른 하나에서 나오는 눈은 모두 1/6 확률로 나타납니다. 그러므로 주사위A가 1의 눈이고 동시에 주사위B가 2의 눈일 확률은 $P(X=1, Y=2)=P(X=1) \times P(Y=2)=1/36$입니다.

다른 예로 상의와 하의를 고를 확률을 생각해 봅시다(**그림 3.4.5**). 검은색, 흰색, 분홍색 티셔츠를 각각 1/3 확률로 고르고, 이와는 무관하게 파란색, 흰색, 카키색 바지를 각각 1/3 확률로 선택한다면 이는 서로 독립입니다. 즉, 어울리는지는 생각하지 않고 아무렇게 입는 셈이며, 흰색 티셔츠×흰색 바지 조합 역시 1/9 확률로 나타나게 됩니다.

그러나 검은색 티셔츠에는 카키색 바지, 분홍색 티셔츠에는 흰색 바지, 흰색 티셔츠에는 청바지를 매치하는 등 조금이라도 코디를 하는 경우라면, 즉 상의와 하의에 무엇인가의 관계성이 있다면, 이는 독립이 아닙니다.

◆ 그림 3.4.5 **2개의 확률변수가 독립이 아닐 때**

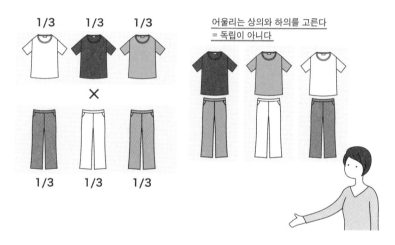

흰색, 검은색, 분홍색 티셔츠를 각각 1/3 확률로 고르고 이와는 무관하게 파란색, 흰색, 카키색 바지를 각각 1/3 확률로 고른다면 이는 독립입니다. 그러나 색이 서로 어울리도록 상의와 하의를 고른다면, 이는 독립이 아닙니다.

● 조건부확률

한쪽 확률변수 Y의 정보가 주어졌을 때(달리 말하면 Y를 알 때), 다른 한쪽 확률변수 X의 확률을 **조건부확률 $P(X|Y)$**라 합니다. 파이프 문자(vertical bar) | 오른쪽에 조건을, 왼쪽에 확률변수를 적습니다.

앞의 예에서 X를 상의, Y를 하의로 하여, 반드시 카키색 바지에는 검은색 티셔츠, 흰색 바지에는 분홍색 티셔츠, 파란색 바지에는 흰색 티셔츠를 맞춰 입는 사람이 있다면 다음과 같이 됩니다.

- $P(X=흰색|Y=카키색)=0$, $P(X=검은색|Y=카키색)=1$, $P(X=분홍색|Y=카키색)=0$
- $P(X=흰색|Y=흰색)=0$, $P(X=검은색|Y=흰색)=0$, $P(X=분홍색|Y=흰색)=1$
- $P(X=흰색|Y=파란색)=1$, $P(X=검은색|Y=파란색)=0$, $P(X=분홍색|Y=파란색)=0$

이는 곧 Y의 정보를 얻으면, X를 알 수 있다는 말입니다. 이와 달리 X와 Y가 독립인 경우에는 $P(X|Y)=P(X)$가 성립합니다. 즉, Y가 어떤 값이 되든 간에 X가 발생할 확률은 변하지 않습니다.

3.5 ▶ 이론적인 확률분포

확률분포와 파라미터

이 장의 마지막으로, 통계학에서 자주 사용하는 이론적인 확률분포에 대해 알아봅니다. 이론적인 확률분포는 수식으로 표현되며, 분포의 형태를 정하는 숫자인 **파라미터(parameter, 모수)**를 가집니다. 그러므로 파라미터를 알면 확률분포의 형태를 알 수 있습니다.

데이터 분석의 목적은 모집단의 성질을 아는 것이었음을 기억할 겁니다. 그렇다면 이 모집단을 '○○이라는 파라미터를 가진 □□이라는 확률분포'로 나타낼(근사할) 수 있다면, 모집단의 성질을 아는 것이 되므로 데이터 분석의 목적 그 자체가 됩니다.

그럼 통계학에서 가장 빈번히 등장하는 확률분포인 정규분포를 예로 들어 설명하도록 하겠습니다.

정규분포

통계학에서 가장 자주 등장하는 중요한 확률분포는 정규분포(normal distribution)입니다. 다른 말로 가우스 분포(Gaussian distribution)라고도 부릅니다

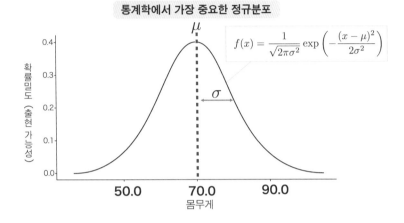

정규분포에는 평균 μ와 표준편차 σ라는 2가지 파라미터가 있습니다. 이 그림은 $\mu=70$, $\sigma=10$인 정규분포를 나타낸 것입니다.

(**그림 3.5.1**). 이는 연속형 확률변수를 대상으로 정의되며, 확률밀도함수로는 다음과 같이 나타납니다.

$$f(x) = \frac{1}{\sqrt{2\pi\sigma^2}} \exp\left(-\frac{(x-\mu)^2}{2\sigma^2}\right)$$ (식 3.9)

얼핏 복잡해 보이는 식입니다만, 중요한 것은 확률분포가 **평균 μ와 표준편차 σ라는 2개의 파라미터로 정해진다**는 점입니다. 정규분포는 $N(\mu, \sigma^2)$으로 표기하는데, 특히 평균 $\mu=0$, 표준편차 $\sigma=1$인 정규분포 $N(0, 1)$을 표준정규분포라 합니다.

그림 3.5.2는 μ와 σ를 다양하게 바꾸었을 때의 정규분포입니다. μ는 분포의 위치를, σ는 분포의 넓이를 결정한다는 것을 알 수 있습니다.

정규분포에는 다음과 같은 특징이 있습니다.

- 평균 μ를 중심으로 한 종형으로, 좌우대칭 분포이다.
- 평균 μ 근처에 값이 가장 많고, 평균 μ에서 멀어질수록 적어진다.
- 키나 몸무게 등 정규분포로 근사할 수 있는 현상이 많다.

이와 함께 정규분포에는 다음과 같은 성질이 있습니다(**그림 3.5.3**).

- $\mu - \sigma$부터 $\mu + \sigma$까지의 범위에 값이 있을 확률은 약 68%
- $\mu - 2\sigma$부터 $\mu + 2\sigma$까지의 범위에 값이 있을 확률은 약 95%
- $\mu - 3\sigma$부터 $\mu + 3\sigma$까지의 범위에 값이 있을 확률은 약 99.7%

이러한 특징과 성질은 μ나 σ의 값이 달라져도 변하지 않습니다. 구체적인 예를 들어 봅시다. 성인 남성의 키가 평균 μ=167.6(cm), 표준편차 σ=7.0인 정규분포를 따른다고 할 때, 무작위로 성인 남성을 골라 측정한 키는 다음과 같은 확률로 나타나게 됩니다.

◆ 그림 3.5.2 **평균과 표준편차를 달리한 정규분포**

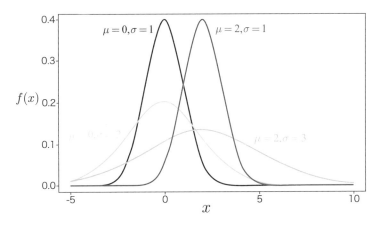

정규분포의 파라미터 μ는 분포의 위치를 결정합니다. 이와 함께 파라미터 σ는 분포의 너비를 결정합니다.

- $\mu-\sigma=160.6$부터 $\mu+\sigma=174.6$까지의 범위에 약 68%
- $\mu-2\sigma=153.6$부터 $\mu+2\sigma=181.6$까지의 범위에 약 95%
- $\mu-3\sigma=146.6$부터 $\mu+3\sigma=188.6$까지의 범위에 약 99.7%

거꾸로 이 범위 바깥에 있을 확률도 알 수 있습니다. 예를 들어 키가 153.6cm 이하 또는 181.6cm 이상인 사람은 약 5% 정도라는 것을 알 수 있습니다. 또한, 어떤 값이 분포의 평균에서 얼마나 떨어졌는지를 나타낼 때는 "○σ 떨어져 있다."라고 표현할 수 있습니다. 예를 들어, "188.6cm는 평균에서 3σ 떨어져 있다."라고 표현하면, 이는 약 0.3%(상위 0.15%)에 속하는 드문 값이라는 의미를 전달할 수 있습니다.

◆ 그림 3.5.3 **정규분포의 성질**

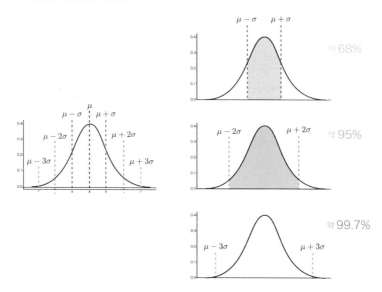

색으로 칠한 넓이가 그 범위에 값이 속할 확률에 대응합니다.

표준화

일반적으로 확률변수 x 또는 데이터의 평균 $\mu(\bar{x})$와 표준편차 $\sigma(s)$를 이용하여 다음과 같이 계산하면 평균 0, 표준편차 1로 변환할 수 있습니다.

$$z = \frac{x - \mu}{\sigma} \quad \text{(식 3.10)}$$

이를 표준화(standardizing, normalizing)라 하며, 변환된 새로운 값을 z값이라 부르기도 합니다. 평균과의 거리가 표준편차의 몇 배인가를 나타내기 때문에, 본래의 μ나 σ와 상관없이 분포 안에서 어디에 위치하는가를 알 수 있습니다. 특히 본래 값이 정규분포를 따른다면 z값은 앞서 말한 '○σ의 ○'에 해당합니다.

구체적인 예로 성인 남성의 키 분포가 평균 167.6, 표준편차 7.0인 정규분포라고 하면, 180cm인 사람은 z=(180−167.6)/7=1.75가 됩니다. 한편 성인 여성의 키 분포가 평균 154.1, 표준편차 6.9인 정규분포라면, 170cm인 사람은 z=(170−154.1)/6.9=2.3이 됩니다. 따라서 180cm인 남성보다 170cm인 여성이 더 드물다는 것을 알 수 있습니다.

참고로, 대학수학능력시험에 등장하는 표준점수는 평균을 50으로, 표준편차를 10으로 변환한 값($10z$+50)입니다. 예를 들어 평균 50, 표준편차 15인 점수 분포에서 80점을 얻었다면 표준점수는 70입니다만, 평균 30, 표준편차 10인 점수 분포에서는 50점만으로도 표준점수는 70이 됩니다.

이처럼 평균과 표준편차에 기준을 두고 데이터를 나열하는 것으로, 본래 점수 자체가 아닌 분포 안에서의 위치로 평가할 수 있게 됩니다.

🔍 다양한 확률분포

이 절에서는 정규분포를 예로 이론적인 확률분포를 알아보았습니다. 통계학에서 중요한 분포로는 균등분포(연속형 또는 이산형), 이항분포(이산형), 푸아송분포(이산형), 음이항 분포(이산형), 지수분포(연속형), 가우스 분포(연속분포) 등이 있습니다. 또한, '검정통계량'이라 불리는 통계량이 따르는 확률분포(t 분포, F 분포, x^2 분포 등)들도 있는데, 추론통계 계산에서 나타납니다.

각각의 확률분포에 대해서는, 이후 등장할 때마다 자세히 살펴보도록 하겠습니다.

• • •

이 장에서는 통계분석의 고비라 할 수 있는 추론통계 개념을 알아봅니다. 먼저 추론통계에서 데이터를 얻는다는 것은 무엇인가를 생각해 봅니다. 그리고 평균값을 예로 삼아, 모집단의 평균과 표본평균 사이의 오차를 고려함으로써 평균값의 신뢰구간을 얻는 방법을 소개합니다. 신뢰구간 개념은 5장의 가설검정과 직결되므로, 잘 이해하도록 합시다.

4 장

추론통계~신뢰구간

데이터로 모집단의 성질을 추정한다

4.1 추론통계를 배우기 전에

전수조사와 표본조사

먼저 2장과 3장에서 알고자 하는 대상인 모집단을 알아보고자 사용했던 2가지 방법을 정리해 봅시다(**그림 4.1.1**).

한 가지는 모집단의 모든 요소를 조사하는 전수조사입니다. 전수조사에서는 기술통계 방법을 사용해 모든 요소로부터 알고자 하는 성질(평균값 등)을 계산하고 평가하면, 알고 싶은 것을 알아낼 수 있습니다. 이로써 모집단을 알고자 하는 목적은 달성됩니다.

또 하나는 모집단의 일부인 표본으로 모집단의 성질을 추정하는 표본조사입니다. 다양한 상황에서 사용하는 표본조사는, 지금부터 설명할 조금은 복잡

◆ 그림 4.1.1 **전수조사와 표본조사**

한 추론통계 방법을 통해 모집단을 추정하는 분석에 기반을 두고 있습니다.

추론통계는 통계학을 배울 때 고비가 되며, 처음으로 통계학을 배우는 많은 사람이 부닥치는 벽이기도 합니다. 이 책에서는 가능한 한 전체 모습을 머릿속에 떠올릴 수 있도록 함과 동시에, 논리도 빠뜨리지 않고 정확하게 설명하고자 합니다.

데이터를 얻는다는 것

그럼 우선, 추론통계 방법에 있어 "데이터(표본)를 얻는다는 것은 무엇인가?"를 설명하도록 하겠습니다.

수많은 요소가 들어 있는 모집단에서 일부를 표본으로 추출한다는 것은, 모집단에 포함된 전체 값으로 구성된 분포(2장의 히스토그램 참조)에서 일부를 추출하는 것이라 할 수 있습니다(**그림 4.1.2**). 무한모집단인 경우 요소 개수에 제한이 없으므로 머릿속에 떠올리기가 쉽지는 않겠지만, 엄청난 개수의 요소를 모아 히스토그램을 그리는 모습을 상상해 보세요. 이처럼 모집단을 나타내는 분포를 모집단분포라고 합니다.

◆ 그림 4.1.2 **모집단에서 데이터를 얻음**

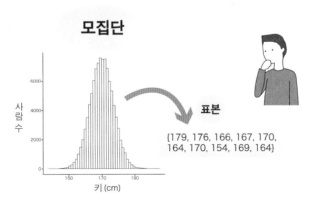

한국인 성인 남성을 모집단이라 했을 때, 한국인 성인 남성 전원의 키로 구성된 모집단분포를 생각할 수 있습니다. 표본은 이 분포에서 일부를 추출한 것이라 볼 수 있습니다.

▼ 모집단 관련 용어

모집단분포가 양적 변수의 분포라면 평균이나 분산을 정의할 수 있는데, 이를 각각 모평균, 모분산이라 합니다. 그리고 일반적으로 이러한 모집단분포를 특징 짓는 양을 모수 또는 파라미터라 부릅니다.

통계학에서는 모수를 아는 것이 목표이나, 앞서 이야기한 것처럼 모집단을 모두 조사하는 데는 어려움이 따르기 때문에 표본으로 모수를 추정합니다. 덧붙여 일상에서는 모집단에 포함된 요소 개수를 '모수'란 단어로 일컬을 때가 있으므로, 혼동하지 않도록 주의하세요.

● **확률분포와 실현값**

여기서 일단 3장에서 살펴본 확률분포를 떠올려 보세요. 확률분포는 가로축에 확률변수의 값을, 세로축에 그 확률(또는 확률밀도)을 나타낸 분포였습니다. **그림 4.1.3**과 같이 확률분포 형태를 결정하면, 그 **확률분포를 따르는 실현값**이 발생하도록 할 수 있습니다. 그리고 확률분포를 알고 있으면 여기서 발생하는 실현값이 확률적으로 어떻게 움직일지를 이해할 수 있게 됩니다.

단, 여러 개의 실현값이 발생할 때는 간단하게 만들기 위해 확률분포로부터 매번 독립적으로 발생한다고 간주합니다. 예를 들어 주사위를 던져 1의 눈이 나온 다음에는 1의 눈이 잘 나오지 않는다고는 생각하지 않고, 항상 1의 눈은 1/6 확률로 나오는 것으로 간주합니다.

여기서 알 수 있는 것은 실현값이 마치 데이터처럼 보인다는 것, 그리고 확률분포와 실현값의 관계는 모집단과 표본의 관계와 매우 비슷하다는 것입니다.

물론 겉으로만 닮은 것은 아닙니다. 모집단의 히스토그램에 포함된 모든 요소 개수로 세로축의 눈금 수를 나눈 값은 비율이 되며, 이를 확률로 간주할 수 있습니다. 그렇기 때문에 모집단분포를 확률분포로 보는 것이 가능합니다. 게다가 모집단으로부터 무작위·독립으로 하나씩 데이터를 추출하는 것은, 확률분포로 본 모집단분포에서 그 확률분포를 따르는 실현값이 발생하도록 하는

◆ 그림 4.1.3 **확률분포와 그 실현값**

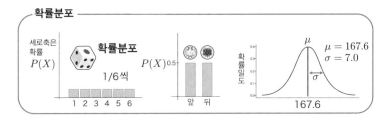

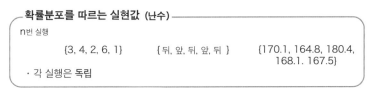

확률분포와 실현값의 관계는 모집단과 표본의 관계와 매우 유사
「모집단=확률분포」, 「표본=확률분포를 따르는 실현값」이라 생각하자!

일에 해당합니다.

그리하여 모집단과 표본이라는 현실 세계 이야기를, 확률분포와 실현값이
라는 수학 세계의 언어로 말할 수 있게 됩니다. 지금부터는 '**모집단=확률분포**',
'**표본=확률분포를 따르는 실현값**'이라 생각합시다.

● **데이터로부터 그 발생원의 확률분포 추정하기**

모집단과 표본의 관계를 확률변수와 실현값의 관계로 바꾸어 보면 "얻은
표본으로 모집단을 추정한다."라는 원래 목표를 "**얻은 실현값으로 이 값을 발생
시킨 확률분포를 추정한다.**"라는 목표로 바꾸어 말할 수 있습니다. 이것이 추론
통계의 가장 중요한 사고방식이며, 지금부터 이 책을 통해 배워 나갈 다양한
방법에 공통되는 개념입니다.

예를 들어 성인 남성 키라는 모집단평균에 관심이 있을 때, 표본 데이터에서 성
인 남성 키 확률분포의 평균값을 추정하는 것으로 모집단을 추정하는 식입니다.

● 모집단분포 모형화

현실 세계 모집단분포의 실제 모습은 약간 비뚤거나 들쭉날쭉합니다. 예를 들어 성인 남성 키의 분포는 정규분포와 매우 비슷합니다만, 엄밀한 의미에서 정규분포가 되는 일은 있을 수 없을 것입니다. 그러나 있는 그대로를 바로 수학적으로 다룰 수는 없을 때가 잦기 때문에, 3장에서 배운 것과 같은 수식으로 기술하게 됩니다.

그러면 수학적으로 다룰 수 있는 확률분포(모형)에 근사하여 작업을 진행할 수 있게 되어, 모집단의 추정이 용이해집니다(그림 4.1.4). 수학적인 확률분포로 모집단분포를 근사하는 것을, 여기서는 모형화(modeling)라 부르도록 합시다.

예를 들어 정규분포로 근사할 수 있다면, 평균과 표준편차 같은 2가지 파라미터만으로 분포를 기술할 수 있으며, 다룰 수도 있게 됩니다. 이 장 후반에 등장하는 t분포는, 실로 이와 같이 모집단이 정규분포라는 가정하에 이용할 수 있는 분포입니다.

이처럼 이론적인 확률분포로 근사하는 행위는 모형을 통해 현실 세계를 바라보는 것임을 반드시 명심해야 합니다. 모형에 대해서는 추후 13장에서 다시

◆ 그림 4.1.4 **확률분포 모형화**

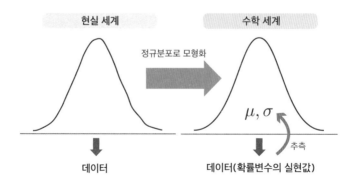

현실 세계의 모집단분포는 약간 비뚤어진 형태일 것이므로, 이를 직접 다루기는 어렵습니다. 이에 수학적으로 이상적인 분포(모형)로 근사함으로써 다룰 수 있는 형태로 바뀌게 됩니다.

설명하겠습니다.

● **무작위추출**

모집단에서 표본을 얻을 때 중요한 것이 **무작위추출**(random sampling)입니다. 이는 데이터를 얻을 때 모집단에 포함된 요소를 하나씩 무작위로 선택하여 추출하는 방식입니다. 앞에서 봤듯이, 데이터의 실현값은 확률분포에서 무작위로 발생하도록 한 값이라고 생각해야 하기 때문입니다. 작은 값을 얻었다고 해서 표본으로 채택하지 않거나, 큰 값이라 해서 채택하는 등, 무작위가 아닌 방식을 사용해서는 안 됩니다.

또한, 일단 큰 값이 얻어지면 다음 값도 비슷한 값이 얻어질 수 있도록 선별하는 것 같이, 독립적이지 않은 선택 방식도 적절하지 않습니다. 예를 들어 한국인의 키를 알고 싶을 때 우연히 배구 선수가 포함되었다고 해도 문제가 안되지만, 마침 주위에 배구 선수가 여럿 있었다 하여 이들을 한꺼번에 측정해서 표본으로 삼는 것은 적절하지 않습니다.

● **무작위추출 방법**

가장 이상적인 무작위추출 방법은 표본에 있을 수 있는 모든 요소를 목록으로 만들고, 난수를 이용하여 표본을 정하는 것입니다. 이를 **단순무작위추출법**이라 합니다. 이 방법은 노력과 시간 비용이 들 때가 있습니다.

이와 달리 실제로 자주 사용하는 방법은 **층화추출법**입니다. 이는 모집단을 몇 개의 층(집단)으로 미리 나눈 뒤, 각 층에서 필요한 수의 조사대상을 무작위로 추출하는 방법입니다. 그 밖에도 계통추출법, 군집추출법 등 다양한 방법이 있습니다.

● 편향된 추출로는 올바른 추정이 어려움

편향된 추출로써 표본을 만든 경우라면, 표본으로 모집단을 올바르게 추정할 수 없습니다. 이는 모집단 설정 방법과도 밀접한 관계가 있습니다. 예를 들어 한국인의 소득에 관심을 두고 한국인 전체를 모집단으로 설정했으면서도, 서울에 사는 사람만을 조사하여 표본을 얻었다고 생각해 봅시다. 그런데 서울 거주자는 타 지역 거주자보다 소득이 높은 경향이 있습니다. 따라서 서울 거주자만으로 얻은 소득 표본은, 한국인의 소득이라는 모집단을 반영한 것이 아닙니다.

통계학에 등장하는 통계 방법 가운데는 설령 무작위추출이 안 되었다고 해도 해석은 가능한 것이 있어, 어떤 결과를 얻을 수는 있습니다. 단, 적절한 추정은 아니므로 주의가 필요합니다.

 편향된 조사

2018년 한 일본 여론조사에서, 약 800명을 전화로 조사하자 정권 지지율이 28%였던 반면, 인터넷으로 10만 명을 조사했더니 지지율이 80%를 넘었다는 뉴스 기사가 있었습니다. 그리고 이에 대해 기자는 "기존 전화 조사의 신뢰성에 의문이 든다."라는 의견을 남겼습니다. 그러나 이는 잘못된 것으로, 연령층 등의 편향이 심한 인터넷은 여론 조사에 적합하지 않습니다. 10만 명이라는 대규모 데이터라 해도 이처럼 편향된 표본은 모집단의 성질을 올바르게 반영하지 못합니다.

● 데이터 얻는 법

2장에서는 알고자 하는 대상에 맞추어 모집단을 설정하면 된다고 했습니다. 그러나 표본은 모집단에서 추출할 필요가 있으므로, 모집단을 너무 넓게 설정하면 무작위추출이 안 될 때가 있습니다. 예를 들어 백신의 효과를 알고자 할 때, 대상 모집단은 모든 인종을 포괄합니다. 그런데 한국인만을 표본으로 삼는 경우라면, 모집단 자체를 다시 고려해야 합니다. 만일 '인종별로 효과에 차이가 없다'는 정보가 있다면, 모집단과 표본이 한국인뿐이라 하더라도 다른 인종에게도 백신이 유효할 것으로 기대할 수 있습니다.

이처럼 모집단에 대해 추정한 결과를 어느 정도 일반화할 수 있는가는, 각 분야 고유의 지식(도메인 지식)에 따라 달라집니다. 그 밖에도 대학 졸업연구에서 심리학 설문조사를 시행할 때, 자신의 소속 대학 학생만을 대상으로 데이터를 얻어 분석했다고 하면, 그 결과가 대학생 전체를 반영한다고 말하기는 어렵습니다. 이는 각 대학교가 학력 수준이 다른 집단일 수 있기 때문입니다.

그러나 학력 수준이라는 성질과는 상관없는, 가령 건강 상태 같은 데이터라면 일부 대학교의 데이터라도 대학생 전체로 일반화할 수 있을지도 모릅니다. 그러므로 선행 연구를 참고하면서 결과에서 얻은 결론을 얼마나 일반화할 수 있는가, 또는 그 한계나 제약은 무엇인가를 충분히 논의해야만 합니다.

추론통계를 직감적으로 이해하기

'데이터 획득' 다음은 '추론'의 사고방식으로 넘어가게 됩니다만, 그전에 우리가 일상생활에서 무의식적으로 하고 있는 '추론통계에 가까운 일' 몇 가지를 소개하고자 합니다. **그림 4.1.5**는 요리한 된장국의 맛을 보는 장면입니다. 이때 냄비에 들어 있는 된장국 전체가 모집단이고, 국자로 작은 접시에 덜어낸 소량의 된장국은 표본이 됩니다. 그리고 이 소량의 된장국을 맛봄으로써, 냄비 안 전체 된장국의 맛을 조사하는 것입니다.[*]

이 된장국 예에는 직감적으로 알 수 있는 추론과 관련한 중요한 내용과 시

---

[*] 이 예는 수학자 아키야마 진(秋山仁) 선생이 든 비유라고 합니다만, 원출처는 분명하지 않습니다.

표본

추정

모집단

예를 들어 맛을 보는 것(추론통계)은 국자로 뜬 된장국(표본)의 맛을 조사하여 냄비 안에 든 된장국(모집단)의 맛을 추정하는 것이라 할 수 있습니다.

사점이 몇 가지 있는데, 통계학 해석과 함께 살펴보고자 합니다.

시사점 1

- 정말로 알고자 하는 것은 국자로 뜬 된장국이 아니라 냄비 안에 든 된장국이다.
  → 정말로 알고자 하는 것은 표본 데이터가 아니라 모집단이다.

여기에서 목적은 냄비 안에 든 된장국의 맛을 아는 것입니다. 아무리 국자로 떠서 맛을 보더라도 냄비 안에 든 된장국의 맛을 평가하지 않는다면 의미가 없습니다.

시사점 2

- 냄비 안의 된장국을 다 먹고 맛을 조사하기는 어렵다.
  → 모집단의 모든 요소를 다 조사하는 전수조사는 어렵다.

냄비 안의 된장국 맛을 아는 것이 목적이지만, 냄비 안의 된장국을 모두 먹어서 맛을 확인할 수는 없습니다.

시사점 3

- 국자로 뜬 약간의 된장국으로 냄비 안의 된장국 맛을 '거의' 확인할 수 있다.
  → 작은 크기의 표본으로도 모집단을 추론할 수 있다.

맛을 보는 양은 왜 국자로 뜬 정도일까요? 이보다 더 적다면, 예를 들어 한 방울 정도라면 모집단인 된장국의 맛을 제대로 반영할 수 없기 때문일 겁니다 (너무 적으면 혀의 감각 기관이 제대로 반응하지 않는다는 문제도 있으나, 여기서는 논외로 합니다).

한편, 맛을 볼 때 한 그릇 정도를 먹는 것은 의미가 있을까요? 한 그릇 쪽이 좀더 정확하게 냄비 안의 된장국 맛을 반영한다고 볼 수 있겠지만, 이 정도까지 맛보지 않아도 국자로 뜬 양만으로 냄비 안 된장국 맛을 충분히 정확하게 나타낼 수 있을 것입니다.

시사점 4

- 국자로 된장국을 뜰 때는 먼저 잘 섞어야 한다.
  → 표본을 추출할 때는 무작위로 추출해야 한다.

된장국을 그냥 두면 된장이 밑으로 가라앉아 위쪽은 맛이 옅어집니다. 이때 국자로 윗부분만을 떠서 맛을 보고 싱겁다고 판단하는 것은 적절하게 맛을 보는 것이 아닙니다. 왜냐하면, 표본이 한쪽으로 치우쳐 버려 모집단의 성질을 정확하게 반영하지 않기 때문입니다. 이 사례에서 편향된 추출을 통해 얻은 표본으로부터 모집단을 추정하게 되면, 얼마나 잘못된 결론으로 연결되는지를 알 수 있습니다.

모집단과 데이터 사이의 오차 고려하기

지금부터는 추론통계의 구체적인 절차를, 그 배경에 있는 논리와 함께 설명하겠습니다. 예로 실제 데이터 분석에서 가장 흔하게 등장하는 모집단의 평균

◆ 그림 4.2.1 문제 설정

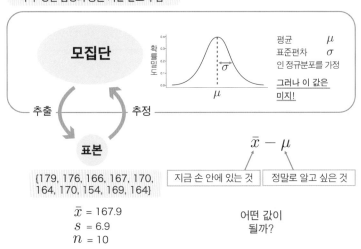

표본으로 모집단의 평균을 추정하는 문제 설정 예입니다. 표본에서 실제 얻은 값으로 모집단의 성질을 추정하기 위해서는, 손 안에 있는 데이터(표본평균)와 알고 싶은 값(모집단평균) 사이의 오차가 어떤 값이 될지를 생각해야 합니다.

값 μ에 대해 생각해 봅시다. 또한, '정말로 알고 싶은 것=모집단평균 μ'이지만, 모집단을 직접 알 수는 없으므로 모집단의 일부인 크기 n인 표본 $x_1, x_2, ..., x_n$을 모집단에서 무작위로 추출하여, 이 표본(데이터)에서 모집단평균 μ를 추정하는 것으로 생각해 가겠습니다.

그림 4.2.1은 키를 소재로 한 문제 설정을 정리한 모습입니다. 알고자 하는 값, 미지의 값, 실제로 얻은 값 그리고 얻은 값으로 계산한 통계량 등의 개념을 의식하는 것이 중요합니다. 또한 다음 설명을 읽어 나가는 데 있어, 모집단의 평균 μ나 표준편차 σ 등은 고정된 값이지만, 모집단분포에서 얻은 표본 $x_1, x_2, ..., x_n$은 확률적으로 변하는 확률변수라는 사실을 염두에 두도록 합시다.

표본오차

평균이 μ인 모집단에서 표본을 얻었다고 하겠습니다. 그리고 3장에서 살펴본 표본평균을 계산합니다. 만약 표본평균이 모집단평균 μ와 정확하게 일치한다면 표본으로부터 모집단의 평균을 알아맞힐 수 있으므로, 이는 곧 모집단을 알 수 있다는 뜻이 됩니다.

그러나 이야기가 그렇게 간단할 리는 없습니다. 일반적으로 표본평균은 모집단평균 μ와 일치하지 않습니다. 즉, '정말로 알고 싶은 것'과 '실제로 손 안에 있는 데이터'에는 어긋남(오차)이 생기는 것입니다. 이런 어긋남을 **표본오차(표집오차, sampling error)**라 합니다(**그림 4.2.1**).

표본오차는 표본을 추출할 때의 인위적인 실수나 잘못으로 생기는 오차가 아니라, 데이터 퍼짐이 있는 모집단에서 확률적으로 무작위 표본을 고르는 데서 발생하는, 피할 수 없는 오차라는 점에 주의하세요. 표본오차는 평균값에 국한되지 않으며, 모집단의 다양한 성질에 대해서 일반적으로 발생하는 것으로 보면 됩니다.

● 주사위의 표본오차

예를 들어 이상적인 주사위를 모집단이라 가정하면, 각 눈은 1/6씩 균등하게 나오므로 모집단의 평균값은 1×1/6+2×1/6+...+6×1/6=3.5입니다. 주사위를 6번 던지고(표본크기 n=6), 나온 눈들을 기록하여 이를 표본으로 삼겠습니다. 이 표본의 평균을 계산하면 어떻게 될까요? 또, 이 주사위를 6번 던지고 표본평균을 계산하는 작업을 2번, 3번 반복하면 어떻게 될까요?

그림 4.2.2는 필자가 실제로 주사위를 던져 얻은 표본을 나타낸 것입니다.

이 주사위 예에서 알 수 있는 것은, 6번 던지는 가운데 중복되는 눈도, 한 번도 나오지 않는 눈도 있으며, 모집단평균 μ(=3.5)와 표본평균(=3.83, 2.67, 4.33)이 일치하지도 않는다는 사실입니다. 특히 주사위를 6번 던지고 그 표본평균을 계산하는 작업을 3번 반복했을 때, 각 표본평균은 모집단평균보다 크

◆ 그림 4.2.2 **모집단평균과 표본평균**

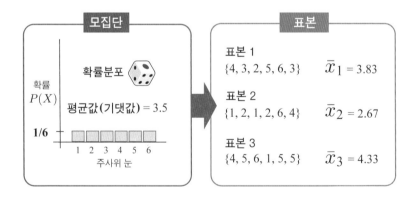

각 눈이 균등하게 나오는 주사위(모집단)와 실제 던지고 얻은 눈(표본)의 예입니다. 표본크기 n=6인 표본 만들기 작업을 3번 반복했습니다. 첫 번째 표본은 '표본1'이라 이름 붙이고, 표본평균에는 $\bar{x}_1$ 같이 아래 첨자 $_1$을 추가했습니다.

거나 작았습니다.[*]

이런 일이 일어나는 이유는 1/6씩의 확률로 각 눈이 나타나는 주사위를 6번 던졌다고 해도, 매번 확률분포에서 독립적으로 실현값이 발생하므로 각 눈이 균등하게 1번씩 나타나는 것은 아니기 때문입니다. 물론 확률적으로는 1번씩 똑같이 나타날 때도 있습니다만, 대부분은 그렇지 않습니다.

● 표본오차는 확률적으로 바뀐다

이번에는 앞면과 뒷면이 1/2의 확률로 나오는 동전 던지기를 모집단으로 생각해 봅시다. 이쪽이 더 이해하기 쉬울지도 모르겠습니다. 동전을 2번 던질 때 실제로 일어나는 사건을 보면, 마침 앞면과 뒷면이 1번씩 똑같이 나타나는 경우도 있지만, 앞면이 2번 또는 뒷면이 2번 나타나는 경우도 있습니다. 구체적으로는 앞면과 뒷면이 1번씩 나타날 확률이 1/2, 앞면이나 뒷면이 2번 나타날 확률이 각각 1/4씩입니다.

이처럼 표본은 모집단의 성질과 정확히 일치하지 않고, 확률오차를 수반합니다. 그러므로 표본으로 모집단의 성질을 정확히 알아맞히기는 불가능합니다. 그러나 여기서 포기하지 않고 이 오차에 대해 파고들어 생각하는 것이 중요하며, 이런 면에서 통계학은 '오차의 학문'이라 해도 과언이 아닙니다.

그럼 다음으로, 오차와 관련한 통계학의 가장 유명한 법칙과 정리를 알아보겠습니다.

● 큰 수의 법칙

표본평균과 모집단평균의 관계에는 큰 수의 법칙(law of large numbers)이 성립합니다. 이는 표본크기 n이 커질수록 표본평균 $\bar{x}$가 모집단평균 μ에 한없

---

[*] 이산변수일 때(특히 표본크기가 작을 때) 확률적으로는 같은 값이 되거나 모집단평균과 같을 때도 있습니다.

이 가까워진다는 법칙입니다. 다른 말로 하면, 표본오차 = $\bar{x} - \mu$가 0에 한없이 가까워진다는 뜻이기도 합니다.

그림 4.2.3은 모집단의 분포(왼쪽이 주사위의 균등분포, 오른쪽은 정규분포)에서 무작위로 하나의 값이 발생하도록 하여 표본에 추가하고, 그 표본평균 $\bar{x}$를 계산하는 작업을 표본크기 $n = 2$부터 5000까지 늘려 가며 시뮬레이션한 실행 예입니다. 표본크기 n이 작을 때 표본평균은 모집단평균과 차이가 나는데, 특히 n이 극히 작은 단계에선 모집단평균과 크게 어긋난다는 점을 알 수 있습니다.

그러나 표본크기 n이 커질수록 표본평균이 모집단평균에 수렴하는 양상을 파악할 수 있습니다. 최종적으로 $n=5000$이 되면 표본평균 $\bar{x}$가 모집단평균 μ에 상당히 가까운 값이 되어 있습니다.

◆ 그림 4.2.3 **큰 수의 법칙 시뮬레이션**

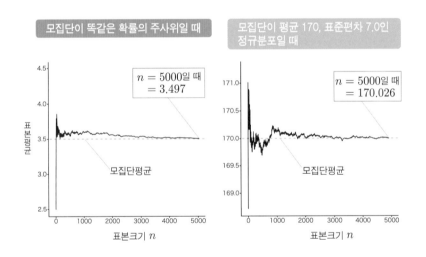

검은색 실선이 표본평균 $\bar{x}$를, 파란색 점선이 모집단평균 μ를 나타냅니다. 모집단분포에서 무작위로 값 1개가 발생하도록 하고 표본에 추가하여 표본평균을 계산하는 시뮬레이션을, 표본크기 $n=2$부터 5000까지 늘려 가면서 반복한 결과입니다. 표본크기 n을 늘리면 표본평균 $\bar{x}$는 모집단평균 μ에 가까워진다는 것을 알 수 있습니다.

표본오차의 확률분포

표본크기 n이 커질수록 표본평균 $\bar{x}$가 모집단평균 μ에 가까워진다는 것을 큰 수의 법칙으로 알 수 있습니다. 그러나 n을 무한대로 하더라도 표본평균 $\bar{x}$와 모집단평균 μ가 일치하지는 않습니다. 그러면 특정 표본크기 n일 때, 표본평균 $\bar{x}$ 또는 **표본오차** $= \bar{x} - \mu$는 어떤 값이 될까요?

주사위 예를 보면, 표본평균 $\bar{x}$도 확률변수입니다. 왜냐하면 $\bar{x} = (x_1 + \ldots + x_n)/n$이고, 각 요소 x_i가 확률변수이기 때문입니다. **표본오차** $= \bar{x} - \mu$도 μ라는 정수를 뺀 것뿐이므로 마찬가지로 확률변수입니다. 그로부터 표본오차의 확률분포를 짐작할 수 있습니다. 이렇듯 표본오차의 확률분포를 알면 어느 정도 크기의 오차가, 어느 정도의 확률로 나타나는지를 알 수 있게 됩니다.

● 중심극한정리

표본오차의 분포에 관해 중요한 정보를 제공하는 것이 중심극한정리(central limit theorem)입니다. 이는 모집단이 어떤 분포이든 간에,[*] 표본크기 n이 커질수록 표본평균 $\bar{x}$의 분포는 정규분포로 근사할 수 있다는 것을 의미합니다.

자, '표본평균 $\bar{x}$의 분포'라 하니, 점점 까다로워진다고 느낄지 모르겠습니다. 이것은 표본크기 n으로 표본을 추출하고, 표본평균 $\bar{x}$를 계산하는 작업을 몇 번이고 반복해서, 표본평균을 한데 모아 히스토그램을 그린다는 것입니다. **그림 4.2.2**에서는 표본크기 $n=6$으로 3개의 표본을 추출하여 3개의 표본평균 $\bar{x}_1, \bar{x}_2, \bar{x}_3$을 계산했습니다만, 이를 막대한 횟수로 반복하는 모양새입니다(**그림 4.2.4**). 실제 데이터 분석에서 이러한 작업은 하지 않습니다만, 표본평균이나 표본오차의 분포를 이해하는 데는 중요하므로 이렇게 가상의 상황을 이용해 보았습

---

[*] 분산이 무한으로 발산하는 꼬리 부분이 두꺼운 분포는 제외합니다.

니다.

3장에서 설명한 정규분포의 성질을 떠올려 봅시다. 정규분포에서는 평균 μ와 표준편차 σ(또는 분산) 2가지의 파라미터를 알면 분포 형태와 위치가 하나로 결정되고, 따라서 각 값이 어떤 확률로 나타날지를 알아낼 수 있습니다.

표본평균 $\bar{x}$의 분포는 정규분포로 근사할 수 있다고 했는데, 이 정규분포의 2가지 파라미터인 평균과 표준편차는 어떻게 되어 있을까요? 이것을 알면 어느 정도 크기의 표본평균이 나타나는가를 확률로서 알 수 있습니다. 증명은 생략합니다만, 평균은 모집단평균 μ, 표준편차는 모집단의 표준편차 σ와 표본크기 n을 이용하여 $\sigma/\sqrt{n}$로 나타납니다.

이로부터 표본평균 $\bar{x}$는 모집단평균 μ를 중심으로 분포한다는 것 그리고 좌우에 표준편차 1개만큼 $\sigma/\sqrt{n}$의 폭으로 퍼져 분포한다는 것을 알 수 있습니다. 표본크기 n이 커질수록 $\sigma/\sqrt{n}$는 작아지며, 이는 표본평균 $\bar{x}$와 모집단평균 μ 사이의 어긋남이 평균적으로 작아진다는 것을 뜻합니다.

 중심극한정리 요약

표본크기 n이 커질수록 표본평균의 분포는 다음과 같은 정규분포로 근사할 수 있습니다.

평균: 모집단평균 μ

표준편차: $\dfrac{\sigma}{\sqrt{n}}$

그림 4.2.4는 평균 170, 표준편차 7인 모집단에서 표본크기 $n=100$인 표본을 추출하는 작업을 독립적으로 $m=10000$번 반복함으로써, 10,000개의 표본평균을 얻은 예를 나타낸 것입니다(m은 크면 클수록 좋으므로 10만, 100만 번이면 더 좋습니다).

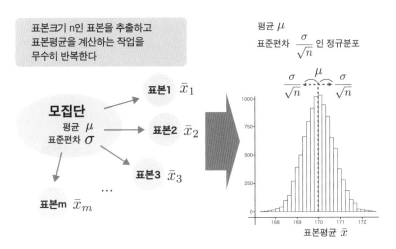

이렇게 얻은 표본평균을 히스토그램으로 그리면 평균 170이고, 표준편차는 $7 / \sqrt{100} = 0.7$ 인 정규분포를 근사적으로 따릅니다. 이것이 중심극한정리입니다.

● **추정량**

지금까지 표본평균이라는 통계량을 이용하여 모집단평균에 어떻게 접근할 수 있을까를 생각해 보았습니다. 앞으로 더 나아가기 전에, 여기서 일단 추정량이라는 용어의 정의를 잠시 살펴보겠습니다.

일반적으로 모집단의 성질을 추정하는 데 사용하는 통계량을 **추정량**이라 합니다. 추정량은 확률변수이므로, 중심극한정리에서 봤듯이 확률분포를 생각할 수 있습니다. 그리고 표본크기 n을 무한대로 했을 때, 모집단의 성질과 일치하는 추정량을 **일치추정량**이라 하고, 추정량의 평균값(기댓값)이 모집단의 성질과 일치할 때의 추정량은 **비편향추정량**이라 합니다.

비편향추정량은 매번 얻을 때마다 확률적으로 다른 값이 되지만, 평균으

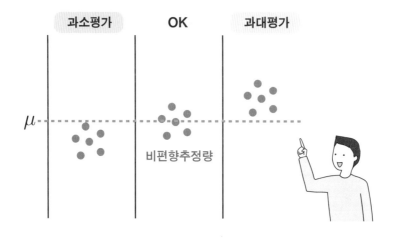

로 보면 모집단의 성질을 과대하지도 과소하지도 않게 나타내는 양을 뜻합니다(**그림 4.2.5**). 모집단의 성질을 추정할 때 편향된 추정은 바람직하지 않습니다. 그러므로 비편향추정량은 바람직한 추정량입니다.

그림 4.2.5에서, 1개의 원은 표본으로 구한 추정량을 나타냅니다. 추정량 하나하나는 모집단의 성질(여기서는 μ)에서 벗어나지만, 이를 모아 구한 평균값이 μ와 일치하는 경우 이를 비편향추정량이라 부릅니다. 왼쪽이나 오른쪽은 μ를 과소평가하거나 과대평가한 것이므로 좋은 추정량이 아닙니다. 중심극한정리에서 본 것처럼 표본평균 분포의 평균은 모집단의 성질인 μ와 일치하므로, 표본평균은 모집단평균 μ를 편향되지 않게 추정하는 비편향추정량입니다.

한편 2장에서 소개한 표본표준편차 s(또는 표본분산 s^2)는 사정이 조금 다릅니다. 표본표준편차 s의 정의에서 루트 안의 분모는 n이었습니다. 기술통계에서 데이터 퍼짐 정도를 평가할 때는 문제가 없습니다만, 모집단의 표준편차 σ를 과소평가한다는 문제가 있습니다. 올바르게는 $n-1$로 나눈 다음 식이, 모집단 표준편차 σ의 비편향추정량이 됩니다.

$$s = \sqrt{s^2} = \sqrt{\frac{1}{n-1} \sum_{i=1}^{n} \left(x_i - \bar{x} \right)^2}$$ (식 4.1)

이를 비편향표준편차(s^2는 비편향분산)라 부릅니다.

다음은 n으로 나누면 왜 과소평가가 되는지를 직감적인 이유를 들어 추가 설명한 내용입니다.

각 값 x_i와 표본평균 $\bar{x}$의 차이를 제곱하여 값이 얼마나 퍼졌는지를 측정합니다만, 원래 $(x_i-\mu)^2$로 계산해야 하는 것을 μ가 미지수이므로 $(x_i-\bar{x})^2$로 바꾼 것입니다. 그리고 **그림 4.2.3**이나 **그림 4.2.4**에서 보듯이 $\bar{x}$는 μ와 일치하지 않으며, 각 값 x_i와 μ의 위치 관계 또는 각 값 x_i와 $\bar{x}$의 위치 관계를 생각하면 x_i는 μ보다도 $\bar{x}$에 가까이 있을 것입니다. 그러므로 $(x_i-\bar{x})^2$의 합은 $(x_i-\mu)^2$보다도 작은 값이 됩니다. 따라서 n으로 나누지 않고 $n-1$로 나누어 과소평가를 보정하는 것입니다.

실제 데이터 분석에서는 그리 신경 쓰지 않아도 되지만, 통계학을 처음 배울 때 왜 비편향표준편차에서는 $n-1$로 나누는지는 석연치 않아 하는 부분이라, 간단하게 설명했습니다.

● **표본오차의 분포**

표본평균 $\bar{x}$의 분포 이야기로 돌아갑시다. 표본평균 $\bar{x}$의 분포 평균이 모집단의 평균 μ와 같다는 사실을 중심극한정리로 알았습니다. 이로부터 **표본오차** $=\bar{x}-\mu$의 분포는 평균 0이 됩니다. 왜냐하면, 분포 전체를 μ만큼 평행이동한 것이기 때문입니다. 이와는 달리 표준편차는 그대로 $\sigma / \sqrt{n}$ 입니다.

따라서 표본크기 n이 커질수록 표본오차 $\bar{x}-\mu$의 분포는 다음 정규분포로 근사할 수 있습니다.

- 평균: 0
- 표준편차: $\dfrac{\sigma}{\sqrt{n}}$

결론은 아주 간단한데, 표본오차 $= \bar{x} - \mu$의 분포는 모집단의 표준편차 σ와 표본크기 n 등 2개의 값만 정해지면 알 수 있다는 것입니다. 이 $\sigma/\sqrt{n}$을 **표준오차**(standard error)라 합니다.

σ는 모집단의 성질이므로 보통 우리로선 알 수 없는 미지의 숫자입니다. 그러므로 앞서 살펴본 표본에서 추정한 비편향표준편차 s를 σ 대신 사용한 $s/\sqrt{n}$를 표준오차로 삼습니다. 이때 표본오차(단, $s/\sqrt{n}$로 나눔)는 정규분포가 아니라, 나중에 설명할 정규분포와 매우 닮은 t분포를 따르게 됩니다. 다만 이해를 쉽게 하고자 우선은 정규분포로 이야기를 진행하고, 이후 t분포를 설명하겠습니다.

 ## 신뢰구간이란?

자, 드디어 표본오차의 확률분포를 얻었습니다. 이것을 사용하면 얼마나 큰 오차가 어느 정도의 확률로 나타나는가를 알 수 있습니다. 간단하게 오차를 정량화하기 위해서, **신뢰구간**(confidence interval)이라는 개념을 도입합시다.

정규분포의 성질을 떠올려 보면, **평균값±2×표준편차** 범위에 약 95%의 값을 포함하고 있었습니다. 즉, 정규분포에서 하나의 값을 무작위로 꺼내면 약 95%의 확률로 그 범위에 포함된다는 뜻입니다. 이 개념을 그대로 표본오차의 정규분포에 적용해 봅시다. **그림 4.2.6**의 가운데 식을 이용해, 표본오차 $\bar{x} - \mu$의 약 95%가 어느 정도 크기로 나타나는가를 범위로 표시할 수 있습니다.

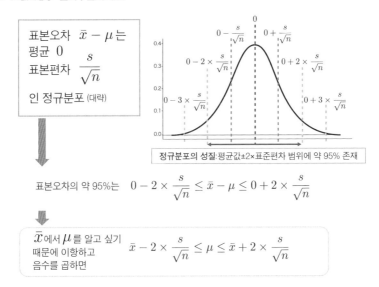

표본오차의 약 95%는　$0 - 2 \times \dfrac{s}{\sqrt{n}} \leq \bar{x} - \mu \leq 0 + 2 \times \dfrac{s}{\sqrt{n}}$

$\bar{x}$에서 μ를 알고 싶기 때문에 이항하고 음수를 곱하면　$\bar{x} - 2 \times \dfrac{s}{\sqrt{n}} \leq \mu \leq \bar{x} + 2 \times \dfrac{s}{\sqrt{n}}$

그리고 지금 실현값으로 $\bar{x}$를 얻었으니 **그림 4.2.6**의 마지막 식처럼 μ에 관한 범위로 변형합시다. 그러면 표본크기 n으로 얻은 표본으로 계산한 $\bar{x}$와 s로부터, μ의 범위가 도출됩니다. 이것이 약 95%의 신뢰구간입니다.

● **신뢰구간의 해석**

○○% 신뢰구간을 해석하면 "○○%의 확률로 이 구간에 모집단평균 μ가 있다."가 됩니다. 단, 확률변수는 모집단평균 μ가 아니라 표본평균 $\bar{x}$(또는 신뢰구간)입니다. 즉 μ가 확률적으로 변화하여 그 구간에 포함되는 것이 아니라, 모집단에서 표본을 추출하여 ○○% 신뢰구간을 구하는 작업을 100번 반복했을 때 평균적으로 그 구간에 μ가 포함되는 것이 ○○번이란 뜻입니다. 하나의 표본에서 얻은 신뢰구간은 μ를 포함하거나 포함하지 않거나 둘 중 하나입니다. 이 부분은 직관으로 바로 이해하기는 어려울지도 모르겠습니다.[*]

---

[*] 11장에서 살펴볼 베이즈 통계에는 μ를 확률변수로 생각하여 구하는 신뢰구간이 있습니다. 감각적으로는 이쪽이 더 알기 쉬울지도 모릅니다.

신뢰구간은 표본에서 구한 모집단 μ의 추정값을 어느 정도 신뢰할 수 있는지를 나타낸다고 할 수 있습니다. 신뢰구간이 좁다면 추정값 가까이에 μ가 있다고 생각할 수 있으므로, 추정값은 신뢰할 수 있는 값입니다. 반대로 신뢰구간이 넓다면 추정값과 모집단평균 μ 사이의 오차는 커지는 경향이 있으므로 신뢰도는 낮습니다.

○○% 신뢰구간에서 '○○%'에는 일반적으로 95%를 사용합니다.[*] 이 숫자는 과학계에서 관례로 사용되어 온 것으로, 필연성은 없습니다. 굳이 이야기하자면 20번에 1번 정도 벗어난다고 하면, 인간이 감각적으로 알기 쉽기 때문일 겁니다. 다음 장에서 설명할 가설검정에서 유의수준 5%는 95% 신뢰구간과 동전의 양면과 같은 관계입니다.

● 신뢰구간의 구체적인 예

지금까지는 주로 추상적인 이야기였습니다만, 여기서는 구체적인 예를 한번 살펴봅시다. **그림 4.2.7**처럼 표본크기 $n=10$으로 키(cm) 표본을 얻었다고 합시다. 이를 이용하면 $\bar{x}$와 s를 구할 수 있으며, 표준오차인 $s / \sqrt{n}$ 도 계산 가능합니다.

그러면 정규분포의 성질에서부터, 모집단평균 μ는 $\bar{x} \pm 2 \times s / \sqrt{n}$ 구간, 즉 163.54cm부터 172.26cm까지의 범위에 약 95%의 확률로 있게 된다는 것을 알 수 있습니다.

사실을 말하자면 이 표본은 $\mu=170$인 정규분포에서 얻은 것으로, 신뢰구간 안에 있습니다. 물론 항상 그런 것이 아니라 벗어날 때도 있습니다. 이를 나타낸 것이 **그림 4.2.8**입니다. $\mu=170$인 모집단에서 표본크기 $n=10$인 표본을 추출하여 95% 신뢰구간을 그리는 작업을 20번 반복한 모습입니다.

18번째의 표본으로 그린 95% 신뢰구간은 모집단평균 μ(파란색 선)를 포함하

---

[*] 분야에 따라 다른 값, 예를 들어 99% 신뢰구간을 사용하기도 합니다.

◆ 그림 4.2.7 신뢰구간의 예

표본 [179, 176, 166, 167, 170, 164, 170, 154, 169, 164]

표본크기 $n = 10$
표본평균 $\bar{x} = 167.9$ 표준오차 $\dfrac{s}{\sqrt{n}} = 2.18$
비편향표준편차 $s = 6.89$

$$167.9 - 2 \times 2.18 \sim 167.9 + 2 \times 2.18$$
$$(163.54 \sim 172.26)$$
약 95%의 신뢰구간

◆ 그림 4.2.8 직감적으로 95% 신뢰구간 이해하기

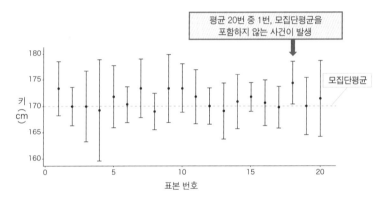

평균 20번 중 1번, 모집단평균을
포함하지 않는 사건이 발생

모집단평균

표본 번호

μ=170인 모집단에서 표본크기 n=10인 표본을 추출하고, 95% 신뢰구간을 그리는 작업을 20번 반복했습니다. 검은색 동그라미가 표본평균, 위아래로 늘인 선이 95% 신뢰구간을 나타냅니다. 18번째 표본으로 그린 95% 신뢰구간은 모집단평균 μ(파란색 선)를 포함하지 않습니다.

지 않습니다. 즉, 95% 신뢰구간이란 평균적으로 20번 중 1번 정도 벗어난다는, 달리 말하면 20번 중 19번은 구간에 모집단평균을 포함한다는 뜻입니다.

 ## t 분포와 95% 신뢰구간

지금까지 '약 95%'라는 표현으로 뭉뚱그려 이야기를 진행했습니다만, 이쯤

에서 엄밀한 의미에서의 95% 신뢰구간에 대해 알아보도록 합시다. 앞서 정규분포의 성질로서, "평균값±2×표준편차 안에 약 95%"라고 대략적으로 말해 왔습니다만, 정확하게는 **평균값±1.96×표준편차**의 범위가 95%가 됩니다. 1.96이므로 간단하게 기억해 두고자 '2'라는 떨어지는 숫자를 썼던 것입니다. 하지만 이것이 여기서 문제가 되는 것은 아닙니다.

중요한 것은 중심극한정리는 표본크기 n이 커질수록 근사적으로 성립하기 때문에, 실제 데이터 분석에서 볼 수 있는 작은 표본크기의 경우 표본오차가 정규분포를 따른다고 말할 수 없다는 것, 그리고 모집단의 σ 대신 s를 써야만 한다는 것입니다. 이때 활약하는 것이 t분포입니다.

t분포는 1908년 기네스 맥주에 근무하던 윌리엄 고셋에 의해 고안되었습니다. 맥주 효모 데이터를 분석할 때, 작은 표본으로 모집단 전체를 추정하고자 만든 것입니다. **t분포**는 모집단이 정규분포라는 가정하에 미지의 모집단 표준편차 σ를 표본으로 계산한 비편향표준편차 s로 대용했을 때, $\bar{x}-\mu$를 표준오차 $s/\sqrt{n}$로 나누어 표준화한 값(식 4.2)이 따르는 분포입니다.

$$\frac{\bar{x}-\mu}{s/\sqrt{n}} \quad \text{(식 4.2)}$$

이 값은 표준오차 $s/\sqrt{n}$를 단위로 표본오차 $\bar{x}-\mu$가 몇 개분인지를 나타냅니다(3장의 표준화와 마찬가지입니다).

복잡하다고 느낄 수도 있겠으나, t분포 자체는 정규분포와 매우 비슷한 형태이며(**그림 4.2.9**), 표본크기 n에 따라 모양이 조금 달라질 뿐, 신뢰구간을 구하는 논리는 지금까지 설명한 대로입니다. 어렵다고 생각할 필요 없이, 95%라는 엄밀한 값을 얻고자 미세 조정하는 것으로 생각하면 됩니다. 아울러 표본크기 n이 커짐에 따라, t분포는 정규분포에 가까워집니다.

그림 4.2.7의 약 95% 신뢰구간과 달리, 정확한 95% 신뢰구간을 구한 것이

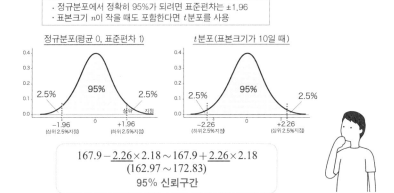

그림 4.2.9입니다. 하위 2.5%나 상위 2.5% 지점은 가운데 95% 영역과 그 외 영역의 경계점을 나타냅니다. 평균 0, 표준편차 1인 정규분포라면 앞서 논한 대로 각기 −1.96과 +1.96입니다. *t*분포에서 표본크기 *n*=10인 경우에는 조금 넓어져, −2.26과 +2.26이 됩니다(이 값은 컴퓨터로 구할 수 있습니다).

그러므로 신뢰구간을 구하는 식에서는 ±2나 ±1.96이 아닌 ±2.26을 $s/\sqrt{n}$ =2.18에 곱해 계산합니다. 이렇게 하여 95% 신뢰구간 162.97~172.83을 얻었습니다.

● **정밀도를 높이려면**

보다 신뢰 가능한 평균값을 추정하고 싶을 때는 어떻게 하면 될까요? 이때는 오차분포의 너비를 나타내는 **표준오차** $s/\sqrt{n}$ 에 주목합니다. 이를 작게 만들기 위해서는 분자인 비편향표준편차 *s*를 작게 하거나, 분모인 표본크기 *n*을 크게 하는 두 가지 방법이 있습니다.

s(또는 *σ*)는 모집단 데이터 퍼짐이라는 모집단 그 자체의 성질에서 유래하기에 작게 만들기란 매우 어렵습니다만, 측정한 데이터 퍼짐(변동) 정도를 줄일

수는 있습니다. 이 데이터 퍼짐이 증가하면 결과적으로 s(또는 σ)가 커지기 때문에, 측정을 한층 정밀하게 실시하는 식으로 대처 가능한 경우도 있습니다.

표본크기 n에 관해서는, n을 크게 만듦으로써 더 높은 정밀도로 추정할 수 있습니다. 그러나 전수조사의 어려움을 설명할 때 말했듯, 큰 표본을 추출하는 데는 비용이 들기 때문에 n을 크게 하기는 쉽지 않을 것입니다. 또한 표준오차의 분모는 $\sqrt{n}$ 이므로, 신뢰구간을 $1/a$로 좁히고 싶다면 표본크기 n을 a^2배로 해야 한다는 점에서도 노력이 필요합니다.

그림 4.2.10은 σ와 n에 따른 신뢰구간의 크기를 나타낸 것입니다. σ를 작게 하거나 n을 크게 함으로써, 표본평균이 얼마나 모집단평균에 가까운 값을 취

◆ 그림 4.2.10 **신뢰구간의 크기**

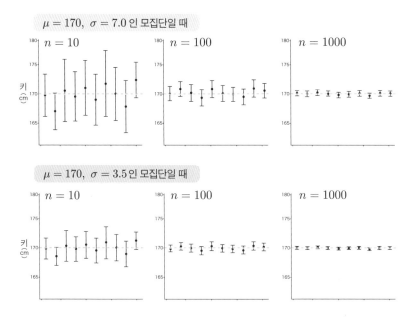

| μ=170은 공통이고 위는 σ=7.0, 아래는 σ=3.5인 정규분포를 모집단으로 했을 때의 표본평균(검은 점)과 95% 신뢰구간(상하로 늘인 막대의 길이). 표본크기 n은 왼쪽부터 n=10, 100, 1000.
각 조건에서 표본을 추출하고 신뢰구간을 계산하는 작업을 10번 반복한 결과입니다. 가로축은 1~10의 각 표본을 나타냅니다.

하는지와 신뢰구간이 얼마나 짧아지는지를 알 수 있습니다.

● t분포를 사용할 때 주의할 점

표본크기 n이 작아도 적용 가능한 t분포에는, '정규분포에서 얻은 데이터'라는 가정이 필요합니다. 즉, t분포는 데이터 x_1, x_2, …, x_n을 정규분포라는 모형에서 얻었을 때의 (표준화된) 표본오차가 따르는 분포입니다. 데이터의 배경에 있는 모집단분포가 완벽한 정규분포일 수는 없으므로, 얻은 95% 신뢰구간은 정확한 95%가 아니라는 점에 주의합시다.

특히 문제가 되는 것은 정규분포와 현저하게 다른 분포에서 데이터를 얻었을 때입니다. 이 경우 95% 신뢰구간을 구해도 95%에서 벗어날 수 있어 주의해야 합니다. 단, 표본크기 n이 클 때는 중심극한정리에 따라 모집단이 정규분포가 아니더라도 표본평균을 정규분포로 근사할 수 있으므로 신뢰구간은 정확해집니다.

 신뢰구간과 가설검정

지금까지 추론통계 방법인 신뢰구간을 얻는 과정을 순서대로 살펴봤습니다. 신뢰구간은 매우 중요하며, 연구 논문 등 현장에서 빈번하게 쓰입니다. 5장에서는 자주 사용하는 또 하나의 추론통계 방법인 가설검정에 관해 설명하겠습니다.

가설검정은 신뢰구간을 구하는 것과 동전의 양면 관계이므로, 이 장에서 배운 내용을 잊지 말고 다음 장을 읽어가 주시면 좋겠습니다.

• • •

이 장에서는 통계학에서 가장 자주 사용하는 가설검정의 기초를 살펴봅니다. 가설검정은 예를 들어 "2개 집단의 평균값에 차이가 있다."라는 가설을 검증할 때 사용하는 것입니다. p값이라는 중요한 지표가 등장하는데, p값을 이해하지 못한 채 가설검정을 시행하면 잘못된 결론으로 이어질 염려가 있으므로, 꼭 올바르게 이해하도록 합시다.

5^장

가설검정

가설검정과 p 값

5.1 ▶ 가설검정의 원리

4장에서 추론통계의 기본적인 구조와 신뢰구간에 대해 알아보았습니다. 이 장에서는 추론통계에 있어 또 하나의 중요한 원리인 가설검정을 살펴보도록 하겠습니다. 가설검정이란, 분석자가 세운 가설을 검증하기 위한 방법입니다. 가설검정에서는 *p*값(p-value)이라는 수치를 계산하여 가설을 지지하는지 여부를 판단합니다.

*p*값은 과학 논문에 자주 등장합니다만, 정의를 알기 어려워 제대로 이해하지 못한 채 사용하는 사람이 많고, 과학계의 다양한 문제를 일으키는 원인이 되곤 합니다. 여기에서는 예를 들어 가면서 가능한 한 간단하게 가설검정의 원리와 *p*값을 설명하겠습니다. 9장에서는 최근 여러 논의가 이루어지고 있는 가설검정과 *p*값 문제를 소개하고, 적절한 가설검정 사용 방법을 설명하니, 꼭 함께 읽어 보기 바랍니다.

● 가설 검증하기

연구나 비즈니스 등의 데이터 분석 현장에서 실험이나 관찰 이전에 가설을 세우고, 그 가설이 옳은지를 검증하는 작업은 대상을 이해하는 데 있어 중요한

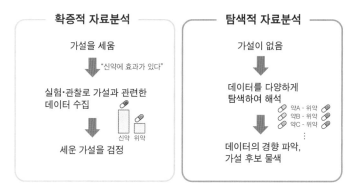

확증적 자료분석(왼쪽)에서는 새로 개발한 신약 1종에 주목하여 "신약에 효과가 있다."라는 가설을 미리 세운 다음. 실험을 수행하고 검증합니다. 반면 탐색적 자료분석(오른쪽)에서는 어떤 약이 효과가 있는지는 가설을 세우지 않고, 새롭게 만든 다른 종류의 약을 계속 추가하여 데이터를 얻습니다. 이 경우 탐색적으로 데이터를 분석하게 되는데, 그 목적은 데이터의 특징을 파악하거나 가설 후보를 찾는 데 머뭅니다. 자세한 내용은 9장을 참고하세요.

과정입니다. 예를 들어 "새로 송출한 광고가 상품 매출을 늘렸다."라는 가설을 세우고, 이를 검증함으로써 광고 효과 유무를 밝힐 수 있습니다.

이처럼 미리 세운 가설을 검증하는 접근법을 **확증적 자료분석**(가설검증형 데이터 분석)이라 합니다(**그림 5.1.1**). 반대로 가설을 미리 세우지 않고, 전체 데이터를 탐색적으로 해석하는 접근법을 **탐색적 자료분석**이라 합니다. 이는 데이터의 특징이나 경향을 파악하거나, 가설 후보를 찾는 것을 목적으로 하는 데이터 분석이라 할 수 있습니다.

확증과 탐색 2가지 접근법의 차이에 관해서는 9장에서 다룰 것이므로, 우선은 이러한 2가지 접근법이 있다는 정도만 알아 두면 좋겠습니다. 이 장은 확증적 자료분석을 염두에 두고 읽어 가길 바랍니다.

● **가설검정**

통계학에는 데이터에 기반을 둔 통계 가설을 검증하는 방법인 **가설검정(hy-**

pothesis testing, statistical hypothesis testing)이 있습니다. 가설검정은 과학계에서 데이터를 분석할 때 가장 많이 사용하는 방법이므로, 반드시 이해하도록 합시다. 이해 없이 가설검정을 시행하고 결과를 해석하면, 잘못된 결론을 이끌어 낼 염려가 있으므로 주의해야 합니다.

먼저 예를 보면서 가설검정의 문제 설정과 개념을 알아봅시다. 가설검정에서 가장 대표적이고 알기 쉬운 예는, 실험에서 신약을 투여한 집단과 위약을 투여한 집단을 비교함으로써 신약의 효과를 검증하는 데이터 분석입니다(앞서 이야기한 광고도 마찬가지이므로, 신약을 광고로 대체해도 됩니다). 그리고 "신약에 효과가 있다."라는 가설을 세우고 이를 검증해 나갑니다(**그림 5.1.2**).

비교한다는 것은 2개(또는 그 이상)의 집단이 있다는 뜻입니다. 통계학에서는 특정 동일 조건인 집단을, '군(그룹)'이라고 합니다. 1장에서도 말한 것처럼, 어떠한 조치를 취한 집단을 실험군(treatment group), 실험군과 비교·대조를 위

◆ 그림 5.1.2 **신약 효과를 조사한 실험과 데이터 예시**

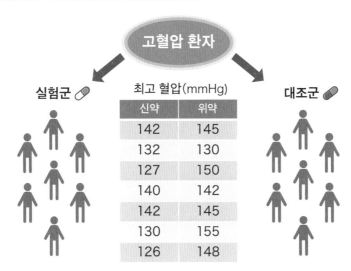

신약의 효과를 조사하기 위해서는, 신약을 투여한 실험군과 위약을 투여한 대조군으로 나누어 비교할 필요가 있습니다(그 이유는 1장의 칼럼 〈모든 가능성을 배제〉를 참조하세요).

해 마련한 집단을 대조군(control group)이라 부릅니다.

 ## 통계학에서 가설이란?

자, 여기서 세운 "신약에 효과가 있다."라는 가설을 검증하고 싶습니다만, 그전에 먼저 이를 통계학적 관점에서 파악해 보도록 합시다(**그림 5.1.3**). 신약을 투여한 혈압 모집단A와, 위약을 투여한 혈압 모집단B를 생각하겠습니다. 그리고 "신약에 효과가 있다."라는 가설은, 신약을 투여한 모집단A의 평균값 μ_A가 위약을 투여한 모집단B의 평균값 μ_B와 다르다, 즉 $\mu_A \neq \mu_B$로 나타낼 수 있습니다. 만일 약에 효과가 없다면 두 모집단의 평균값은 동일하다, 즉 $\mu_A = \mu_B$가됩니다. 세운 가설은 모집단을 대상으로 한 가설이지, 표본(데이터)을 대상으로한 가설은 아니라는 점에 주의하기 바랍니다.

◆ 그림 5.1.3 **밝히고자 하는 가설**

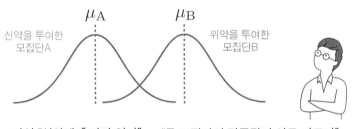

μ_A μ_B

신약을 투여한
모집단A

위약을 투여한
모집단B

가설 "신약에 효과가 있다" → "두 모집단의 평균값이 서로 다르다"

● **귀무가설과 대립가설**

이 예에는 "신약에 효과가 있다: $\mu_A \neq \mu_B$"와 "신약에 효과가 없다: $\mu_A = \mu_B$"라는 두 개의 가설이 등장합니다. 가설검정에서는 밝히고자 하는 가설의 부정 명제를 **귀무가설(null hypothesis)**이라 하고, 밝히고 싶은 가설을 **대립가설 (alternative hypothesis)**이라 합니다.

여기서는 다음과 같습니다.

- 귀무가설 "신약에 효과가 없다($\mu_A = \mu_B$)"
- 대립가설 "신약에 효과가 있다($\mu_A \neq \mu_B$)"

즉, 귀무가설이 옳다면 대립가설이 틀린 것이고, 귀무가설이 틀리다면 대립 가설이 옳다는 관계입니다. 일반적으로 귀무가설은 어떤 하나의 상태를 생각 합니다.[*] 여기서는 $\mu_A = \mu_B$라는 상태입니다.

한편 대립가설 $\mu_A \neq \mu_B$에서는, 예를 들어 $\mu_A = 10$, $\mu_B = 10.1$이나 $\mu_A = 10$,

◆ 그림 5.1.4 **귀무가설과 대립가설**

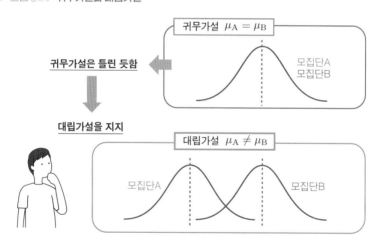

가설검정은 귀무가설 $\mu_A = \mu_B$와 대립가설 $\mu_A \neq \mu_B$를 세운 다음, 데이터로 귀무가설을 부정하여 대립가설 을 지지하는 흐름입니다.

---

[*] 하나의 상태이므로 나중에 설명할 귀무가설 세계를 가상으로 하여 여러 가지 양을 계산할 수 있습니다. 하나의 상태가 아니도록 하려면 베이즈 통계를 생각해야 합니다. 자세한 내용은 11장에서 살펴봅니다.

μ_B=100처럼 여러 가지 상태를 생각할 수 있습니다.

가설검정에서는 상정한 가설, "신약에 효과가 있다"를 확인하고자 그 부정 명제인 귀무가설을 세우고, 이 귀무가설이 틀렸음을 주장하는 것으로 대립가설을 지지한다는 흐름을 취합니다(**그림 5.1.4**). 밝히고자 하는 명제가 잘못되었다고 가정한 뒤, 모순을 발견함으로써 명제를 증명하는 귀류법(배리법)과 닮은 논리라 할 수 있습니다.

단, 귀무가설과 대립가설에는 비대칭성이 있으므로, 여기서 설명한 것과 반대의 흐름, 즉 대립가설을 부정하여 귀무가설을 지지하는 것은 불가능합니다. (이에 관해서는 9장에서 자세히 살펴봅니다.)

● 모집단과 표본의 관계 다시 살펴보기

지금까지 추론통계에 관해 설명해온 대로, 정말로 알고 싶은 모집단의 성질 (여기서는 μ_A와 μ_B)은 직접 관찰할 수 없습니다. 그런 까닭에 모집단에서 추출한 표본을 분석함으로써 모집단의 성질을 추정한다는 것이 추론통계의 방침이었습니다. 이는 가설검정에서도 마찬가지입니다.

모집단에서 얻은 표본평균 $\bar{x}_A$, $\bar{x}_B$가 통상 모집단평균 μ_A, μ_B와 어긋남이 있다는 것은 4장에서 배웠습니다(**그림 5.1.5**). 이 어긋남은 데이터 퍼짐이 있는 모집단에서 무작위로 표본을 추출할 때 생기는 어쩔 수 없는 오차입니다(이를 표본오차라 합니다). 그러므로 귀무가설 μ_A=μ_B가 옳다 하더라도 $\bar{x}_A \neq \bar{x}_B$가 된다는 것을 알 수 있습니다.

이는 약에 아무 효과가 없더라도 $\bar{x}_A - \bar{x}_B \neq 0$이므로, 표본평균에는 차이가 생긴다는 것을 뜻합니다. 그렇기에 표본평균의 차이 $\bar{x}_A - \bar{x}_B$가, 귀무가설이 옳을 때도 생기는 단순한 데이터 퍼짐인지, 아니면 정말로 약의 효과인지를 구별할 필요가 있습니다. 이 사고방식이 가설검정의 바탕이 됩니다.

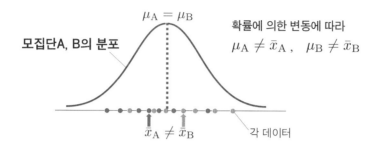

같은 분포에서 2개의 표본을 얻었을 때의 예입니다. 모집단A와 모집단B의 평균이 같더라도, 표본평균 $\bar{x}_A$나 $\bar{x}_B$는 μ_A와 μ_B와는 어긋나서 $\bar{x}_A \neq \bar{x}_B$가 되어 버립니다.

● 귀무가설이 옳은 세계 상상하기

그럼 다음으로, 가설검정에서 가장 중요한 절차, 즉 귀무가설이 옳을 때도 생기는 단순한 데이터 퍼짐에서 비롯된 차이인지, 아니면 정말로 약의 효과인지를 구별하여, 귀무가설이 틀렸는지를 조사하는 과정에 대해 설명하겠습니다. 좌절하기 쉬운 부분입니다만, 개념만 잘 이해한다면 가설검정 방법 전반을 내 것으로 만들 수 있습니다.

일단 귀무가설이 옳다고 가정합니다. 즉, 두 모집단평균이 동일하게 $\mu_A = \mu_B$인 세계를 상상하는 것입니다. 이 세계의 모집단A와 모집단B에서 각각 표본을 추출하겠습니다. 그러면 **그림 5.1.5**에 나타낸 것처럼 표본평균은 표본을 얻을 때마다 확률적으로 변동하며, 표본평균의 차이도 발생합니다. 예를 들어 $\bar{x}_A - \bar{x}_B = 0.5$이거나, $\bar{x}_A - \bar{x}_B = -1.2$일 수도 있습니다. 이는 $\mu_A = \mu_B$임에도 불구하고 생기는 차이입니다.

이 작업을 여러 번 반복했다고 치고, 표본평균의 차이 $\bar{x}_A - \bar{x}_B$를 히스토그램으로 그려 봅니다. 이것은 귀무가설이 옳은 세계에서 표본평균의 차이가 확

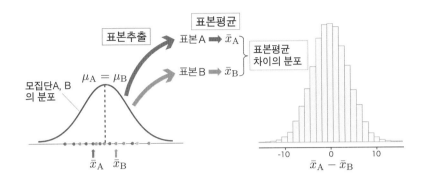

률적으로 어떻게 생기는지를 나타낸 분포입니다. **그림 5.1.6**을 보면, $\bar{x}_A - \bar{x}_B$는 평균적으로 0이라는 것, 또 0에 가까운 값이 나타나기 쉽고, +10과 같이 큰 값이나 −10과 같이 작은 값은 비교적 나타나기 어렵다는 것을 알 수 있습니다.

그림 5.1.6 오른쪽은 같은 모집단에서 2개의 표본을 추출해 표본평균의 차이를 계산하는 작업을 컴퓨터로 1만 번 수행한 뒤, 그 표본평균의 차이를 그린 히스토그램입니다. 이는 이해를 돕기 위한 작업이며, 실제 데이터를 분석할 때는 나중에 설명할 이론적인 t분포를 이용하여 계산합니다.

p 값

그러면 일단 현실로 돌아와, 실제 데이터로 계산한 표본평균의 차이를 떠올려 봅시다. 이 현실의 값은 귀무가설이 옳은 가상 세계에서는 어떤 빈도로 발생할까요? 이것이 가설검정에서 가장 중요한 사고방식입니다.

만약 실제로 얻은 데이터가 가상 세계에서는 극히 드물다면 어떨까요(**그림 5.1.7**)? 이럴 때는 가상 세계가 틀렸다, 즉 가상 세계의 "귀무가설이 옳다."라는

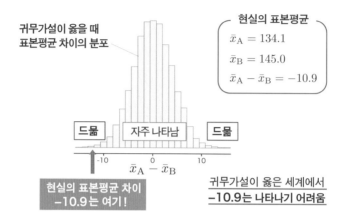

가정은 틀렸다고 생각할 수 있을 것 같습니다. 거꾸로 실제로 얻은 데이터가 가상 세계에서도 자주 나타난다면, 가상 세계가 틀렸다고는 말할 수 없을 겁니다.

여기서 현실에서 얻은 데이터가 귀무가설이 옳은 가상 세계에서는 얼마나 나타나기 쉬운가, 또는 어려운가를 평가하고자 *p*값(p−value)이라는 값을 계산합니다. 정의는 **그림 5.1.8**과 같습니다. 이 값은 확률이므로, 0 이상 1 이하의 값이 됩니다.

◆ 그림 5.1.8 *p*값의 정의

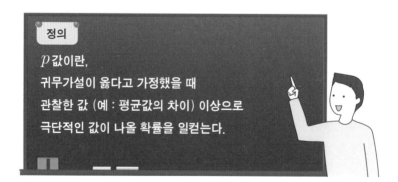

이 값이 작다는 것은, 귀무가설이 옳은 세계에서는 현실에서 얻은 데이터가 잘 나타나지 않는다는 뜻입니다. 예를 들어 현실에서 얻은 평균값의 차이가 +10이고 $p=0.01$이라면, 귀무가설이 옳은 세계에서 평균값의 차이가 +10 이상이거나 −10 이하가 될 확률은 1%입니다.

● **p값과 유의수준 α를 이용한 가설 판정**

p값이 작다는 것은 귀무가설이 옳은 세계에서는 현실 데이터가 잘 나타나지 않는다는 뜻이므로, p값은 귀무가설과 현실 데이터 간의 괴리 정도를 평가하고 있는 셈입니다. 그러면 지금부터 대립가설을 지지할 것인지 아닌지를 판단해 봅시다.

일반적으로 p값이 0.05 이하인 경우, 귀무가설 하에서 현실 데이터는 나타나기 어렵다고 생각하고, 귀무가설을 버리고(기각한다고 표현), 대립가설을 선택합니다(채택한다고 표현). 이때 평균값의 차이는 "**통계적으로 유의미한(statistically significant) 차이가 있다.**"라고 표현합니다. 주의할 것은 이것이 대립가설이 절대적으로 옳다는 뜻이 아니라, 대립가설을 지지하는 하나의 증거를 얻었음을 의미한다는 점입니다.

한편 p값이 0.05를 상회하는 경우 귀무가설을 기각할 수 없으며, "**통계적으로 유의미한 차이는 발견하지 못했다.**"라는 결과가 됩니다. 이것은 귀무가설이 옳다는 것이 아니라, 틀렸다고는 말할 수 없다는 뜻이란 점에 주의하세요. 다시 말해, 어느 명제가 옳은가의 판단은 보류하는 것이 됩니다.

여기서 귀무가설을 기각할 것인지 채택할 것인지의 판단 경계로 이용하는 값을 유의수준 α라 합니다. 과학계에서는 보통 $\alpha=0.05$를 이용합니다만, 분야에 따라 다른 값을 사용할 때도 있습니다. 유의수준 α는 5.2절에서 자세히 살펴봅니다.

그럼 지금까지의 가설검정 흐름을 일단 정리해 봅시다(**그림 5.1.9**). 먼저 모집단을 대상으로 귀무가설과 대립가설을 설정합니다. 그다음 실험이나 관찰로 표본 데이터를 얻습니다. 그리고 귀무가설이 옳은 세계를 상정하여, 현실 데이터가 그곳에서 얼마나 잘 나타나는지를 p값으로 평가합니다. p값이 유의수준 0.05보다 작다면 귀무가설을 기각하고 대립가설을 채택합니다. 반대로 p값이 유의수준 0.05보다 크다면 귀무가설을 기각하지 않고 판단을 보류합니다.

◆ 그림 5.1.9 **가설검정의 흐름 정리**

귀무가설이 옳은 세계를 상정한다

현실 데이터가 귀무가설이 옳은 세계에서 어느 정도로 나타나는가를 표시하는 p값을 계산한다

$p < 0.05$ $p \geq 0.05$

귀무가설을 기각하고 대립가설을 채택한다

귀무가설 기각 없이 판단을 보류한다

5.2 ▶ 가설검정 시행

 가설검정의 구체적인 계산

가설검정의 흐름을 알았으니, 실제로 p값을 어떻게 계산하는지를 잠시 살펴봅시다. 가설검정의 개념은 다양한 검정기법에서 공통이지만, p값의 계산 방법은 서로 다릅니다. 그러나 각 검정기법에 대해, p값을 모두 직접 도출해야 하는 것은 아닙니다. 오늘날에는 R 등 통계분석 소프트웨어의 발달로, 세세한 계산은 컴퓨터에 맡길 수 있기 때문입니다.

중요한 것은 가설검정의 개념입니다. 여기서는 가설검정의 개념을 더 깊이 이해하고자 p값 계산 방법의 한 사례를 소개하고자 합니다.

대표적인 예로서 지금까지 등장한 2개 집단 간의 평균값을 비교하는 검정을 바탕으로 설명하겠습니다. 이를 **이표본 t검정**(two-sample t-test)이라 합니다.

먼저 4장에서 신뢰구간을 나타낼 때 살펴봤던 모집단평균과 표본평균의 관계를 떠올려 보세요. **그림 5.2.1**처럼 표본평균의 차이 $\bar{x}_A - \bar{x}_B$와 모집단평균의 차이 $\mu_A - \mu_B$를 생각합니다. 그리고 그 차이 $(\bar{x}_A - \bar{x}_B) - (\mu_A - \mu_B)$는 4장의 중심극한정리로부터 도출한 것과 동일한 논리로, 정규분포를 근사적으로 따릅니다.

($\Delta x = \bar{x}_A - \bar{x}_B$, $\Delta \mu = \mu_A - \mu_B$라 두면 $\Delta x - \Delta \mu$가 되므로, 4장에서 본 것과 비슷한 형태가 됩니다.)

귀무가설이 옳다고 가정하므로 $\mu_A - \mu_B = 0$을 대입합니다. 그러면 귀무가설이 옳은 세계의 표본평균 차이 $\bar{x}_A - \bar{x}_B$의 근사적인 분포를 얻을 수 있습니다. 여기서 말하는 '근사적'이란, 4장에서도 살펴본 것처럼 표본크기가 작으며, 표본에서 추정한 값을 모집단의 표준편차로 사용하는 경우 정규분포와는 다소 어긋난다는 의미입니다. 그러므로 지금까지 주인공이었던 $\bar{x}_A - \bar{x}_B$를 $s\sqrt{1/n_A + 1/n_B}$로 나누어 표준화한 값인 t값을 새로운 주인공으로 삼아, t분포를 적용하면 됩니다(s에 대해서는 식 5.1 참조).

이것이 귀무가설이 옳을 때의 분포입니다. 그곳에서부터 귀무가설을 기각할 것인지 판단하고자, 현실 데이터가 이 분포 가운데 어디에 위치하는지를 생각해 나갑니다.

계산에 대해 보충 설명하자면 s는 비편향표준편차이긴 하지만, 여기서는 2개 집단이므로 계산 방법이 조금 다릅니다. s_A, s_B를 각각 A군, B군의 비편향

◆ 그림 5.2.1 **가설검정(2개 집단 평균값 비교) 계산**

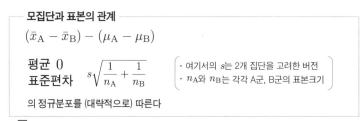

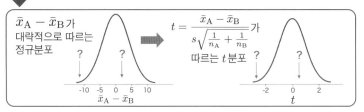

표준편차라 하면, 2개 집단을 고려한 비편향표준편차 s는 다음과 같습니다.

$$s = \sqrt{\frac{(n_A - 1)s_A^2 + (n_B - 1)s_B^2}{n_A + n_B - 2}}$$ (식 5.1)

조금 복잡하게 보일지 모르지만, 실제로 데이터를 분석할 때는 특별히 신경 쓰지 않아도 됩니다.

기각역과 p값

그림 5.1.7에서 본 것처럼, 분산분포의 가운데 부분은 자주 일어나는 사건을 나타내지만, 오른쪽 끝이나 왼쪽 끝은 잘 일어나지 않는 드문 현상입니다. 이를 수치적으로 다루기 위해 양 끝 2.5%씩의 발생 범위를 고려하여, 합쳐서 5%로 잡습니다. 이 좌우 2.5%씩의 영역을 유의수준 5%인 **기각역**이라 합니다(**그림 5.2.2**). 또한, 2.5%가 되는 t값을 2.5% 지점이라 합니다. 이것은 신뢰구간에서 등장한 2.5% 지점과 같습니다.

실제로 얻은 값이 기각역에 포함될 때는 $p<0.05$가 되며, 귀무가설 하에서는 현실 데이터는 발생하기 어려울 것이라 간주하여 귀무가설을 기각하게 됩니다.

또한, 실제 값이 이 귀무가설이 옳을 때의 t분포 내 어디에 위치하는지 구한 뒤, 그 이상의 극단적인 값이 나올 확률(그림의 넓이)을 구한 것이 p값입니다. 만약 실제 값이 $t=-2.3$이라면, t가 −2.3 이하일 확률(넓이)과 +2.3 이상일 확률(넓이)을 각각 구하면 됩니다.

이처럼 양수와 음수 양쪽을 모두 고려하는 가설검정 방법을 **양측검정**이라 합니다. 반대로 어느 한쪽만 고려해 넓이를 계산하는 방법은 **단측검정**이라 합니다. 특별한 이유가 없는 한 보통은 양측검정을 이용합니다.

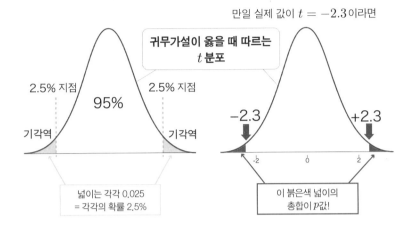

만일 실제 값이 $t = -2.3$이라면

귀무가설이 옳을 때 따르는 t분포

2.5% 지점   2.5% 지점

95%

기각역   기각역

−2.3   +2.3

넓이는 각각 0.025 = 각각의 확률 2.5%

이 붉은색 넓이의 총합이 p값!

 ## 신뢰구간과 가설검정의 관계

p값 계산의 출발점은, 신뢰구간 계산과 무척 닮았습니다. 실은 $\mu_A - \mu_B$의 95% 신뢰구간이 0에 걸치는지 여부와, p값이 0.05를 밑도는지 여부는 등치입니다. 실제 값인 표본평균으로 모집단평균을 추정하는 것이 신뢰구간이며, 귀무가설을 가정해 모집단평균을 $\mu_A - \mu_B = 0$으로 고정했을 때의 표본평균이 어떤 값이 될 것인지를 구하는 것이 가설검정입니다(**그림 5.2.3**).

따라서 이 두 방법은 동전의 양면과 같은 관계로, 모집단과 표본 중 어느 쪽을 중심으로 생각하느냐의 차이일 뿐이라는 것을 알 수 있습니다.

가설검정의 구체적인 예

지금까지 가설검정의 원리에 대해 설명했습니다. 후반부는 수식이 등장한

약 95%로

$$-2 \times s\sqrt{\frac{1}{n_A} + \frac{1}{n_B}} \leq (\bar{x}_A - \bar{x}_B) - (\mu_A - \mu_B) \leq +2 \times s\sqrt{\frac{1}{n_A} + \frac{1}{n_B}}$$

실제 표본의 값
$\bar{x}_A - \bar{x}_B$를
대입

귀무가설 $\mu_A - \mu_B = 0$을 대입

가설검정

$$-2 \times s\sqrt{\frac{1}{n_A} + \frac{1}{n_B}} \leq \bar{x}_A - \bar{x}_B \leq +2 \times s\sqrt{\frac{1}{n_A} + \frac{1}{n_B}}$$

$\mu_A - \mu_B$의 신뢰구간

$$\bar{x}_A - \bar{x}_B - 2 \times s\sqrt{\frac{1}{n_A} + \frac{1}{n_B}} \leq \mu_A - \mu_B \leq \bar{x}_A - \bar{x}_B + 2 \times s\sqrt{\frac{1}{n_A} + \frac{1}{n_B}}$$

> 엄밀하게는 t분포를 이용해야 하나, 여기서는 알기 쉽도록 정규분포 그대로 '약' 95%로 계산했습니다.

탓에 어렵게 느꼈을지도 모르겠으나, 이것으로 가설검정의 원리는 끝입니다. 여기서부터는 가설검정의 구체적인 예를 살펴보고, 더 깊게 이해해 나가도록 합시다.

● 예 ①

그림 5.2.4의 데이터는 **그림 5.1.2**와 동일합니다. 이를 이용하여 실제로 2개 집단의 평균값을 비교하는 t검정을 시행해 봅시다.

데이터에서 표본평균 $\bar{x}_A$, $\bar{x}_B$를 계산하고, 그로부터 표본평균의 차이가 -10.9임을 알았습니다. 이것이 단순한 데이터 퍼짐에 의한 것인지, 아니면 신약의 효과 때문인지를 판단하고 싶습니다.

이때 가설검정에서 쓸 값인 표본크기 n_A, n_B와 2개 집단을 고려한 비편향표준편차 s(식 5.1 참고)를 데이터로부터 산출할 수 있습니다. 이 값들로 t검정에 이용하는 t값을 계산했더니(**그림 5.2.1**), $t = -2.73$이었습니다. 이것이 실제 값입니다.

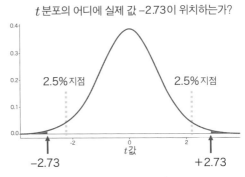

신약	위약
142	145
132	130
127	150
140	142
142	145
130	155
126	148

$\bar{x}_A = 134.1$ $\bar{x}_B = 145.0$
$n_A = 7$ $n_B = 7$

$s = 7.44$
계산 ⬇
$t = -2.73$

t 분포의 어디에 실제 값 −2.73이 위치하는가?

2.5% 지점   2.5% 지점

−2.73   +2.73

붉은색 넓이의 합이 p값= 0.018
대립가설 "2개 집단의 평균값에 차이가 있다"를 채택

한편으로 귀무가설이 옳다는 가정하에, t값이 따르는 t분포를 그립니다. 이 값을 직접 구하기는 어려우므로 컴퓨터를 이용합니다. 이 t분포에서 실제 값인 $t=-2.73$의 위치를 조사하여, $t=-2.73$ 이하가 될 확률 및 $t=+2.73$ 이상이 될 확률을 구합니다. 이는 **그림 5.2.4**에 붉은색으로 표시된 넓이의 합과 같은데, 이 것도 직접 계산할 수는 없고, 컴퓨터로 구합니다.

이리하여 최종적으로는 p값 = 0.018을 얻게 됩니다. 이는 즉, 귀무가설이 옳다는 가정하에 **표본평균의 차이=−10.9 이상**으로 극단적인 표본평균의 차이가 나타날 확률이 단지 1.8%라는 뜻입니다. 드문 현상임을 알 수 있으리라 생각합니다.

그리고 가설검정에서는 p값이 유의수준 $\alpha=0.05$와 비교하여 큰가 작은가에 따라 가설을 판단했습니다. 이 경우에는 $p<0.05$로 통계적으로 유의미한 차이가 발견되어, 신약의 효과가 있다고 판단합니다. 논문 등에 기재할 때는 "통계적으로 유의미한 차이를 보였다(p=0.018)."와 같이, p값을 첨부해 기술합니다.

● 예 ②

또 다른 데이터를 살펴봅시다(**그림 5.2.5**). 이번에는 예 ①과 비교하여 신약을 투여한 실험군(A군)의 혈압이 각각 6씩 높은 사례로, 표본평균의 차이는 −4.9입니다. 그 외는 예 ①과 마찬가지입니다. 이 경우 t=−1.22이며, p값은 0.246이 됩니다.

즉, 귀무가설이 옳다는 가정하에 표본평균 차이 −4.9 이상의 극단적인 값이 나타날 확률은 24.6%로, 그리 드문 일은 아닙니다. 또한 $p \geqq 0.05$이기에 귀무가설을 기각할 수는 없습니다.

마찬가지로 논문 등에 기재할 때는 "통계적으로 유의미한 차이를 발견할 수 없었다(p=0.246)."와 같이 기술합니다. 거듭 이야기합니다만, 유의미한 차이가 없다는 것은 귀무가설을 지지한다는 것이 아니라, 귀무가설과 대립가설 중 어느 쪽도 지지할 수 없어 결론을 보류한다는 판단임에 주의하기 바랍니다.

◆ 그림 5.2.5 **2개 집단의 평균값 비교 예 ②**

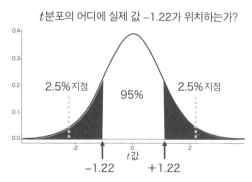

신약	위약
148	145
138	130
133	150
146	142
148	145
136	155
132	148

$\bar{x}_A = 140.1$ $\bar{x}_B = 145.0$
$n_A = 7$ $n_B = 7$

$s = 7.44$
계산 ⬇
$t = -1.22$

t분포의 어디에 실제 값 −1.22가 위치하는가?

2.5%지점   95%   2.5%지점

−1.22   +1.22

붉은색 넓이의 합이 p값= 0.246
귀무가설 "2개 집단의 평균값에 차이가 없다"를 기각하지 않음

5.3 ▶ 가설검정 관련 그래프

 오차 막대

이 시점에서, 가설검정과 관련한 그래프 작성법 및 독해법에 관해 알아보도록 하겠습니다.

반복이 있는 데이터에서 평균값을 계산하여 막대그래프나 산점도로 그릴 때는, 평균값에 더하여 그 위아래로 **오차 막대(error bar)**를 함께 그립니다(**그림 5.3.1**, **그림 5.3.2**). 오차 막대는 목적에 알맞게 구별하여 사용합니다.

- 평균값의 확률을 나타내고 싶다면, 평균값±표준오차(mean±SE, standard error of the mean, SEM)를 사용합니다. 앞서 평균값의 표준오차는 비편향표준편차를 표본크기 n의 제곱근으로 나눈 값, 즉 $s/\sqrt{n}$ 이라 했습니다.

- 신뢰구간을 나타내고 싶다면, 평균값을 중심으로 95% 신뢰구간을 그립니다.

- 데이터 퍼짐을 나타내고 싶다면 평균값±표준편차(mean±SD)를 사용합니다. 이 경우 평균값의 확률이 아니라, 단순히 데이터가 어느 정도 퍼져 있는지를 시각화하고 있을 뿐이라는 점에 주의하세요.

◆ 그림 5.3.1 **막대그래프의 오차 막대 예시**

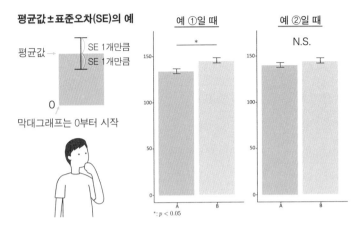

◆ 그림 5.3.2 **산점도의 오차 막대 예시**

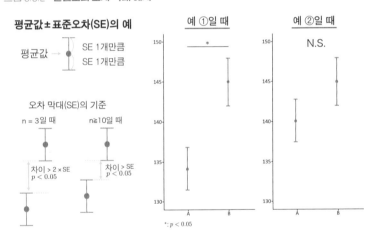

오차 막대를 그래프에 그릴 때는, 오차 막대가 무엇을 표시하고 있는지를 그래프 범례에 반드시 기재하도록 합시다.

지금까지 본 것처럼, 가설검정에서는 평균값을 비교하고 싶어 하기에 평균 값±표준오차를 그릴 때가 일반적입니다. 단, 오차 막대만으로 통계적으로 유의 미한 차이가 있는지 여부를 판단할 수는 없습니다. 대략적인 해석은 **그림 5.3.2**

에서 설명합니다. 오차 막대가 겹쳐 있다면, 통계적으로 유의미한 차이가 없다고 할 수 있습니다. 그러나 이는 어디까지나 기준으로, 논문이라면 본문이나 표의 p값, 혹은 다음에 소개할 그래프 안에 표시한 *(별표) 내용을 확인하도록 합니다.

그림 5.3.2를 보충 설명하겠습니다. SE를 오차 막대로 그릴 때 이를 대략적으로 해석하는 방법은, 각 집단의 표본크기 n에 따라 달라집니다(커밍 외Cumming et al. 2007). 한 점에서 위 또는 아래로 늘인 길이를 오차 막대 1개라고 하면, 표본크기가 작을 때($n=3$)에는 오차 막대 2개(SE 2개)만큼의 차이가 있어야만 비로소 $p < 0.05$가 됩니다. 반대로 표본크기가 클 때는, 차이가 오차 막대 1개 정도만 나도 $p < 0.05$가 됩니다.

 ## "통계적으로 유의미"를 나타내는 표기

그림이나 표에서는 통계적으로 유의미하다는 것을 나타내고자 *(별표)를 사용할 때가 일반적입니다. 단, *(별표)가 무엇을 나타내고 있는지는 반드시 그래프 범례에 기재해야 합니다.

자주 사용하는 표기로는 * : $p < 0.05$, * * : $p < 0.01$, * * * : $p < 0.001$가 있습니다. 즉, $0.01 \leq p < 0.05$일 때는 별표 1개, $0.001 \leq p < 0.01$일 때는 별표 2개, $p < 0.001$일 때는 별표 3개라는 식입니다. 또한, 유의미하지 않다는 것을 나타낼 때는 N.S.(non-significant)라고 적기도 합니다.

5.4 ▶ 제1종 오류와 제2종 오류

 진실과 판단의 4패턴

가설검정을 시행할 때는 귀무가설과 대립가설을 고려했습니다. 이 두 가설은 서로에 대해 부정 관계이므로, 어느 한쪽이 옳다면 다른 한쪽은 틀린 것이 됩니다. 그러면 진실은, 귀무가설이 옳고 대립가설이 틀린 경우와 귀무가설이 틀리고 대립가설이 옳은 경우라는 2가지 패턴으로 나뉩니다.

가설검정에서는 p값을 계산하고 유의수준 α와 비교함으로써 대립가설을 지지할지, 그러지 않을지에 대해 판단을 내립니다. 판단에는 $p < \alpha$로 귀무가설을 기각하고 대립가설을 채택하는 것과, $p \geqq \alpha$로 귀무가설을 기각할 수 없는 것의 2가지가 있습니다. 그렇다면 진실과 판단은 도합 '2×2 패턴'이라는 것을 알 수 있습니다(**그림 5.4.1**).

◆ 그림 5.4.1 **진실과 판단의 패턴**

		진실 2패턴	
		귀무가설이 옳음	대립가설이 옳음
판단 2패턴	귀무가설을 기각하지 않음	OK	제2종 오류 확률 β
	귀무가설을 기각하고 대립가설 채택	제1종 오류 확률 α	OK

그림 5.4.1을 보는 방법은 다음과 같습니다.

- 왼쪽 위 칸: 귀무가설이 옳을 때 귀무가설을 기각하지 않으므로 옳은 판단입니다.
- 오른쪽 아래 칸: 대립가설이 옳을 때 대립가설을 채택하므로 옳은 판단입니다.
- 왼쪽 아래 칸: 귀무가설이 옳음에도 귀무가설을 기각하고 대립가설을 채택하므로 잘못된 판단입니다. 이를 제1종 오류(type I error) 또는 위양성(false positive)이라 합니다. 제1종 오류가 일어날 확률은 α로 나타냅니다.
- 오른쪽 위 칸: 대립가설이 옳음에도 귀무가설을 기각하지 않는 잘못된 판단입니다. 이를 제2종 오류(type II error) 또는 위음성(false negative)이라 합니다. 제2종 오류가 일어날 확률은 β로 나타냅니다

● 제1종 오류

평균값 비교를 예로 설명하면, **제1종 오류**는 실제로는 아무런 차이가 없음에도 차이가 있다고 판단해 버리는 잘못을 말합니다. 이처럼 사실 약의 효과가 없는데도 있다고 주장한다면 안 될 것입니다.

그러나 우리는 진실(모집단)을 직접 알 수가 없기에, 해석 결과가 제1종 오류를 범했는지 아닌지는 알 수 없습니다. 대신에, p값과 유의수준 α를 이용하여 제1종 오류가 일어날 확률을 통제할 수는 있습니다.

p값은 귀무가설이 옳다고 가정했을 때 실제로 얻은 데이터 이상으로 극단적인 값이 나타날 확률이었습니다. 따라서 확보한 데이터가 정말로 귀무가설에서 얻은 것이라면, $p < \alpha$일 확률은 α가 됩니다. 그 때문에 α를 경계로 귀무가설을 기각하면, 귀무가설이 옳은데도 착오로 귀무가설을 기각해 버리는 오류가 확률 α로 발생하게 됩니다. 즉, 유의수준 α의 값을 미리 정해 둠으로써, 제1종 오류가 일어날 확률을 통제할 수 있는 것입니다.

과학 논문에서 자주 사용하는 $\alpha=0.05$란, 귀무가설이 옳을 때 평균적으로 20번 중 1번 정도는 귀무가설을 착오로 기각하고 대립가설을 채택한다는 뜻입니다. "귀무가설이 옳을 때"라는 조건부임에 주의하세요. 이 조건에서 전혀 효과가 없는 약을 20종류 준비하고 각 약의 효과를 검증하면, 평균적으로 1종류의 약에는 통계적으로 유의미한 차이가 나타나 약 효과가 있다고 주장하게 됩니다. $\alpha=0.05$으로 설정한다는 것은, 이러한 잘못이 20번 중 1번 정도 일어나는 위험을 허용한다는 뜻입니다.

● 제2종 오류

제2종 오류란, 정말로 차이가 있는데도 차이가 있다고는 말할 수 없어, 귀무가설을 기각하지 않는 판단을 내려 버리는 것을 말합니다. 실제로 약의 효과가 있는데($\mu_A - \mu_B \neq 0$), 효과가 있다고 말할 수 없다고 판단하는 잘못입니다.

제2종 오류가 일어나는 확률은 β로 나타내는데, 제2종 오류가 일어나지 않는 확률, 즉 정말로 차이가 있을 때 차이가 있다고 올바르게 판단할 확률을 검정력(power of test) $1-\beta$라고 합니다.

일반적으로는 검정력 $1-\beta$를 80%로 설정합니다만, β(또는 $1-\beta$)는 α와는 달리 직접 통제할 수 없습니다. β는 표본크기 n이 커질수록 작아지며($1-\beta$는 커짐), 또한 어느 정도의 차이를 차이로 간주하는지를 나타내는 값인 효과크기가 커짐에 따라서도 작아집니다(이에 대해서는 추후 설명합니다). 이 관계로부터 검정력 $1-\beta$가 80%가 되도록 표본크기를 설계하는 것이 이상적인 가설검정의 순서입니다. 이는 9장에서 더 살펴보도록 하겠습니다.

α와 β는 상충 관계

우리는 가능한 한 오류를 범하고 싶지 않기 때문에, 제1종 오류가 일어날 확률 α와 제2종 오류가 일어날 확률 β 모두를 0에 가깝게 만들고 싶어 합니다. 그러나 α와 β 사이에는 **상충 관계**, 즉 한쪽이 작아지면 또 다른 한쪽은 커지는 관계가 있습니다(**그림 5.4.2**).

예를 들어, 자주 사용하는 α=0.05를 α=0.01로 변경하면, 사실은 차이가 없는데 있다고 말해 버리는 오류는 5%에서 1%로 줄일 수 있지만, 한편으로는 β가 증가하여 차이가 있는데도 있다고 말할 수 없다는 오류가 늘어나게 됩니다. 연구 분야나 연구 목적에 따라 어디에 중점을 둘지 결정하게 되지만, 일반적으로는 α=0.05를 사용합니다.

α와 β의 관계는 표본크기 n에 따라 달라집니다. 상충 관계인 것은 변함없지만, 표본크기 n이 커지면 **그림 5.4.2**의 왼쪽 아래로 곡선이 이동하므로, α를 고정하면 β가 줄어든다는 것을 알 수 있습니다. 즉 표본크기 n이 클수록, 정말로

◆ 그림 5.4.2 **α와 β의 상충 관계와 표본크기 n에의 의존성**

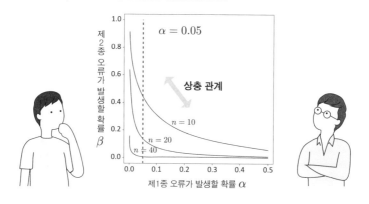

이표본 t검정에서의 α와 β 관계를 시각화한 그림입니다. 각 표본의 모집단 표준편차는 1, 평균값의 차이는 1로 설정했으며, n은 각 표본의 크기를 나타냅니다. 이러한 α와 β의 관계는 통계 소프트웨어인 R의 power.t.test 함수를 이용하면 간단하게 구할 수 있습니다.

차이가 있을 때에 그렇다고 판단할 확률인 검정력 $1-\beta$가 상승하는 것입니다.

 ## 효과크기를 달리 했을 때의 α와 β

마지막으로 한 가지, 중요한 값인 효과크기를 알아봅시다. **효과크기(effect size)**는 일반적으로 얼마나 큰 효과가 있는지를 나타내는 지표입니다.[*] 예를 들어 2개 집단의 평균값인 경우, 단순히 평균값의 절대적인 차이에만 주목하는 것이 아니라, 원래 갖고 있는 모집단의 데이터 퍼짐에 대해 상대적으로 평가한 값 $d=(\mu_A-\mu_B)/\sigma$를 이용합니다(**그림 5.4.3**).

평균값의 차이에 비해 (원래의 퍼짐 정도인) 표준편차가 클수록 2개 분포의 겹치는 부분이 커지므로, 효과크기 d는 작아지고 평균값의 차이는 검출하기 어려워집니다(**그림 5.4.3**의 위아래 비교). 반대로 평균값의 차이에 비해 표준편차가

◆ 그림 5.4.3 **다양한 효과크기**

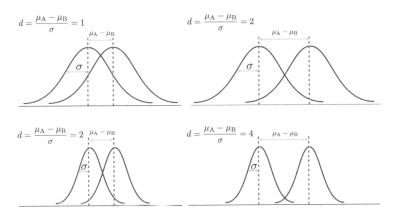

단순화하기 위해 2개 집단의 표준편차가 같다고 가정하여 그래프화했습니다. 왼쪽 위는 $\mu_A-\mu_B$와 σ가 비슷한 값인 경우, 오른쪽 위는 σ는 그대로이고 평균값의 차이만 2배로 한 경우입니다. 아래쪽 두 개는 위쪽과 마찬가지이나, 표준편차는 절반으로 줄인 경우를 보여줍니다.

---

[*] 데이터로 계산하는 효과크기는 9장을 참고하세요.

작을수록 2개 분포의 겹치는 부분은 작아지므로, 효과크기 d는 커진다고 해석할 수 있습니다.

가설검정에서는 모집단을 대상으로 검출하고 싶은 효과크기를 미리 설정하는 것이 바람직합니다. 예를 들어, 혈압을 내리는 약의 효과를 검증할 때 무작정 해석을 진행하여(가령 표본크기 n이 아주 큰 실험을 하여) 평균 혈압 하락이 0.1mmHg뿐인 극히 작은 효과를 검출했다고 하면, 이는 과연 혈압약으로서 의미가 있는 효과일까요? 이러한 문제를 피하기 위해서는, 검출하고자 하는 효과를 미리 설정하고 실험을 진행하는 것이 좋습니다.

또한, 이 값들에는 α와 β, 표본크기 n, 효과크기 d의 네 값 중 셋을 결정하면, 나머지 하나는 자동으로 정해진다는 성질이 있습니다. 따라서 $\alpha=0.05$, $1-\beta=0.8$과 검출하고자 하는 효과크기 d를 미리 설정함으로써, 가설검정에 필요한 표본크기 n을 구할 수 있습니다.

그림 5.4.4에서 보듯이 효과크기 d가 클수록 β는 작아집니다. 이는 효과크기

◆ 그림 5.4.4 **검출하고 싶은 효과크기 d에 따른 α와 β의 관계**

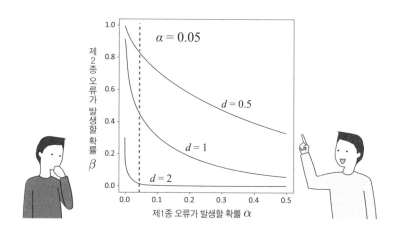

검출하고 싶은 효과크기 d에 따른 α와 β의 관계입니다. α가 고정일 때, 효과크기 d가 클수록 β가 작아집니다. 표본크기는 모두 $n=10$입니다.

가 클수록 분포가 겹치는 부분이 줄어들어 검출이 간단해지기 때문입니다.

효과크기는 가설검정의 결과를 확인할 때도 등장합니다. 이때는 모집단에 대해 미리 설정하는 효과크기와는 달리, 표본(데이터)으로 계산한 값입니다. 이를 p값 등의 양과 함께 기술함으로써, 어느 정도 효과인지를 평가합니다. (이것도 9장에서 다시 설명하겠습니다.)

5장에서는 2개 집단의 평균값을 비교하는 t검정을 예로 삼아 가설검정을 알아보았습니다만, 실은 데이터 유형이나 성질에 따라 다양한 검정 방법을 구별하여 사용할 필요가 있습니다. 다음 6장에서는, 각각의 가설검정 방법을 어떠한 경우에 사용하는지, 주위에서 볼 수 있는 예시들을 곁들여 가며 설명하고자 합니다.

• • •

5장에서는 가설검정의 기본 개념을 살펴봤습니다. 이번 6장에서는 분석 목적의 차이나 데이터 성질의 차이에 맞춘, 다양한 가설검정 방법을 소개합니다. 특히 t검정부터 분산분석, 다중비교, 비율을 비교하는 적합도검정, 독립성검정 등, 실제 자주 사용되는 방법을 중심으로 사례를 살펴보면서 가설검정에 익숙해져 보도록 합시다.

6^장

다양한 가설검정

t 검정부터 분산분석, 카이제곱검정까지

6.1 ▶ 다양한 가설검정

 가설검정 방법 구분해 사용하기

5장에서는 2개 집단의 평균을 비교하는 이표본 t검정을 통해 가설검정의 기본 원리를 설명했습니다. 2개 집단 간의 평균값 비교 이외에도, 가설검정은 다양한 목적과 가설을 대상으로 시행할 수 있습니다. 단, 해석 목적이나 데이터 성질에 따라 방법이 달라지므로 주의해야 합니다.

이 장에서는 그러한 구분 요령을 해설하면서, 다양한 가설검정 방법도 소개하겠습니다.

◆ 그림 6.1.1 **가설검정 해석의 흐름**

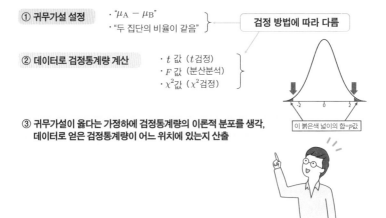

그림 6.1.1에 표시한 바와 같이, 어떤 가설검정 방법이든 간에 해석의 기본 흐름은 공통입니다.

① 확인하고 싶은 대상에 따라 귀무가설과 대립가설을 설정한다.
② 데이터로 가설검정에 필요한 검정통계량을 계산한다.
③ 귀무가설이 옳다는 가정하에 통계량의 분포를 생각하고, 데이터로 계산한 통계량이 분포의 어느 위치에 있는지를 구하여 p값을 계산한다.

한편, 귀무가설이나 검정통계량(또는 그 분포)은 방법에 따라 달라지며, 필요한 검정통계량 역시 데이터 유형(양적 변수, 질적 변수)이나 성질에 따라 다릅니다. 그러므로 가설검정 방법을 선택할 때는 다음에 설명하는 데이터 유형, 표본의 수, 양적 변수 분포의 성질을 먼저 확인하도록 합시다.

● 데이터 유형

5장에서 살펴본 이표본 t검정에서는 혈압과 같은 실수치인 양적 변수 데이터를, 약을 투여하는 실험군과 투여하지 않는 대조군의 2개 표본으로 나누고 서로 비교했습니다. 이 2개의 표본을 다시 2개의 범주로 생각해 봅시다. 그러면 이표본 t검정은 양적 변수와 질적 변수(범주형 변수)라는 2가지 변수 사이의 관계를 조사하는 것이 됩니다(그림 6.1.2).

마찬가지 방식으로, 2개 변수 사이의 관계에는 2개 범주형 변수 간의 관계도 있습니다. 예를 들어 백신 접종 여부와 그 후 감염병에 걸렸는지 여부를 함께 생각하면, 2×2=4가지의 각 상태에 속하는 개수가 각 2개 변수의 관계를 나타내는 데이터가 됩니다. 그림 6.1.2의 가운데 그림과 같이, 각 상태에 몇 개(여기서는 몇 명) 데이터가 있는지를 나타내는 표를, 분할표(contingency table)라 합니다.

그 밖에 2개 양적 변수 간의 관계도 있습니다. 예를 들어 몸무게와 키에는 어떤 관계가 있을까요? 이 경우 x-y 평면에 각 데이터를 점으로 찍을 수 있습

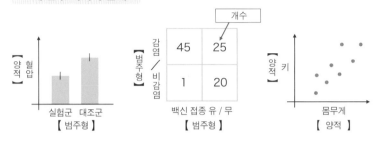

양적 데이터인지 범주형(질적) 데이터인지에 따라 해석 방법은 크게 달라집니다. 왼쪽은 범주형 데이터마다 양적 데이터가 달라지는지 조사할 때를, 가운데는 범주형 데이터끼리의 관계를 조사할 때를, 오른쪽은 양적 데이터끼리의 관계를 조사할 때를 나타낸 것입니다.

니다. 이러한 그림을 산점도(scatter plot)라 부릅니다. 2개 양적 변수의 관계는 7장에서 설명합니다.

어느 쪽이든 **데이터 유형이 양적 변수인지 질적 변수인지**에 따라 해석 방법이 달라지니, 먼저 데이터 유형부터 확인합시다.

● 표본의 수

표본의 수(집단의 수)도 분석 방법 선택에서 중요한 요소입니다.

그림 6.1.2는 2개 변수 사이의 관계성을 설명하는 예입니다. 만일 데이터가 1표본이라면, 2개 변수 사이의 관계가 아니라 1변수 데이터를 조사하게 됩니다(**그림 6.1.3** 왼쪽). 이때 특정 1개의 모집단분포에 대해 세운 가설을 검증합니다. 예를 들어, 성인 남성의 평균 키는 172.5cm라는 가설을 세우고 검증하는 것 같은 경우입니다.

2표본 이상일 때는 표본끼리 비교할 수 있으므로, 집단 간의 차이를 조사할 수 있습니다(**그림 6.1.3** 가운데, 오른쪽). 단, 3개 이상의 표본을 서로 비교할 때는 다중비교라 불리는 보정 방법이 필요합니다. 이는 나중에 설명합니다.

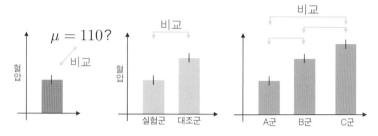

왼쪽부터 1표본, 2표본, 3표본의 평균값 비교입니다.

● 양적 변수의 성질

데이터에 양적 변수가 있는 경우, 이것이 **어떤 분포를 취하는지**가 검정 방법을 선택할 때 중요합니다. t검정은 데이터가 발생한 모집단이 정규분포라고 가정한 방법이었습니다. 이처럼 모집단이 수학적으로 다룰 수 있는(파라미터로 설명할 수 있는) 특정 분포를 따른다는 가정을 둔 가설검정을 **모수검정**(parametric test)이라 합니다.

모수검정의 대부분은 모집단의 분포가 정규분포인 경우입니다. 참고로 데이터가 정규분포로부터 얻어졌다고 간주할 수 있는 성질을 **정규성**(normality)이라 합니다(**그림 6.1.4**). 데이터의 정규성을 조사하는 방법은 잠시 후 소개하겠습니다.

그런가 하면 반대로 모집단분포가 특정 분포라고 가정할 수 없는 경우, 예를 들어 좌우 비대칭 분포나 이상값이 있는 분포라면 평균이나 표준편차 등의 값은 그다지 도움이 되지 않습니다(3장에서 살펴본 것처럼). 이럴 때는 모수검정을 이용하기에 적절하지 않습니다. 그 대신 평균이나 표준편차 등의 파라미터(모수)에 기반을 두지 않는, **비모수검정**(nonparametric test)으로 분류되는 방법을 이용합니다.

또한, 집단 간 평균값을 비교하는 경우에는 집단끼리 분산이 동일하다고 가정하는 방법이 많습니다. 분산이 같은 성질을 등분산성이라 합니다(**그림 6.1.5**).

등분산성을 조사하는 방법에 대해서도 나중에 소개하겠습니다.

그럼, 다음 6.2절부터 본격적으로 다양한 가설검정 방법을 알아봅시다.

◆ 그림 6.1.4 **데이터의 정규성**

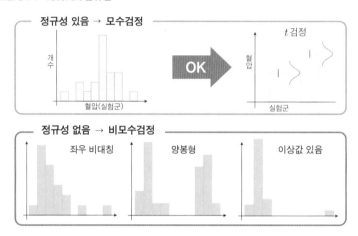

동일 조건 내에서의 데이터 분포가 정규분포를 이루고 있는 것이 중요합니다. 실험군과 대조군 쌍방에 정규성이 있다면, 이표본 t검정을 이용할 수 있습니다.

◆ 그림 6.1.5 **등분산성**

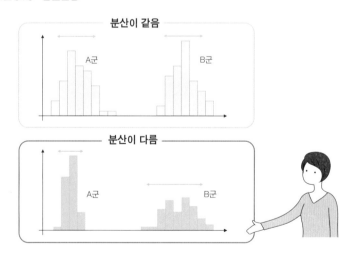

위 그림에서, A군과 B군의 평균값은 분명히 다르나 데이터 퍼짐 정도(분산)는 아주 비슷합니다. 아래 그림은 평균값도 분산도 모두 다릅니다.

6.2 ▶ 대푯값 비교

모수검정의 평균값 비교

● 일표본 *t* 검정

5장에서는 2개 집단의 평균값을 비교하는 이표본 *t*검정을 소개했습니다만, 사실 *t*검정은 표본이 하나라도 실행할 수 있습니다. 이 **일표본** *t*검정에서는 2가지 조건을 비교하는 것이 아니라, 어떤 평균값의 모집단에서 표본을 얻었는가를 조사하는 것이 됩니다(**그림 6.1.3** 왼쪽).

즉, 다음을 전제로 하여 검증합니다.

- **귀무가설 "모집단의 평균은 μ=○○이다."**
- **대립가설 "모집단의 평균은 μ=○○이 아니다."**

분석 결과 유의수준 α=0.05에서, $p \geqq 0.05$라면 모집단평균 μ는 ○○이 아니라고 말할 수 없으며, $p<0.05$라면 모집단평균 μ는 ○○이 아니라고 판단할 수 있습니다.

단, μ=○○으로는 연구의 배경으로서 의미가 있는 값을 고려해야만 합니다.

예를 들어 "한국인 성인 남성의 평균 키는 170cm이다." 같이, 아무런 맥락도 없이 가설을 세워 검증하는 것은 의미가 없습니다. 175cm라는 가설, 165cm라는 가설 등 수많은 가설이 있을 수 있기 때문입니다. 이럴 때는 가설검정이 아니라, 95% 신뢰구간을 구하는 방법이 적절합니다.

한편으로 모집단의 성질, 가령 '중국인 성인 남성의 평균 키=170cm'라는 것을 이미 아는 상태에서, 한국인과 비교하고자 "한국인 성인 남성의 평균 키는 170cm이다."라고 가설을 세워 검증하는 것은 의미가 있을 것입니다.

일표본 t검정의 구체적인 계산 순서는 4장에서 설명한, '평균값 95% 신뢰구간 구하기'와 거의 같습니다(**그림 6.2.1**). 다른 곳은 마지막에 가설로 μ를 지정하는 부분인데, 이는 가설이 옳은 '가상 세계'에서의 표본평균 분포를 생각하는 것입니다.

그림 6.2.1의 맨 아래 식에서 μ에 구체적인 값(귀무가설 값)을 대입하면 약 95%

◆ 그림 6.2.1 **일표본 t검정의 원리**

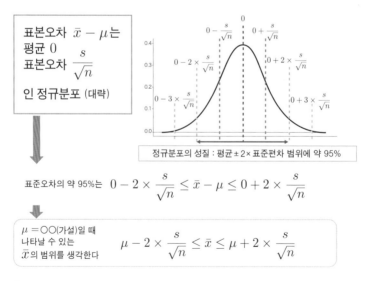

그림 4.2.6과 거의 같습니다만, 여기서는 마지막 행에서 가정한 μ로 $\bar{x}$를 알고자 하므로, μ를 이항하여 $\bar{x}$의 범위를 구했습니다.

범위를 얻을 수 있으며, 이 범위에 포함되지 않는 극단적인 값이 나타날 확률은 $p<0.05$가 됩니다. 다시 말해, 95% 신뢰구간을 구하는 것과 $\alpha=0.05$의 유의수준으로 귀무가설을 검정하는 것은 $\bar{x}$에서 생각할지 귀무가설 $\mu=\bigcirc\bigcirc$에서 생각할지의 차이뿐으로, 동전의 양면과 같은 관계입니다.

● **이표본 t 검정**

이표본 t검정에서는 2개 집단의 평균값을 비교합니다. 5장에서 설명했지만, 복습하자면 다음을 전제로 검정하는 것입니다.[*]

> ■ 귀무가설 "2개 집단의 평균값은 같다(평균값의 차이=0)."
> ■ 대립가설 "2개 집단의 평균값은 다르다(평균값의 차이≠0)."

또한 5장에서는 설명하지 않았지만, 사실 t검정을 적용하기 위한 전제 조건이 있습니다. 6.1절에서 살펴본 것처럼, t검정은 모수검정으로 분류되는 검정 방법이기 때문에 데이터에 정규성이 있어야 합니다. 일반적인 t검정에서는 등분산성을 가정합니다.

분산이 일치하지 않는 경우에는 **웰치의 t검정**을 이용합니다. 웰치의 t검정은 일반적인 t검정을 개량한 것으로, 2개 집단의 분산이 다르더라도 사용 가능합니다. 단, 정규성은 있어야 합니다.

● **대응 관계가 없는 검정과 대응 관계가 있는 검정**

지금까지 소개한 이표본 t검정은 "대응 관계가 없는 검정"이라 불리는 방법

---

[*] 귀무가설 "2개 집단의 평균값 차이는 5이다.", 대립가설 "2개 집단의 평균값 차이는 5가 아니다."와 같이, 평균값 차이를 0이 아닌 값으로 하여 가설검정을 실행할 수는 있습니다. 다만 일표본 t검정에서도 설명했듯이 가설을 세운 이유가 있어야 합니다. '평균값 차이가 0인지 아닌지'는 2개 집단에 차이가 있는지와 같으므로, 가설을 세운 이유가 명확합니다.

입니다. '대응 관계가 없다'는 것은, **그림 6.2.2**의 왼쪽 표에 나타난 바와 같습니다. 신약의 효과를 검증하기 위해 '약 있음'과 '약 없음'의 2개 집단을 이용하고 있지만, 2개 집단의 피험자들 간에는 대응 관계가 없습니다. 즉, 각 집단의 표본을 $n=10$ 크기로 추출하므로 피험자는 모두 20명이며, 각 피험자가 경험할 것은 약을 복용한다/복용하지 않는다 둘 중 하나뿐입니다.

반대로 대응 관계가 있는 검정에서는, 한 피험자의 혈압을 약을 복용하기 전과 복용한 후 두 차례에 걸쳐 검사합니다.* 예를 들어 피험자 ID=1로부터 약 복용 전 150, 복용 후 110이라는 혈압 수치를 얻어, 그 차이를 −40이라고 계산할 수 있습니다. 이때 차이에만 주목한다면, 이것이 약을 복용하기 전의 기준선(base line)과 비교하여 얼마나 변화했는가를 나타내는 한 집단의 데이터임을 알 수 있습니다.

그러므로 일표본 t검정으로서, '**차이 평균값 = 0**'을 귀무가설로 삼아 해석하는 것이 가능합니다. 대응 관계가 있는 데이터일 때는 똑같이 대응 관계가 있는 검정을 이용하는 편이 좋습니다. 그러면 제2종 오류가 발생할 확률이 낮아지며, 검정력도 오르는 경향이 있기 때문입니다.

◆ 그림 6.2.2 **대응 관계가 없는 검정과 대응 관계가 있는 검정**

대응 관계가 없는 검정 (각각 $n = 10$ 씩)		대응 관계가 있는 검정 ($n = 10$)			
약 있음	약 없음	피험자 ID	복용 전	복용 후	차이
150	110	1	150	110	− 40
140	105	2	140	105	− 35
145	120	3	145	120	− 15
⋮	⋮	⋮	⋮	⋮	⋮

같은 피험자를 대상으로 약 복용 전후의 혈압을 측정

---

* 한 발 더 나아가 그 후 경과를 추적하고자 3회 이상 측정할 때도 있습니다.

적절하지 않은 검정을 사용하면 어떻게 될까?

설정한 귀무가설을 검정하는 데는 여러 가지 방법이 있습니다. 예를 들어 2개 집단끼리 대 푯값을 비교하고자 하는 경우, 선택지로는 모수검정인 t검정과 비모수검정인 윌콕슨 순위 합 검정(Wilcoxon rank sum test)이 있습니다. 본문에서 설명했듯, 정규분포에서 데이터를 얻 었다고 볼 수 있을 때는 전자를, 그렇지 않을 때는 후자를 사용해야 합니다.

그렇다면 만일 정규분포에서 데이터를 얻었다고 볼 수 없을 때 t검정을 사용하면 어떻게 될 까요?

이 경우 유의수준 α 를 0.05로 설정하더라도, 제1종 오류가 일어날 확률이 0.05가 아니게 되고 맙니다. 특히 설정한 값보다 커지는 것이 중대한 문제입니다. 차이가 없음에도 차이가 있다고 판단해 버리는 오류가 유의수준으로 설정한 값보다 높은 확률로 일어나는 것은, 가 설검정에서는 큰 문제가 되기 때문입니다.

한편, 계산되는 p값이 그 정의인 귀무가설 하에서 관찰된 값 이상으로 극단적인 값을 얻을 수 있는 확률보다 커지게 되면, 제1종 오류를 일으킬 확률이 설정한 값보다 작아집니다. 그 만큼 제2종 오류가 일어나기 쉬운 방법이며, "보수적인 방법"이라 표현되기도 하지만 이 역 시 문제이긴 합니다.

그렇기 때문에 데이터 성질에 맞춰 적절한 검정 방법을 선택하는 것이 중요한 것입니다.

● **정규성 조사**

모수검정에서는 각 집단의 데이터에 정규성이 있어야 합니다. 정규성을 조 사하는 방법에는 시각적으로 판단할 수 있는 **Q‒Q 플롯**(분위수‒분위수 그림)이 나, 가설검정으로 조사하는 **샤피로‒윌크 검정**, 이론적인 분포와 비교하는 **콜모 고로프‒스미르노프(K‒S) 검정** 등이 있습니다.

자주 사용하는 샤피로‒윌크 검정의 자세한 원리는 이 책 수준을 넘어서므로 따로 설명하지 않고, 대신 다음 전제를 이용하여 가설검정을 시행하겠습니다.

- 귀무가설 "모집단이 정규분포이다."
- 대립가설 "모집단이 정규분포가 아니다."

$p \geqq 0.05$라면 정규성이 있고, $p < 0.05$라면 정규성이 없다고 판단하는 경우가 많습니다. 단, 가설검정 해석에서 설명했듯 결과가 $p > 0.05$라 귀무가설을 기각할 수 없다고 해서 귀무가설이 옳다는 증거가 되지는 않습니다. 그러므로 정규분포에서 데이터를 얻었다고 적극적으로 주장할 수는 없다는 점에 주의하기 바랍니다.

또한, 2개 집단이 있을 때는 먼저 각 집단의 정규성을 조사하는 검정을 실시하고, 그다음 t검정을 이용하게 되므로, 가설검정 작업을 반복해 버리는 검정 다중성 문제(자세한 내용은 다중비교 항목을 참고)가 생깁니다. 이러한 사정이 있는 까닭에, 데이터가 정규분포에서 얻어졌는지 여부를 조사하는 가장 좋은 방법은 없다고 해도 좋을 것입니다.

더욱이 현실의 데이터 대부분은 엄밀한 정규분포로부터 나온 것이 아님은 쉽게 상상할 수 있을 겁니다. 표본크기가 클 때는 아주 조금 정규분포에서 벗어난 것만으로도 정규성 검정 결과가 $p < 0.05$가 되어, 정규분포에서 얻은 것이 아니라고 판단되고 맙니다.

● 등분산성 조사

t검정과 분산분석(곧 살펴봅니다)에는 데이터가 분산이 같은 모집단으로부터 획득되었다는 조건이 필요합니다. 분산이 같다는 가설을 조사하는 검정으로는 **바틀렛 검정**이나 **레빈 검정**이 있습니다. 이때 다음 전제를 이용하여 가설검정을 시행합니다.

- **귀무가설 "2개 모집단의 분산은 같다."**
- **대립가설 "2개 모집단의 분산은 같지 않다."**

$p \geqq 0.05$라면 등분산, $p < 0.05$라면 부등분산이라 판단하지만, 정규성 검정과

마찬가지로 $p > 0.05$라고 해도 적극적으로 분산이 같다고 주장할 수는 없다는 점에 주의해야 합니다.

비모수검정의 대푯값 비교

● 비모수 버전의 2개 표본 대푯값 비교

각 집단 데이터에 정규성이 없는 경우에는 비모수검정으로 분류되는 방법을 사용하는 것이 권장됩니다. 이때는 평균값 대신 분포의 위치를 나타내는 대푯값에 주목하여 해석합니다. 대표적인 방법으로는 **윌콕슨 순위합 검정(Wilcoxon rank sum test)**이 있습니다. 이것은 평균값 대신 각 데이터 값의 순위(크기 순으로 나열했을 때 몇 번째 위치인가를 나타내는 값)에 기반하여 검정을 실시합니다.

맨–휘트니 U 검정도 같은 방법입니다. 이 방법을 사용하려면 비교할 2개 집단의 분포 모양 자체가 같아야 합니다. 즉, 분포는 정규분포가 아니더라도 괜찮지만, 분산이 다르다면 앞서 칼럼 〈적절하지 않은 검정을 사용하면 어떻게 될까?〉에서 살펴본 문제가 생길 수 있습니다.

윌콕슨 순위합 검정에서는 다음을 전제로 분석을 실행합니다(**그림 6.2.3**).

- ▪ **귀무가설 "2개 모집단의 위치가 같다."**
- ▪ **대립가설 "2개 모집단의 위치가 다르다."**

분석 결과 $p \geqq 0.05$라면 "2개 모집단의 위치가 다르다고 할 수 없다."로, $p < 0.05$라면 "2개 모집단의 위치가 다르다."로 판단합니다.

그 밖에 2개의 모집단을 비교하는 방법으로는 플리그너–폴리셀로 검정

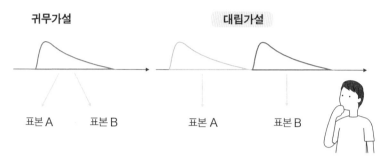

| 귀무가설 | 대립가설 |

표본 A 표본 B   표본 A   표본 B

> 윌콕슨 순위합 검정은 비모수검정의 한 종류로, 정규분포를 따르지 않는 데이터의 위치 파라미터 검정
> 방법입니다. 이 검정에서 귀무가설은 "2개 모집단의 위치가 같다."이며, 대립가설은 "2개 모집단의 위치
> 가 다르다."입니다.

(Fligner – Policello test)과 브루너 – 문첼 검정(Brunner – Munzel test)이 있습니다. 이 방법은 2개 모집단의 분포 형태가 같지 않을 때도 사용할 수 있는 비모수검정 방법입니다. 단, 극단적으로 분포 형태가 다른 경우에는 역시 제1종 오류가 발생할 확률이 설정한 α와는 달라지므로 주의해야 합니다.

분산분석 (3개 집단 이상의 평균값 비교)

지금까지 2개 표본의 대푯값을 비교하는 방법을 소개했습니다. 실제 데이터에서는 실험군과 대조군처럼 2개 집단을 비교하는 실험 설계가 많지만, 3개나 그 이상의 조건을 비교하는 것도 필요할 수 있습니다. 이때 3개 이상 집단의 평균값을 비교하는 방법이 바로 **분산분석(ANOVA, Analysis of variance)**입니다. 예를 들어 비료 A, B, C에 따라 식물 줄기의 길이에 차이가 생기는지를 조사할 때는 분산분석을 활용하게 됩니다.

A군, B군, C군의 모집단평균을 각각 μ_A, μ_B, μ_C라 할 때, 분산분석에서는 다음을 전제로 해석합니다(**그림 6.2.4**).

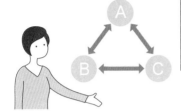

◆ 그림6.2.4 **분산분석**

귀무가설 $\mu_A = \mu_B = \mu_C$

대립가설 적어도 한 쌍에는
비료 효과에 차이가 있다

예 : 3종류의 비료 효과에 차이가 있는가?

	비료A	비료B	비료C
줄기 길이 (cm)	32.5	35.1	40.1
	34.2	32.9	39.6
	32.4	34.4	38.0
	33.3	34.7	38.1
	31.0	33.0	37.9
	31.5	34.9	39.5
평균	32.5	34.2	38.9

비료 A, B, C로 각각 식물을 기른 뒤, 그 줄기 길이를 비교하는 분산분석의 사례입니다. 귀무가설을 "비료 효과에 차이가 없다."로, 대립가설을 "적어도 한 쌍에는 비료 효과에 차이가 있다."로 설정합니다.

- 귀무가설 "모든 집단의 평균이 같다($\mu_A = \mu_B = \mu_C$)."
- 대립가설 "적어도 한 쌍에는 차이가 있다."

● 분산분석의 원리

그럼 분산분석의 원리에 관해, **그림 6.2.4**의 데이터를 예로 들어 간단히 설명하도록 하겠습니다(**그림 6.2.5**).

먼저 집단의 차이를 무시하고 모든 데이터를 이용하여 전체 평균 $\bar{x}$를 계산합니다. 여기서는 $\bar{x}=35.2$입니다. 다음으로, A, B, C 각 집단의 평균 $\bar{x}_A, \bar{x}_B, \bar{x}_C$를 계산합니다. 그리고 각 데이터 x_i와 $\bar{x}$의 차이를 구합니다.

예를 들어 x_i가 C군의 데이터일 때, $x_i - \bar{x} = (x_i - \bar{x}_C) + (\bar{x}_C - \bar{x})$로 계산하여 각 데이터의 전체 평균과의 차이(분산)를 집단 내의 분산 $x_i - \bar{x}_C$(집단 내 변동)과 집단 간의 분산 $\bar{x}_C - \bar{x}$(집단 간 변동)의 2가지 요소로 분해할 수 있습니다.

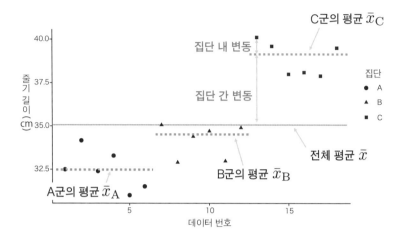

| 그림 6.2.4의 데이터를 그림으로 나타낸 것입니다.

집단 내 변동은 동일 조건에서의 데이터 퍼짐이므로, 원래 존재하는 무작위 오차의 크기를 나타냅니다. 이와 달리 집단 간 변동은 집단 간의 차이를 나타내며, 집단 간 차이가 있다면 큰 데이터 퍼짐을, 반대로 차이가 없다면 집단 내 편차와 같은 정도로 작은 데이터 퍼짐을 기대할 수 있습니다.

구체적으로 F값=(평균적인 집단 간 변동)/(평균적인 집단 내 변동)을 계산하여 검정통계량을 만듭니다. 이 양은 귀무가설이 올바르다는 가정하에, F분포라는 분포를 따릅니다(**그림 6.2.6**).

이 분포에서 관찰한 F값 이상으로 극단적인 값이 나올 확률이 p값입니다. **그림 6.2.6**의 5% 지점은 이 이상의 값이 될 확률이 5%인 지점을 나타내므로, F값이 이보다 오른쪽에 있다면 유의수준 α=0.05에서 통계적으로 유의미한 집단 간 차이가 있다는 것입니다.

● **집단 내 변동** ··· 오차에 따른 변동

비교

● **집단 간 변동** ··· 효과에 따른 변동

$$F = \frac{\text{평균적인 집단 간 변동}}{\text{평균적인 집단 내 변동}}$$

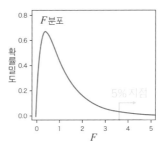

여기서는 전형적인 F분포 형태를 나타냈습니다만, 표본크기와 표본의 수에 따라 형태는 조금씩 다릅니다.

 자유도

통계학에는 자유도(degree of freedom)라는 개념이 있습니다. 자유도란 이름대로 자유로이 움직일 수 있는 변수의 수를 나타냅니다. 예를 들어 표본크기 n=10인 표본이라면 자유도는 10입니다만, 표본평균을 계산한 이후의 자유도는 9가 됩니다. 이는 표본평균이 확정되었으므로 9개의 데이터가 정해지면 남은 1개의 값을 확정할 수 있기 때문입니다.

그렇다면 실제로 자유도는 어디에 사용되고 있을까요? 가령 t분포의 형태를 결정할 때에 쓰입니다. 그 밖에도 F분포의 형태를 정할 때도 사용합니다(이때는 표본의 수도 자유도와 관련됩니다).

자유도는 통계학에서도 이해하기 어려운 개념으로, 처음 배우는 사람은 어렵다고 느낄 것입니다. 그러나 자유도는 계산 도중에 사용하는 숫자이지, 결과 해석에 사용하는 숫자는 아닙니다. 따라서 통계분석 사용자가 의식할 필요는 없습니다.

단, 과학 논문에서 통계분석 결과를 기술할 때는 d.f.(degree of freedom)로 값을 표시할 때가 흔합니다. R 등의 통계 소프트웨어가 출력한 결과 일람에도 자유도가 기재되므로, 한 번 확인해 보기 바랍니다.

그림 6.2.4의 데이터 예시를 분산분석으로 해석하면 F값은 60.7의 큰 값이며, p값은 10^{-7}보다 작습니다. 따라서 통계적으로 유의미한 집단 간의 차이가 있으므로, 비료 효과에 차이가 난다는 사실을 알 수 있습니다.

단, 분산분석의 대립가설은 "적어도 한 쌍에는 차이가 있다."이기에 $p<0.05$로 대립가설을 채택하더라도 어느 쌍에 차이가 있는지까지는 알 수 없습니다. 그러므로 어느 쌍에 차이가 있는지 알고 싶다면 다중비교라 불리는 방법을 사용해서 조사해야 합니다.

집단이 셋 이상일 때 각 쌍의 차이를 조사하기 위해 유의수준 $\alpha=0.05$에서 이표본 t검정을 반복해 실행하면, 제1종 오류가 증가하고 마는 문제가 생깁니다. 예를 들어 3개 집단이 있을 때, 쌍의 수는 3입니다. t검정을 3번 반복하면 적어도 한 쌍에서 제1종 오류가 일어날 확률은 $1-$(어느 쌍에서도 제1종 오류가 일어나지 않을 확률)$^3=1-(1-0.95)^3=0.143$이 되어, 분산분석 전체에서 설정한 유의수준 $\alpha=0.05$를 상회해 버립니다.

집단이 n개인 경우 $_n\mathrm{C}_2$개의 쌍이 있으므로, 집단의 수가 늘어날수록 제1종

◆ 그림 6.2.7 **검정 횟수와 제1종 오류가 일어날 확률**

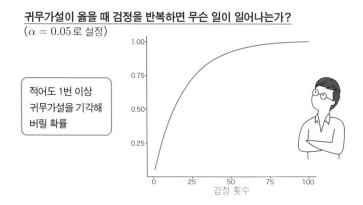

귀무가설이 옳을 때 검정을 반복하면 무슨 일이 일어나는가?
($\alpha = 0.05$로 설정)

적어도 1번 이상 귀무가설을 기각해 버릴 확률

검정 횟수

오류가 일어나기 쉬워집니다. 즉, 몇 번씩 검정을 반복하는 것을 통해, 실은 차이가 없는데도 차이가 있다고 말하는 잘못이 간단히 일어나 버리게 됩니다(**그림 6.2.7**). 가설검정의 이러한 문제는, 과학계에도 중대한 영향을 끼칠 가능성이 있습니다. (이 문제는 9장에서 자세히 살펴봅니다.)

이 다중성 문제를 회피하고자 **다중비교 검정**을 이용합니다. 다중비교 검정의 기본 아이디어는 검정을 반복하는 만큼, 유의수준을 엄격한 값으로 변경하는 것입니다. 이렇게 하여 전체 유의수준 α=0.05를 지키고자 합니다.

● 여러 가지 다중비교 방법

가장 단순한 다중비교 방법으로는 **본페로니 교정**이 있습니다. 이는 전체에서 유의수준 α를 설정했을 때의 검정 반복 횟수를 k라 하고, 매 검정에서는 α를 검정 횟수로 나눈 값 α/k를 기준으로 가설검정을 하는 방법입니다. 즉, 각 검

◆ 그림 6.2.8 **다중비교를 이용한 3개 집단의 평균값 검정**

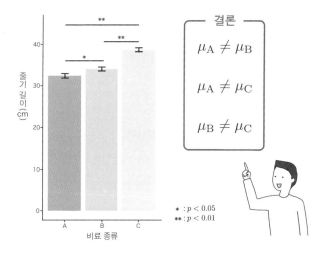

그림의 데이터를 이용하여 튜키 검정을 시행한 결과입니다. A–B간은 $p<0.05$, A–C간과 B–C간에서는 $p<0.01$이라는 결과를 얻을 수 있으므로, 비료 A, B, C 모두에서 줄기의 길이가 통계적으로 다르다는 결론을 얻었습니다.

정에서 $p<\alpha/k$라면 대립가설을 채택하는 것입니다.

평균값 비교에서 본페로니 교정을 사용하는 경우, t검정을 각 쌍에서 시행하여 $p<\alpha/k$라면 차이가 있다고 판단합니다. 본페로니 교정은 무척 간편하여 평균값 비교뿐 아니라 다양한 다중비교에서 사용할 수 있다는 장점이 있습니다.

그러나 한편으로 검정력이 낮은 경향이 있어, 정말로 차이가 있을 때에 차이가 있다고 주장하기 어려울 수 있다는 단점도 있습니다. 그래서 보통 분산분석을 시행한 다음에는 본페로니 교정보다 우수한(검정력을 개선한) 방법인 **튜키 검정(Tukey's test)** 등 다른 방법을 사용할 때가 흔합니다.

그림 6.2.4의 데이터 예시에 분산분석과 튜키 검정을 적용하면 **그림 6.2.8**과 같은 결과를 얻을 수 있습니다. 결론을 보면 A–B, A–C, B–C 어떤 쌍에도 차이가 있다는 사실을 알 수 있습니다.

그 밖에도 대조군과의 비교에만 관심이 있을 때는 **던넷 검정(Dunnett's test)** 을 이용하면 좋습니다(**그림 6.2.9**). 모든 쌍을 비교하는 튜키 검정보다도 검정력이 향상됩니다. 또한, 집단 간에 순위를 매길 수 있는 경우에는 **윌리엄스 검정 (Williams' test)**을 사용하는 편이 검정력이 좋습니다. 예를 들어 비료의 양이 늘어남에 따라 줄기 길이가 단조로 증가한다고 상정할 수 있는 경우, 윌리엄스 검정이 적절합니다.

◆ 그림 6.2.9 **평균값의 다중비교 방법**

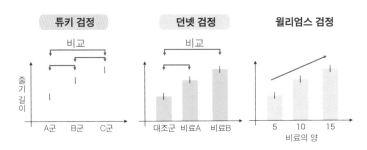

튜키 검정은 모든 쌍 사이를 비교할 때, 던넷 검정은 1개의 대조군과 여러 개의 실험군을 비교할 때, 윌리엄스 검정은 단조로 증가(또는 감소)하리라 기대될 때 이용할 수 있습니다.

● 언제나 분산분석이 필요할까?

다중비교 검정은 최초에 분산분석을 실행하고, 도출한 p값이 α보다 작을 때 사용하는 것이 일반적입니다. 그런데 반드시 이 순서가 적절한 것은 아닙니다.

다중비교에는 F분포를 이용한 검정 방법인 분산분석과 마찬가지 원리(같은 검정통계량)인 것과 그렇지 않은 것이 있습니다. 전자라면 분산분석에서의 '통계적으로 유의미하다/유의미하지 않다'라는 결과가 다중비교 결과와도 일치합니다. 그러나 후자는 분산분석에서 유의미하지 않았지만 다중비교에서는 유의미한 쌍이 있는 등, 결과가 다를 때가 있습니다. 이는 검정의 원리가 달라서 생긴 차이입니다.

이러한 경우 분산분석을 실행하지 않고, 다중비교만 실행하는 순서를 따라도 문제없습니다. 섣불리 분산분석→다중비교를 실행해 버리면, 앞서 본 검정의 다중성 문제가 불거지게 됩니다.

소개한 본페르니 검정, 튜키 검정, 던넷 검정, 윌리엄스 검정은 분산분석과는 다른 원리이므로 분산분석 없이 단독으로 수행해도 문제없습니다.

● 3집단 이상의 비모수검정

분산분석은 모수검정으로 분류되는 방법입니다. 따라서 t검정과 마찬가지로 각 집단의 데이터에는 정규성이 있어야 합니다. 정규성이 없는 집단이 1개 이상이라면 분산분석 대신 비모수검정 방법인 크러스컬-월리스 검정(Kruskal-Wallis test)을 사용하는 것을 권합니다.

비모수 다중비교 방법도 고안되어 있는데, 튜키 검정에 상응하는 것이 스틸-드와스 검정(Steel-Dwass test), 던넷 검정에 상응하는 것이 스틸 검정(Steel test)입니다.

6.3 비율 비교

 범주형 데이터

데이터가 동전의 앞면과 뒷면, 주사위의 눈, 좋아하는 음식 등과 같은 범주로 나타나는 경우, 이를 범주형 데이터라 합니다. 평균값 등의 통계량을 계산할 수 있는 양적 데이터와는 달리, 여기서는 각 범주에 포함된 개수만이 계산 가능한 값입니다. 예를 들어 동전 던지기를 5번 시행하여 {앞, 뒤, 앞, 앞, 뒤}라는 데이터를 얻었다면, 앞면 3번, 뒷면 2번으로 정리할 수 있습니다.

이러한 범주형 데이터의 모집단이라면, 그 파라미터는 앞면이 나올 확률 P(와 뒷면이 나올 확률 $1-P$)입니다. 지금까지 양적 변수에서는 모집단의 평균값을 추정하거나 모집단을 대상으로 가설을 세워 가설검정을 시행했습니다. 범주형 변수에서도 마찬가지로 모집단의 파라미터인 앞면이 나올 확률 P를 추정하거나, 혹은 확률 P에 관련된 가설을 세워 검정할 수 있습니다.

 이항검정

그럼 동전 던지기를 예로 들어 보겠습니다. 문제 설정으로, 앞뒤가 똑같은 확률로 나오는 정상 동전인지 아닌지를 알고 싶다고 합시다. 이에 동전 던지기를 30번 시행하여, 앞면 21번, 뒷면 9번인 데이터를 얻었습니다.

앞면 21번과 뒷면 9번으로 확실히 앞면이 많이 나왔기 때문에, 얼핏 한쪽으로 치우친 동전으로 보이기도 합니다. 단, 치우치지 않은 동전이라 하더라도 (예를 들어) 2번 던진다고 하면, {앞, 앞}이나 {뒤, 뒤}도 각각 1/4의 확률로 일어날 수 있습니다. 그렇다면 앞면 21번, 뒷면 9번이라는 결과도 어쩌다 우연히 일어난 일일지도 모릅니다.

이를 확실히 하기 위해, 하나의 범주가 확률 P, 또 하나의 범주가 확률 $1-P$로 나타나는지를 조사하는 **이항검정(binomial test)**이라는 방법을 사용합니다. 가설검정의 기본 개념은 지금까지와 마찬가지입니다. 특히 '데이터 vs. 모집단' 가설이나 일표본 t검정과 많이 닮았습니다. 여기서는 치우치지 않은 동전인가를 알고 싶으므로, $P=1/2$로 귀무가설과 대립가설을 세웁니다.

- **귀무가설** "앞면이 1/2, 뒷면이 1/2 확률로 나온다(치우치지 않음)."
- **대립가설** "앞면이 1/2, 뒷면이 1/2 확률로 나오지 않는다(어딘가 치우침이 있음)."

그리고 귀무가설이 옳다고 가정하고 앞면 21번, 뒷면 9번 이상으로 극단적인 값이 나올 확률인 p값을 계산합니다(**그림 6.3.1**). 확률 P로 앞면이, $1-P$로 뒷면이 나온다면 N번 동전을 던졌을 때 m번 앞면이 나올 확률은 이항분포 ${}_N C_m P^m (1-P)^{N-m}$을 따릅니다. 이를 이용하면 앞면 21번, 뒷면 9번이 나올 확률은 ${}_{30} C_{21} \times 0.5^{21} \times 0.5^9$으로 계산할 수 있습니다.

마찬가지로 앞면 22번, 뒷면 8번부터 시작해 앞면 30번, 뒷면 0번까지 각 패턴이 나올 확률을 계산하고, 또 반대로 앞면 9번, 뒷면 21번에서 앞면 8번, 뒷면 22번… 을 거쳐 앞면 0번, 뒷면 30번까지 각 패턴이 나올 확률을 계산하여, 이를 모두 더한 값이 p값입니다.

여기서는 $p=0.043$이므로 유의수준 $\alpha=0.05$에서 통계적으로 유의미하게 한

◆ 그림 6.3.1 **이항검정의 예**

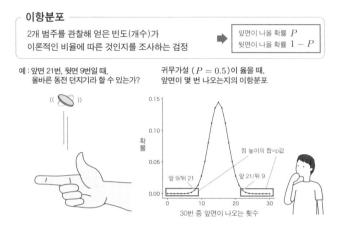

이항분포

2개 범주를 관찰해 얻은 빈도(개수)가
이론적인 비율에 따른 것인지를 조사하는 검정

앞면이 나올 확률 P
뒷면이 나올 확률 $1 - P$

예 : 앞면 21번, 뒷면 9번일 때,
올바른 동전 던지기라 할 수 있는가?

귀무가설 ($P = 0.5$)이 옳을 때,
앞면이 몇 번 나오는지의 이항분포

점 높이의 합=p값

앞 9/뒤 21   앞 21/뒤 9

확률

30번 중 앞면이 나오는 횟수

쪽으로 치우쳤다고 판단할 수 있습니다. 즉, 가설검정의 관점에서는 편향된 동
전이라고 말할 수 있는 것입니다.

 ## 카이제곱검정: 적합도검정

이항검정은 범주가 2개일 때만 이용할 수 있습니다. 그러나 6개의 눈이 있
는 주사위나 더 일반적인 이산확률분포에 이항검정의 방식을 적용하고 싶을
때도 있습니다. 이럴 때 **카이제곱검정**(χ^2검정[*], chi-squared test)의 일종인 **적합
도검정**(goodness of fit test)을 이용함으로써, 특정 이산확률분포에서 얻은 데
이터인지를 조사할 수 있습니다. 예를 들어 정상 주사위라면 1/6의 확률로 각
눈이 나오는 이산균등분포를 보입니다.

일반적으로 카이제곱검정의 적합도검정은 다음과 같이 해석합니다.

- **귀무가설** "모집단은 상정한 이산확률분포이다."
- **대립가설** "모집단은 상정한 이산확률분포가 아니다."

―――――――――――

[*] χ는 '카이'라 읽습니다.

어떤 주사위를 60번 던져, 1부터 6까지의 눈이 각각 5, 8, 10, 20, 7, 10번씩 나왔다고 합시다(**그림 6.3.2**). 이 데이터가 각 눈이 나올 확률이 모두 1/6인 정상 주사위에서 얻은 것인지를 해석해 보겠습니다.

카이제곱검정의 적합도검정에서는 먼저 귀무가설의 확률분포에서 얻을 수 있는 기대도수를 계산합니다. 기대도수란 전체 개수에 각 확률을 곱한 값입니다. 즉, 가장 나타나기 쉬운 실현값인 셈입니다. 예를 들어 전체 60번에서 1/6 확률이라면, 기대도수는 각각 10이 됩니다.

다음으로, **그림 6.3.2**에서 보듯이 각 눈의 (실제 출현도수−기대도수)^2/(기대도수)를 계산하고, 이를 더한 값을 구합니다. 이 검정통계량을 χ^2값(카이제곱값)이라 부르는데, 귀무가설이 옳다면 이는 χ^2분포(카이제곱분포)라는 확률분포를 따릅니다. 이 분포 안에서 실제로 얻은 χ^2값의 위치를 구하여 p값을 도출합니다.

예시 데이터에서는 $p=0.017$이 되어 대립가설을 채택하므로, 통계적으로 유의미하게 이 주사위는 올바른 주사위가 아니라고 판단할 수 있습니다.

여기서는 각 눈이 똑같이 1/6씩 나온다는 균등한 확률분포를 가설로 세웠습니다만, 임의의 확률분포도 사용할 수 있습니다. 예를 들어 한국인의 혈액형

◆ 그림 6.3.2 **적합도검정**

적합도검정
얻은 출현도수(개수)가 이론적인 비율(이산확률분포)에 따라 얻어진 것인지를 조사하는 검정

예 : 올바른 주사위인가?

	1	2	3	4	5	6	합계
출현도수	5	8	10	20	7	10	60
이론적 비율 (확률)	1/6	1/6	1/6	1/6	1/6	1/6	1
기대도수	10	10	10	10	10	10	60

$$\chi^2 = \sum \frac{(출현도수 - 기대도수)^2}{(기대도수)}$$

$$= (5\text{-}10)^2/10 + \cdots + (10\text{-}10)^2/10$$

$$= 13.8$$

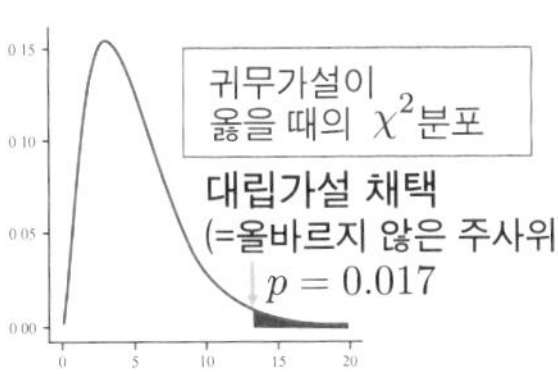

귀무가설이 옳을 때의 χ^2분포

대립가설 채택
(=올바르지 않은 주사위)
$p = 0.017$

비율이 A:B:O:AB=34:27:28:11이라고 할 때, 이웃나라인 일본 역시 이 비율을 따르는지를 조사하려면 각 혈액형 확률을 0.34, 0.27, 0.28, 0.11로 한 확률분포를 이용하면 됩니다.

카이제곱검정: 독립성검정

이항검정이나 카이제곱검정의 적합도검정은 '데이터 vs. 모집단'의 확률분포를 비교한 것입니다. 그런데 **그림 6.1.2**에서 본 것처럼, 범주형 변수에서도 2개 변수의 관계를 조사해야 할 때가 있습니다.

여기서는 생물의 서식지 데이터를 예로 들겠습니다. 상수리나무와 굴밤나무를 관찰하여 사슴벌레의 개체 수를 암수별로 관찰한다고 합시다(**그림 6.3.3**). 여기서 문제는 나무 종류에 따라 암수의 비율이 달라지는지 여부입니다.

2개의 범주형 변수 데이터는 분할표로 정리할 수 있습니다(**그림 6.3.3** 가운데). 분할표 가로 방향과 세로 방향의 2개 변수에 주목하자면, 한쪽 변수의 범주가 바뀌었을 때 다른 쪽 변수의 범주 비율이 달라지지 않을 때, 2개 변수는 독립적이라고 말할 수 있습니다.

이를 조사하려면 독립성검정(test of independence)을 이용합니다. 여기서도 χ^2값이 등장하여 χ^2분포를 이용하므로, 카이제곱검정의 독립성검정(test of independence)이라 부릅니다. 이 검정에서는 다음과 같이 해석합니다.

- **귀무가설 "2개의 변수는 독립이다."**
- **대립가설 "2개의 변수는 독립이 아니다."**

구체적인 계산은 (실제 출현도수−기대도수)^2/(기대도수) 식을 이용하므로, 적합도검정과 많이 닮았습니다. 기대도수는 분할표의 각 행과 열의 합을 계산한 뒤, 열의 합 비율을 기준으로 다시 배분하여 얻을 수 있습니다(**그림 6.3.3**).

행의 합은 굴밤나무 23, 상수리나무 23이므로, 수컷의 전체 개체 수 20을 23:23, 즉 1:1로 배분한 값인 10:10이 기대도수가 됩니다. 마찬가지로 암컷의 전체 개체 수 26을 1:1로 배분한 값인 13:13이 기대도수입니다.

◆ 그림 6.3.3 **카이제곱검정의 독립성검정**

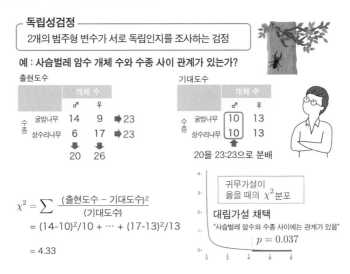

기대도수를 얻었다면 계산식에 따라 χ^2값을 계산합니다. 이 예에서 χ^2값은 4.33인데, 분포 안의 위치를 구하면 p값=0.037이 되므로 대립가설이 채택됩니다. 즉, 사슴벌레 암수의 비율이 나무 종류(수종)에 따라 다르다는 결론을 내릴 수 있습니다.

그 밖의 독립성검정으로는 피셔의 정확검정이 있습니다. 이는 이항검정에서 본 것처럼 초기하분포[*]를 이용하여 모든 경우의 확률을 계산하는 방법입니다.

---

[*] 유한모집단에서 비복원추출을 시행할 때 나타나는 확률분포. 예를 들어 N장의 카드 더미에서 뽑은 카드를 다시 넣지 않고 n장 뽑았을 때, 원하는 카드 k가 있을 확률의 분포입니다.

• • •

7장에서는 양적 변수 사이의 관계를 밝히는 상관과 회귀를 알아봅니다. 상관은 상관계수라는 값을 이용하여 두 변수 간 관계의 강도를 평가합니다. 회귀는 한쪽 변수가 다른 한쪽 변수에 대해 어떠한 관계인지를 밝힘으로써 두 변수의 관계성을 모형화합니다. 이는 다음 8장에서 등장하는 '일반화선형모형'이라는 일반 원리의 기초이기도 하니, 확실하게 이해하도록 합시다.

7장

상관과 회귀

두 양적 변수의 관계를 분석하다

7.1 양적 변수 사이의 관계를 밝히다

2개의 양적 변수로 이루어진 데이터

6장에서는 2개 집단의 평균값 비교 같은, 집단(범주로 나뉜 그룹)과 양적 변수 간 관계 그리고 분할표로 나타낸 범주형 변수 간 관계를 가설검정 방법을 중심으로 알아보았습니다. 이 장에서는 양적 변수 사이의 관계를 분석하는 또 다른 방법인 상관과 회귀를 설명합니다. 회귀는 범주형 변수를 포함하는 폭넓은 틀로 파악할 수 있으며, 8장의 주제인 일반화선형모형으로도 이어집니다.

그러면 2개의 양적 변수로 이루어진 데이터를 생각해 봅시다. 예를 들어 어느 중학교에서 수학과 과학 두 과목의 시험을 실시했다고 하고, 각각의 점수 데이터를 상상해 보겠습니다. **그림 7.1.1**에서 보듯이 데이터의 각 행은 학생A, B, C…에 대응하며, 그 옆에는 수학 점수와 과학 점수가 있습니다. 중요한 것은 각 대상(여기서는 학생)으로부터 수학과 과학 양쪽의 데이터를 얻어 쌍을 만들었다는 점입니다. 학생A는 수학 시험만 치르고 학생B는 과학 시험만 치른 데이터는 적절하지 않습니다.[*]

산점도

---

[*] 그렇지만 실제 데이터 분석에서는 일부 누락된 부분이 있는 데이터라도 처리해야 할 때가 있습니다.

2개의 양적 변수로 이루어진 데이터를 얻었다면, **그림 7.1.1** 오른쪽처럼 1개 변수를 x축 값으로, 다른 1개 변수를 y축 값으로 하여 각 값을 2차원 평면 위 점으로 나타낼 수 있습니다. 각 점은 각 학생에 해당합니다. 예를 들어 학생A 는 수학 85점, 과학 80점을 받았으므로, 학생A라 지칭한 (85, 80) 위치에 점이 찍혀 있는 것입니다. 이렇게 그린 그래프를 산점도(scatter plot)라 합니다.

◆ 그림 7.1.1 **2가지 양적 변수와 산점도**

예 : 수학과 과학 시험 점수

학생	수학	과학
A	85	80
B	56	58
C	73	65
D	52	49
E	70	65
⋮	⋮	⋮

양적 변수

상관

산점도를 이용하여 두 양적 변수의 관계를 시각화하면 어떤 관계가 있는지 대략적으로 파악할 수 있습니다. 예를 들어 앞의 **그림 7.1.1** 예에서는, 수학 점수 가 높은 학생은 과학 점수도 높은 경향이 있다는 것을 확인할 수 있습니다.

좀더 일반적으로 생각해 봅시다. **그림 7.1.2** 왼쪽에서는 한쪽이 큰 값이면 다른 한쪽도 큰 값인 증가 관계가 나타납니다. 반대로 오른쪽은 한쪽이 커지면 다른 한쪽은 작아지는 감소 관계입니다. 한편 가운데를 보면 한쪽이 크거나 작더라도 다른 한쪽 값에는 경향이 보이지 않아, 둘 사이에 이렇다 할 관계는 없는 듯합니다.

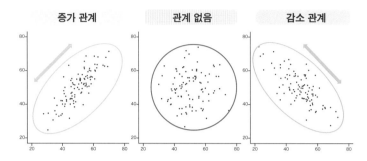

2개 변수의 양적 데이터를 산점도로 그린 3가지 예. 왼쪽은 x축 값이 커질수록 y축 값도 커지는 경향(증가 관계)이, 오른쪽은 x축 값이 커질수록 y축 값은 작아지는 경향(감소 관계)이 있습니다. 가운데는 x축 값과 y축 값 사이에 아무런 관계도 없습니다.

그림으로 살펴본 2개 변수 사이의 관계성을 **상관(correlation)**이라 합니다. 이는 양적 변수에 한정되지 않는 개념으로, 2개의 확률변수 또는 데이터 사이의 관계성을 의미합니다. 상관계수는 x축과 y축을 맞바꾸어도 달라지지 않기에, 데이터 중 어느 것을 x축 또는 y축으로 해도 상관없습니다. 주의할 점은 상관이 있다고 해서 원인과 결과를 뜻하는 인과관계가 있는지까지는 알 수 없다는 것입니다. (인과관계와 상관관계는 10장에서 자세히 살펴봅니다.)

이 장에서는 다음 7.2절에서 설명할 상관계수라는 값을 이용하여, 양적 변수 간 관계의 강도를 정량화하는 방법을 소개합니다. 관계의 강도를 수치화한 것은 데이터 분석에서 무척 유용하며, 자주 사용됩니다.

 ## 회귀

2개 양적 변수의 관계를 분석하는 또 하나의 중요한 방법으로 **회귀 또는 회귀분석(regression, regression analysis)**이 있습니다. 회귀란 $y=f(x)$라는 함수를 통해 변수 사이의 관계를 공식화하는 것을 가리킵니다(**그림 7.1.3**).

예를 들어 x를 광고 비용, y를 상품 판매 개수라고 했을 때, [상품 판매 개수]=0.001×[광고 비용]이라는 관계식을 얻었다고 합시다. 그러면 광고 비용이 1,000원 오를 때 상품 판매 개수는 1이 늘어나는 것으로 이해할 수 있습니다. 또한 광고 비용을 500만 원으로 책정하는 경우, 상품 판매 개수는 5,000개로 늘어나리라 예측할 수 있습니다.

회귀에서는 $y=f(x)$에 대해, x를 설명변수(explanatory variable) 또는 독립변수, y를 반응변수(response variable) 또는 종속변수라 합니다(이 책에서는 설명변수와 반응변수로 통일합니다). 상관과 다르게, 회귀에는 'x에서 y'라는 방향성이 있습니다. 통상 회귀에서 확률변수인 것은 $y=f(x)+\varepsilon$(ε는 확률오차)에서 y쪽이기 때문입니다. 달리 말해 $f(x)$는 확률분포의 파라미터, 특히 평균을 결정하는 역할을 하는 고정 부분이라고 생각하면 됩니다.

회귀분석에서는 얻은 데이터에 잘 들어맞는 $f(x)$를 추정하고, 2개 변수 간 관계를 구합니다. 7.3절에서는 회귀 중 가장 단순한 선형회귀 $y=a+bx+\varepsilon$을 예로 들어, 자세한 과정을 살펴보도록 하겠습니다.

◆ 그림 7.13 **그림으로 나타낸 회귀**

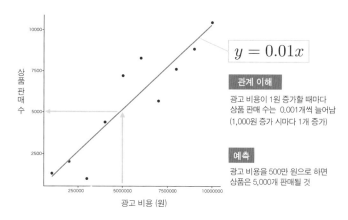

광고 비용(x)과 팔린 상품 개수(y) 데이터에 선형회귀를 시행한 예. $y=0.001x$의 관계를 얻었다면 광고 비용이 1원 오르면 판매 개수도 0.001개 늘어난다고 할 수 있으므로, 광고 비용이 500만 원이라면 (평균적으로) 5,000개 팔릴 것이라고 예측할 수 있습니다.

7.2 상관관계

 피어슨 상관계수

양적 변수가 2개 있을 때 관계성이 어느 정도로 강한지를 수치로 나타낼 수 있다면, 대상을 이해하는 데 도움이 됩니다. 예를 들어 수학 점수와 과학 점수가 강하게 연관되어 있음을 안다면, 과학 점수를 올리기 위해서는 기초적인 수학 능력을 기르는 것이 중요하리라는 '하나의 가능성'을 떠올릴 수 있습니다. 단, 앞서 설명했듯이 상관에 항상 방금 말한 것과 같은 인과가 있다고는 주장할 수 없으므로, 어디까지나 하나의 가능성에 지나지 않는다는 점에 주의하세요. (자세한 내용은 10장에서 살펴봅니다.)

그럼 여기서 2개의 양적 변수 간 관계의 강도를 정량화하는 방법을 알아봅시다. 가장 자주 사용하는 것은 피어슨 상관계수 r(Pearson's correlation coefficient r)이라 부르는 값으로, 2개 양적 변수 사이의 선형관계가 얼마나 직선 관계에 가까운가를 평가합니다. 보통 '상관계수'라 하면 피어슨 상관계수를 말할 때가 흔합니다.

먼저 정의부터 살펴봅니다. 표본크기 n인 2개의 양적 변수 데이터를 각각 $x_1, x_2, \ldots, x_n$과 $y_1, y_2, \ldots, y_n$이라 할 때, 피어슨 상관계수 r은 다음과 같이 정의됩니다. 이때 r의 범위는 $-1 \leq r \leq 1$입니다.

$$r = \frac{\dfrac{1}{n}\sum_{i=1}^{n}(x_i - \overline{x})(y_i - \overline{y})}{\sqrt{\dfrac{1}{n}\sum_{j=1}^{n}(x_j - \overline{x})^2}\sqrt{\dfrac{1}{n}\sum_{k=1}^{n}(y_k - \overline{y})^2}}$$ (식 7.1)

식 7.1을 간단히 설명하면, 분자는 공분산(covariance)이라 부르는 값입니다. $(x_i - \overline{x})(y_i - \overline{y})$에서 x_i와 y_i가 함께 연동하여 평균 $\overline{x}$, $\overline{y}$보다 큰 값 또는 작은 값을 취하면, $(x_i - \overline{x})(y_i - \overline{y})$는 양수가 됩니다. 한편 한쪽은 평균보다 크고, 다른 한쪽은 평균보다 작다면 $(x_i - \overline{x})(y_i - \overline{y})$는 음수가 됩니다. 이를 모두 더하면 x와 y가 어떻게 연동되어 있는지를 정량화할 수 있습니다. 분모는 x_i와 y_i 각각의 표준편차로, r을 −1에서 +1 범위에 머무르게 만듭니다.

◆ 그림 7.2.1 **피어슨 상관계수 r**

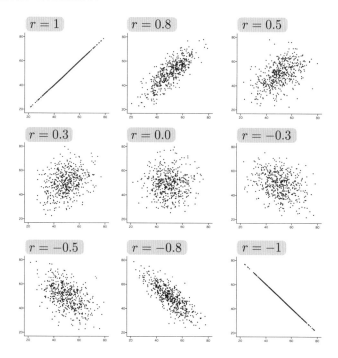

x와 y의 관계 강도를 다양하게 바꾸어 피어슨 상관계수 r을 계산한 예. 직선 관계에 가까울수록 r의 절댓값은 1에 가까워지고, x와 y 사이에 아무런 관계가 없을 때는 0이 됩니다.

그림 7.2.1은 대표적인 산점도 예와 그에 해당하는 피어슨 상관계수 r 값입니다. 먼저 상관계수 r의 부호에 주목하세요. 부호가 양일 때는 x가 커질수록 y도 함께 커지고, x가 작아질수록 y도 함께 작아지는 관계성이 있습니다. 이를 양의 상관(positive correlation)이라 합니다. 반대로 부호가 음일 때는 x가 커질수록 y는 작아지고, x가 작아질수록 y는 커지는 관계성이 있습니다. 이를 음의 상관(negative correlation)이라 합니다.

다음으로, r의 절댓값 $|r|$을 살펴봅시다. $|r|$이 1에 가까울수록 x와 y 사이 관계는 직선에 가까워지고, $|r|=1$이 되면 완전한 직선 관계가 됩니다. 반대로 $|r|$이 0에 가까워지면 x와 y 사이 관계가 점점 불분명해지며, $r=0$에 이르면 상관이 없어져 무상관이 됩니다.

$|r|$값에 따라 상관의 강도를 다음과 같이 해석하곤 합니다.

- $0.7 < |r| \leqq 1$: **강한 상관**
- $0.4 < |r| \leqq 0.7$: **중간 정도 상관**
- $0.2 < |r| \leqq 0.4$: **약한 상관**
- $0.0 < |r| \leqq 0.2$: **거의 상관없음**

그러나 정확한 해석은 분야에 따라 달라지기 때문에, 여기서 예로 든 해석은 대략적인 기준 정도로만 이해하기 바랍니다.

● 상관계수 r은 선형관계를 나타낸다

상관계수는 2개 양적 변수 사이의 관계성 강도를 정량화하는 데 무척 편리한 방법이나, 몇 가지 주의할 점이 있습니다.

첫 번째로 주의할 점은 피어슨 상관계수 r은 2개 양적 변수의 '선형' 관계성 강도를 정량화한 것이라는 점입니다. 선형관계란 **그림 7.2.1**에서 보듯이 직선적

◆ 그림 7.2.2 **비선형관계와 상관계수** r

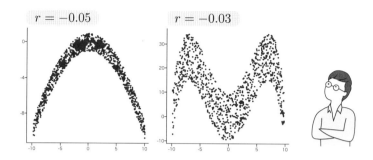

$$r = -0.05 \qquad r = -0.03$$

> 2개 양적 변수 사이에 명확한 관계가 있음에도 상관계수 r이 거의 0이므로, 올바르게 나타내지 못한다는 것을 알 수 있습니다.

인 관계를 일컫습니다. 그럼 반대로 선형이 아닌 관계(비선형관계)는 어떨까요?

그림 7.2.2 왼쪽을 보면 2차 함수와 같은 관계가, 오른쪽은 4차 함수와 같은 관계가 있는 듯합니다. 그러나 피어슨 상관계수 r을 계산해 보면 왼쪽 $r=-0.05$, 오른쪽 $r=-0.03$으로, 거의 무상관이 됩니다. 즉, 여기 나타난 비선형 관계는 피어슨 상관계수 r로는 적절하게 정량화할 수 없다는 것을 알 수 있습니다.

◆ 그림 7.2.3 **기울기와 상관계수**

r은 기울기에 영향 받지 않음

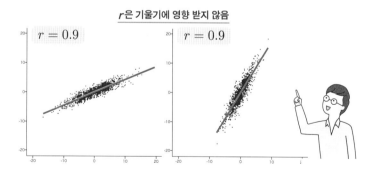

$$r = 0.9 \qquad r = 0.9$$

> 기울기는 다르나 직선에서의 데이터 퍼짐 정도가 같기 때문에, 상관계수는 같은 값이 됩니다. 즉, 상관계수 r은 기울기 부호에 의존하는 반면, 기울기 크기에는 영향을 받지 않습니다.

피어슨 상관계수 r의 두 번째 주의점은 선형 관계성의 '강도'를 정량화하기에, 직선의 기울기 크기는 관계가 없다는 것입니다(**그림 7.2.3**). 즉, 기울기가 크든 작든 r에는 영향을 미치지 않습니다. 이는 7.3절에서 설명할 회귀와는 다른 점입니다.

● 상관계수가 같은 다양한 데이터

같은 r값을 가지고 있더라도, 비선형을 포함해 다양한 패턴이 있을 수 있습니다.

◆ 그림 7.2.4 **상관계수가 같은 데이터**

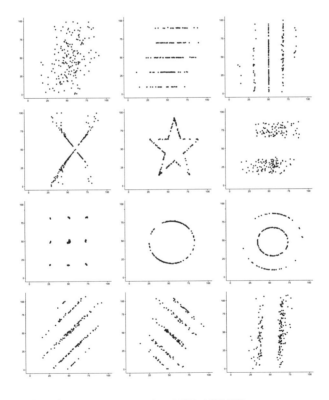

마테이카 & 피츠모리스(Matejka and Fitzmaurice), 2017의 Fig.1에서 인용.
다양한 형태의 산점도를 볼 수 있는데, 모두 피어슨 상관계수 r이 0.32인 예입니다.

그림 7.2.4에는 다양한 산점도 패턴이 있습니다만, 어느 것이든 피어슨 상관계수는 똑같이 $r=0.32$입니다. 이 사실로부터 데이터로 상관계수를 계산하기만 하고서, 데이터가 **그림 7.2.1**에서 본 전형적인 우상향 산점도가 되리라 짐작하는 것은 위험하다는 것을 알 수 있습니다. 그러므로 상관계수를 계산하기 전에 산점도를 그려, 데이터가 어떻게 분포하고 있는지를 미리 확인해야 합니다.

● 정규성 검사

지금까지 소개한 피어슨 상관계수 r은 평균이나 분산에 기반한 모수적인 방법이므로, x의 분포, y의 분포가 모두 정규분포라고 가정합니다(**그림 7.2.5** 왼쪽). 따라서 데이터가 좌우로 찌그러지거나, 쌍봉형이거나, 데이터에 이상값이 있을 때에는 적절하지 않습니다. 예를 들어 무상관 데이터에 이상값을 하나만 추가해도 피어슨 상관계수 r은 크게 달라져 버립니다(**그림 7.2.5** 오른쪽).

◆ 그림 7.2.5 **이상값이 피어슨 상관계수 r에 미치는 영향**

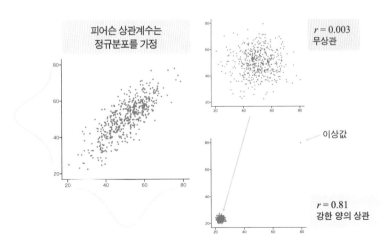

무상관 데이터($r≒0$)에 이상값 $x=500$, $y=500$인 점을 하나 추가하는 것만으로, $r=0.81$이라는 큰 상관계수가 나왔습니다.

실전에서는 상관계수를 계산하기 전에 x축 데이터와 y축 데이터 각각에 대해 정규성을 샤피로−월크 검정 등으로 확인한 다음, 한쪽에 조금이라도 정규성이 없다면 다음에 소개하는 비모수 상관계수를 이용하는 것이 좋습니다.

 ## 비모수 상관계수

데이터의 x축, y축 중 적어도 하나 이상에 정규성이 없을 때는, 비모수 상관계수인 **스피어만 순위상관계수 ρ** (Spearman's rank correlation coefficient ρ) 사용이 권장됩니다. ρ는 피어슨 상관계수 r과 마찬가지로, −1부터 +1까지의 실숫값입니다.

정의상 스피어만 순위상관계수 ρ는 양적 데이터의 값 자체가 아니라, 그 데이터 값을 x축, y축 각각에서 크기 순으로 나열했을 때의 1위, 2위… 등의 순위로 변환한 다음, 식 7.1을 이용하여 계산합니다. 이렇게 하면 이상값이 있을 때도 사용할 수 있습니다.

예를 들어 **그림 7.2.5**와 동일한 데이터에 이 방식을 적용하면, 이상값을 포함하지 않을 때 $\rho=0.006$, 이상값을 포함할 때 $\rho=0.012$로 나타나, 결과에 거의 영향을 주지 않는다는 것을 알 수 있습니다.

스피어만 순위상관계수 ρ와 유사한 값으로 **켄달 순위상관계수 τ** (Kendall rank correlation coefficient τ)가 있습니다. 스피어만 순위상관계수 ρ와 사용 대상은 거의 비슷하나, 표본크기 n이 매우 작을 때(10 미만)는 켄달 순위상관계수 τ 쪽이 나중에 설명할 유의성검정의 관점에서 더 좋다고 합니다.

● **상관관계 사용 시 주의할 점**

상관관계를 계산할 때 2개 변수가 처음부터 종속 관계일 때는 주의가 필요합니다. 예를 들어 수학과 과학 점수라는 2개 변수 X, Y가 있을 때, 수학과 과학 점수 합계 $X+Y$라는 새로운 변수를 만들어 x축에 수학 점수 X, y축에 합계 점수 $X+Y$를 둔 경우, y축에 x축의 값이 포함됩니다. 그러므로 설령 수학과 과학 점수가 무상관이라고 해도, 상관이 나타나게 돼 버립니다.

이 예에서는 잘못된 부분을 금방 알아차릴 수 있지만, 다른 예인 나눗셈일 때는 눈치채기가 어려우므로 주의해야 합니다(**그림 7.2.6**). 예를 들어 변수 X와 Y에 대해 x축에 X를, y축에 Y/X를 두고 상관을 계산하면, 본래 X와 Y가 무상관이라도 반비례 형태가 되어 음의 상관관계가 나오는 것이 당연해지고 맙니다.

이 현상은 피어슨 상관계수 r이든, 스피어만 순위상관계수 ρ이든 마찬가지입니다. Y/X 중에는 인구밀도나 인구당 감염자 수 등, 자주 사용하는 값들도 속해 있으니 주의하기 바랍니다. x축과 y축의 값이 개별 변수일 것 그리고 나눗셈 등으로 변환하지 않았을 것을 사전에 확인하도록 합시다.

◆ 그림 7.2.6 X와 Y의 상관

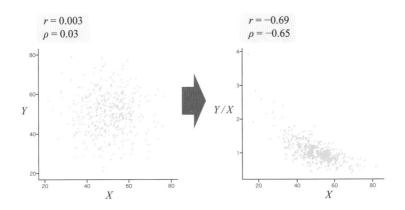

X와 Y가 무상관이라도(왼쪽), X와 변환한 새로운 변수 Y/X 사이에는 음의 상관이 생깁니다.

상관계수와 가설

● **상관계수의 가설검정**

4장~6장에서 설명했던 추론통계의 원리를 다시 떠올려 보세요. 표본평균 $\bar{x}$의 배경에 평균 μ인 모집단을 상정하는 것과 마찬가지로, 표본으로 계산한 상관계수 r의 배경으로는 상관계수 r_p를 갖는 2개 확률변수로 이루어진 모집단분포를 생각할 수 있습니다(**그림 7.2.7**). 그리고 상관계수 r은 모집단분포에서 무작위추출로 얻은 표본에서 계산한 값으로, r_p의 추정값이 됩니다.

◆ 그림 7.2.7 **2개 확률변수의 모집단분포**

모집단의 확률분포

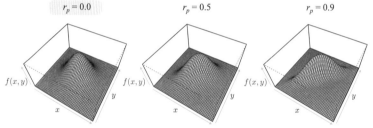

x, y가 각각의 확률변수를, 높이가 확률밀도 $f(x, y)$를 나타냅니다. r_p가 커질수록, 그에 따라 $x=y$ 대각선에 가까운 값이 일어나기 쉬워집니다. 이처럼 변수가 2개인 정규분포를, 이변량 정규분포라 합니다.

5장과 6장에서 설명한 평균의 가설검정과 마찬가지로, 모집단의 상관관계가 r_p=0으로 무상관이라 해도, 표본을 추출해 상관계수 r을 계산하면 정확히 0이 되지 않고, 0을 중심으로 퍼진 분포로 나타납니다. 이것을 직관적으로 이해하기 위해, r_p=0으로 무상관인 모집단에서 표본크기 n=20인 표본을 추출하고 상관계수 r을 계산하는 작업을 여러 번 반복한 다음, 그 결과를 히스토그램으로 나타낸 예가 **그림 7.2.8**입니다.

그림을 보면 표본의 상관계수 r은 모집단의 상관인 0을 중심으로 분포하며, 대부분은 절댓값이 작지만 드물게 $r=0.47$이나 $r=-0.44$와 같은, 0에서 멀리 떨어진 값이 나타나기도 합니다. 그러므로 $n=20$으로 얻은 표본의 상관계수가 0.3 정도인 경우는 $r_p=0$ 무상관인 모집단에서 얻은 표본에서도 발생 가능하다고 말할 수 있습니다.

이상의 개념을 바탕으로 상관계수의 유의성검정을 시행해 봅시다. 귀무가설은 $r_p=0$이고 대립가설은 $r_p \neq 0$입니다. 이때 t분포를 이용하여 p값을 계산하는데, 이는 **그림 7.2.8**에서 본 것처럼 귀무가설이 옳을 때 상관계수 r이 나타내

◆ 그림 7.2.8 **무상관인 모집단에서 얻은 표본의 상관계수**

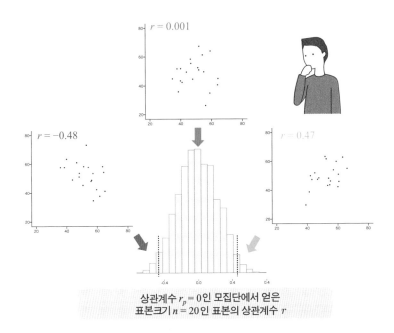

상관계수 $r_p=0$인 모집단에서 얻은
표본크기 $n=20$인 표본의 상관계수 r

상관계수 $r_p=0$인 모집단으로부터 추출한 표본크기 $n=20$인 표본에서, 상관계수 r을 대량으로 생성해 히스토그램으로 그린 예입니다. $r=0$을 중심으로 분포하며, 절댓값이 큰 값의 출현은 드물다는 것을 알 수 있습니다.

는 분포 중, 표본에서 얻은 r이 어디 위치하는지 구하는 것과 같습니다.

가령 표본의 상관계수로 $r=0.5$를 얻었다 하더라도, 모집단의 상관계수 $r_p=0$ 에서도 0.5 정도의 상관계수가 나타나는 것이라면, 귀무가설은 기각할 수 없습니다. 가설검정을 시행한 결과 $p<0.05$임을 알고 나서야 비로소 양의 상관이 있다고 주장 가능합니다. 또 거꾸로 $r=0.5$라 해도 $p>0.05$라면, 통계적으로 유의미한 상관이 있다고는 말할 수 없습니다.

그러나 모집단의 모든 데이터를 얻을 수만 있다면, 계산한 상관계수 값을 그대로 해석하더라도 기술통계의 원리에 부합하므로 아무 문제가 없습니다.

● 표본크기와 가설검정

표본크기 n이 무척 클 때는 가설검정의 결과 해석에 주의해야 합니다. 가설검정에서는 표본크기 n이 클수록 모집단이 귀무가설에서 아주 조금만 어긋나더라도 p값이 작아져 $p<0.05$가 되므로, 통계적으로 유의미하다고 판단됩니다. 예를 들어 표본크기 $n=10,000$이라면, $r=0.03$이라도 $p=0.002$가 되어 0.05보다 작아지는 것입니다(**그림 7.2.9**).

◆ 그림7.2.9 **표본크기가 클 때의 상관계수와 p값**

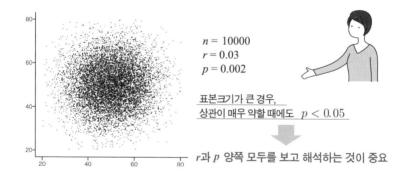

$n = 10000$
$r = 0.03$
$p = 0.002$

표본크기가 큰 경우,
상관이 매우 약할 때에도 $p < 0.05$

r과 p 양쪽 모두를 보고 해석하는 것이 중요

통계적으로 유의미하게 $r=0$이 아니라고 주장할 수 있으나, 상관계수 자체는 무척 작은 값이므로 2개 변수 사이의 관계성은 아주 약하다는 것을 알 수 있습니다. 그러므로 $p<0.05$라고 해서 곧바로 상관이 있다고 판단하는 것이 아니라, r값 자체에 눈을 돌려 그 크기를 해석할 필요가 있습니다.

또한 가설검정과 마찬가지로 모집단의 상관계수 r_p의 95% 신뢰구간도 계산 가능합니다. 표본크기 n이 클수록, 더 좁은 폭의 95% 신뢰구간을 얻을 수 있기 때문에 확실한 추정이 가능해집니다.

비선형상관

지금까지, 피어슨 상관계수 r로는 양적 데이터의 선형관계를, 스피어만 순위상관계수 ρ로는 순위로 변환한 값의 선형관계를 파악할 수 있었습니다. 그러나 이 값들만으로는 **그림 7.2.2**나 **그림 7.2.4**에서 본 비선형관계를 다룰 수 없습니다. 앞선 주제이긴 합니다만, 최근 더 포괄적인 상관의 원리로서 정보량에 기반을 둔 지표가 몇 가지 제안되고 있습니다(예를 들어, https://science. sciencemag.org/content/334/6062/1518).

이는 'X가 Y에 관해, 또는 Y가 X에 관해 어느 정도의 정보를 포함하는지'의 관점에서 관계성 강도를 정량화하는 것입니다. 애당초 X와 Y에 관계성이 있다는 것은, 'X를 알면 Y도 알 수 있다(그 반대도 마찬가지)'는 것을 뜻합니다. 예를 들어 피어슨 상관계수 $r=1$일 때 X의 값을 알면 Y의 값도 완전하게 알 수 있다는 점에서, X에는 Y에 관한 정보가 있다고 할 수 있습니다. 이처럼 정보에 기반을 두고 생각하는 것이 비선형관계도 포함하는 일반적인 원리입니다.

7.3 선형회귀

회귀분석이란?

7.1절에서도 간단하게 살펴봤듯이, 회귀란 설명변수 x와 반응변수 y 사이에 $y=f(x)$라는 함수(이를 회귀식이라 합니다)를 적용시키는 것을 일컫습니다. 회귀식을 얻을 수 있다면, 설명변수와 반응변수 사이의 관계성을 알 수 있고, 더불어 새롭게 얻은 설명변수에 의거한 반응변수 예측도 가능합니다. 설명변수가 하나인 회귀를 단순회귀, 설명변수가 여러 개인 회귀를 다중회귀라 합니다. (다중회귀는 8장에서 더 알아봅니다.)

단순회귀이며 회귀식 $f(x)$가 1차 함수 $y=a+bx$인, 가장 단순한 예를 생각해 보겠습니다. 회귀식 내의 a와 b는 실수 파라미터인데, 여기서는 1차 함수이므로 a는 절편, b는 기울기입니다. a와 b에 구체적인 값을 넣으면 하나의 회귀식(회귀직선)이 정해집니다. 이처럼 회귀식 $f(x)$의 형태를 결정하는 파라미터 a, b를 **회귀계수(regression coefficient)**라 합니다.

특정 평가기준에 따라 회귀의 '좋음(적합도)'을 평가하고, 이 회귀계수의 값을 구체적으로 구하는 것이 회귀분석의 큰 흐름입니다.

회귀에서도 모집단과 실제 표본의 관계를 생각할 수 있습니다. 이때 모집단은 ε를 확률오차로 한 다음 식과 같은 확률 모형이라 가정합니다. 이 모형을 회귀모형(regression model)이라 합니다.

$$y = a + bx + \varepsilon \quad \text{(식 7.2)}$$

그리고 표본은 특정 설명변수 x에 대해 $a+bx$를 계산한 값에, 확률오차 ε를 더한 값으로 나타나는 실현값으로 생각할 수 있습니다. 즉, 설명변수 $x_i(x_1, x_2, \ldots, x_n)$에 대한 반응변수의 실현값 $y_i(y_1, y_2, \ldots, y_n)$는 $\varepsilon_i(\varepsilon_1, \varepsilon_2, \ldots, \varepsilon_n)$를 이용하여 다음과 같이 나타냅니다.

$$y_i = a + bx_i + \varepsilon_i \quad \text{(식 7.3)}$$

여기서 a나 b는 모집단의 성질을 나타내는 파라미터로, 아직 미지수입니다. 이에 표본에서 이들 파라미터를 추정하는 것이 목표가 됩니다.

여기서 등장한 '모형(모델)'이라는 말은 현상의 중요한 부분에 주목하여 이를 단순화하고, 수학적으로 다룰 수 있도록 만든 것이라는 뜻으로 이해하기 바랍니다. 그리고 회귀나 모형이라는 개념은 통계학뿐 아니라, 12장에서 살펴볼 기계학습이나 13장에 등장하는 수리 모형에도 쓰이는 폭넓은 개념입니다. 모형에 대해서는 13장에서 자세히 살펴봅니다.

회귀분석을 실행할 때 중요한 점은 다음과 같습니다.

- 어떤 회귀식을 적용할 것인가?
- 어떻게 회귀식을 데이터에 적용할 것인가?
- 얻은 회귀모형을 어떻게 평가할 것인가?

회귀분석에서 사용하는 회귀식이 '파라미터에 관한' 1차식이 될 때, 이를 선형회귀(linear regression)라 부릅니다. $y=a+bx+\varepsilon$은 가장 간단한 선형회귀입니다. $y=a+b_1x+b_2x^2+\varepsilon$는 x에 관한 2차식이지만, 파라미터에 관해서는 선형이므로 선형회귀로 분류합니다.

회귀식으로는 보통 x에 관한 1차 함수인 $y=a+bx+\varepsilon$을 사용합니다. 왜 이 식이 자주 쓰이는지는 어려운 문제입니다만, 그 이유로는 ①실제 현상에서 x와 y 사이에 선형관계 또는 선형에 가까운 관계를 자주 볼 수 있으므로, ②회귀계수 해석이 용이하므로 등을 들 수 있습니다.

물론 x의 1차식이나 선형회귀가 적절하지 않은 경우도 심심찮게 있습니다. 이 문제에 관해서는 8장에서 비선형회귀와 보다 폭넓은 원리인 일반화선형모형을 소개할 때 함께 설명하겠습니다.

● 최소제곱법

회귀모형 $y=a+bx+\varepsilon$의 a와 b는 데이터에서 어떻게 결정해야 할까요? 수많은 a, b 중 가장 적절한 a, b를 정하기 위해서는, 모형의 '좋음'을 판단하는 어떠한 기준이 있어야만 합니다. 여기서는 하나의 방향성으로서, 데이터에 가능한 한 들어맞는 회귀모형이 좋은 모형이라고 생각합시다. '가능한 한 들어맞는'을 다른 말로 하면, '데이터와 회귀식의 차이가 가능한 한 작은'이 됩니다. 이를 수학적으로 나타내 보겠습니다.

표본크기 n인 2변수 데이터 x_1, x_2, ..., x_n과 y_1, y_2, ..., y_n이 있다고 할 때, x를 설명변수, y를 반응변수로 합니다. 데이터 x_1, x_2, ..., x_n에 대해 회귀식으로 구한 값을 $\hat{y}$로 나타내면 $\hat{y}_i=a+bx_i$의 관계가 성립합니다. 다음으로, **그림 7.3.1**과 같이 회귀식에서 얻은 $\hat{y}_i$와 각 데이터 y_i의 차이 $\hat{y}_i-y_i$(이를 '잔차'라 합니다)를 제곱하여 모두 더해 E를 구하고, 이 값을 '데이터와 회귀식의 차이'로 봅니다.

이 E가 클수록 데이터와 회귀식이 크게 어긋나고, 작을수록 회귀식이 데이터에 잘 맞게 됩니다. E는 회귀계수인 a나 b가 변할 때마다 달라지는데, 이것을 a와 b의 함수로 볼 수 있으므로 $E(a, b)$로 나타내겠습니다. 자, 당초 목적이었던 '데이터와 회귀식의 차이가 가능한 한 작을 것'을 실현하기 위해서는, E를 최소화하는 a와 b를 구하면 됩니다.

선형회귀에서 E는 a와 b의 2차 함수이므로 아래로 볼록한 형태가 됩니다(**그림 7.3.1** 오른쪽). 즉, E의 최솟값은 볼록한 형태의 바닥입니다. 여기서는 접선의 기울기가 0이므로, a와 b에 관해 편미분=0으로 풀면 E가 최솟값이 되는 $\hat{a}$과 $\hat{b}$를 구할 수 있습니다. 이처럼 데이터와 모형 차이의 제곱을 모두 더한 값 E를 최소화하는 방법을 **최소제곱법(least squares)**이라 합니다.

그림 7.3.1 왼쪽에 적용한 회귀직선을 보면 알 수 있듯이, 모든 데이터가 회귀직선 위에 있는 것은 아닙니다. 어떻게 하더라도 회귀직선이 모든 데이터 점을 통과할 수는 없습니다. 회귀모형에서는 이를 **확률오차 ε**으로 표현합니다. ε은 설명변수 x가 아닌 반응변수 y에 포함되기에, 확률변수로 생각해야 할 쪽은 반응변수인 y입니다. 또한, 상관계수와는 달리 설명변수 쪽의 분포는 기본적으로 묻지 않습니다.

◆ 그림 7.3.1 **최소제곱법의 원리**

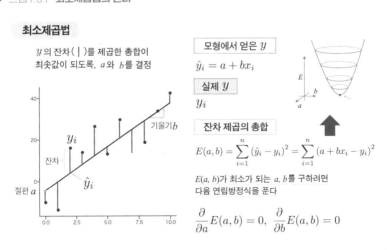

최소제곱법은 회귀식으로 얻은 $\hat{y}$와 데이터 y의 차이를 제곱하여 모두 더한 E가 가장 작아지는 a, b를 결정하는 방법입니다. E는 a, b의 2차 함수이므로, 편미분한 값이 0이 되는 지점을 찾으면 됩니다.

최소제곱법으로 얻은 회귀계수 $\hat{a}$과 $\hat{b}$을 이용하여 회귀식 $y=\hat{a}+\hat{b}x$를 완성했습니다. $\hat{a}$은 절편, $\hat{b}$은 기울기이므로 x가 0일 때 y의 값은 $\hat{a}$, x가 1 늘어날 때 y가 늘어난 양은 $\hat{b}$이 됩니다.

추정량 $\hat{a}$, $\hat{b}$의 성질을 밝히고자, 오차 ε에 대한 가정을 간단히 설명합니다. 오차 ε는 x와는 관계가 없고 평균 0, 분산 σ^2인 어떤 확률분포(여기서는 정규분포를 가정할 필요는 없습니다)를 따르는 확률변수라고 가정합니다. 이때 최소제곱법으로 얻은 선형회귀 파라미터 $\hat{a}$과 $\hat{b}$은 모집단 파라미터 a와 b의 비편향추정량이 됩니다. 즉, 다음과 같습니다.

- $E(\hat{a})=a$
- $E(\hat{b})=b$

각각의 값은 a나 b에서 벗어날 수 있으나 평균적으로 과대평가하거나 과소평가하지 않는 추정량입니다. 더불어 분산이 일정(σ^2)하다는 가정에서 최소제곱법으로 얻은 추정량은 비편향추정량 중에서도 가장 정밀도가 높은(분산이 작은) 비편향추정량이 됩니다. 이를 **최량선형비편향추정량**이라 하며, 가우스-마르코프 정리가 이를 증명합니다.

● **회귀계수의 가설검정**

회귀계수를 대상으로 가설검정을 시행할 수 있습니다. 이 경우 앞서 설명한 오차 ε의 가정에 더해, 오차 ε의 분포가 정규분포라고 추가로 가정해야 합니다. 단, 표본크기 n이 충분히 클 때는 오차항이 정규분포를 따르지 않아도 가

설검정을 시행할 수 있습니다.[*]

회귀계수의 가설검정에서 관심이 있는 것은 설명변수 x와 관련한 기울기 b입니다. 그러므로 귀무가설은 '기울기 $b=0$', 대립가설은 '기울기 $b \neq 0$'으로 하여 가설검정을 실행합니다. 귀무가설이 옳다면 설명변수 x가 없는 $y=a+\varepsilon$이라는 모형이 되므로, 서로 다른 설명변수 x의 값에 대해 y는 아무런 변화도 없을 것입니다.

가설검정 결과 $p<0.05$를 얻었다면 통계적으로 b가 0이 아니라고 주장할 수 있으며, 따라서 x에 대해 기울기 b인 선형관계라는 것을 알 수 있습니다. 단, 이 결과만으로 x와 y 사이에 인과관계가 있다고 할 수는 없으므로 주의하세요. (자세한 내용은 10장에서 살펴봅니다.)

덧붙여 절편 a는 설명변수와는 관계없고, $a=0$인지 아닌지도 관심이 없으므로 가설검정 결과를 해석할 필요는 없습니다.

● 95% 신뢰구간

4장에 나왔던 평균값의 신뢰구간에서 그랬듯, 모집단의 회귀계수를 추정하면 **신뢰구간**을 얻을 수 있습니다. **그림 7.3.2**는 추정된 회귀직선의 주변을 색으로 칠해 회귀직선의 95% 신뢰구간을 나타낸 것입니다. 이는 동일한 방법으로 표본추출과 회귀분석을 100번 시행했더니, 100번 중 95번 정도는 이 범위에 모집단의 모형이 포함되었다는 것을 의미합니다.

● 95% 예측구간

추정한 회귀모형을 기반으로 데이터 그 자체가 분포하는 구간을 그릴 수 있는데, 이를 **예측구간**이라 합니다(**그림 7.3.3**). 95% 예측구간은 얻을 수 있는 데이터의 95%를 포함하는 범위를 나타냅니다. 이렇게 하면 새롭게 얻을 데이

---

[*] 중심극한정리에서 표본크기 n이 클 때는 파라미터의 추정량이 정규분포를 근사적으로 따르기 때문입니다.

터를 예측할 수 있습니다.

　신뢰구간은 모형의 파라미터, 즉 모집단의 범위입니다만, 예측구간은 얻을
수 있는 데이터의 범위입니다. 이 둘을 혼동하지 않도록 합니다. 또한, 그래프
에는 어떤 구간을 나타낸 것인가를 꼭 명기해야 한다는 것을 잊지 맙시다.

◆ 그림 7.3.2 　**회귀 결과: 95% 신뢰구간과** *p***값**

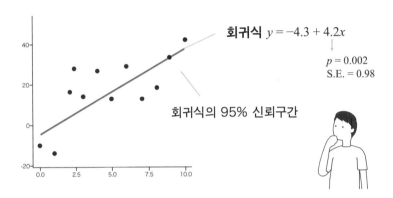

얻은 회귀식의 회귀계수는 모집단의 파라미터 *a, b*의 추정값이 됩니다. 4장에서 본 것처럼 추정값의 신
뢰구간을 구하면 추정값의 확률을 평가할 수 있으며, 회귀에서는 회귀직선의 신뢰구간을 색으로 표시할
수 있습니다.

◆ 그림 7.3.3 　**회귀 결과: 95% 예측구간**

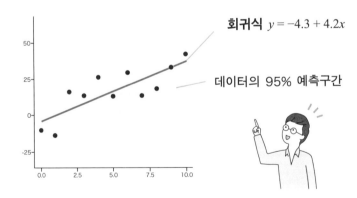

얻은 회귀식을 이용하여 (새롭게 얻을) 데이터의 95%가 포함될 95% 예측구간을 그릴 수 있습니다. 회귀
식이 잘 맞을수록 예측구간의 폭은 좁아집니다.

결정계수

 지금까지의 회귀분석 결과를 보면 알겠지만, 최소제곱법으로 데이터에 아무리 잘 들어맞는 회귀식을 구하더라도 데이터와 회귀식이 꼭 들어맞지는 않습니다. 이는 확률적인 변동을 포함한 다른 요인이 있기 때문이며, 회귀식만으로 반응변수 전부를 설명할 수 없다는 데서 기인합니다.

 이렇듯 추정한 회귀식만으로는 얼마나 좋은 모형인지 알 수 없으므로, 무엇인가 별개의 지표를 이용하여 회귀식을 평가해야 합니다. 회귀식이 잘 들어맞는지 평가하는 지표로, **결정계수 R^2(coefficient of determination, R-squared)**을 자주 사용합니다. 정의는 다음과 같습니다.

$$R^2 = 1 - \frac{\sum_{i=1}^{n}(y_i - f(x_i))^2}{\sum_{j=1}^{n}(y_j - \overline{y})^2}$$

(식 7.4)

 우변 제2항의 분모가 반응변수 전체의 분산을 나타내며, 분자는 회귀모형과 실제 데이터의 잔차를 제곱한 것의 총합으로, 최소제곱법에서 봤던 E입니다. 즉, 우변 제2항은 설명되지 않고 남아 있는 잔차의 비율을 표시합니다. 이 숫자를 1에서 뺌으로써, 결정계수 R^2은 데이터에 의해 설명된 비율을 나타내는 것입니다. 이 R^2이 1에 가까울수록 회귀모형이 데이터에 잘 들어맞음을, 0에 가까울수록 잘 들어맞지 않음을 의미합니다(**그림 7.3.4**).

 설명변수가 1개인 1차 함수의 선형회귀에서 최소제곱법을 이용할 때, 결정계수 R^2은 x와 y 사이의 피어슨 상관계수 r을 제곱한 값과 같습니다. 그러므로 상관계수 r과 함께 데이터 퍼짐 정도를 감각적으로 알아 두면, 결정계수 R^2로부터 얼마나 잘 들어맞는가를 대략적으로 알 수 있습니다.

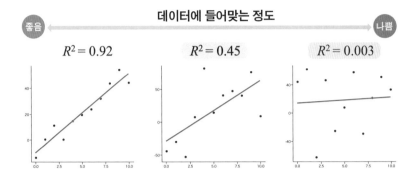

회귀의 결과로 데이터에 얼마나 잘 들어맞는지는 결정계수 R^2으로 평가할 수 있습니다. R^2이 1에 가까울수록 잘 들어맞음을 나타냅니다.

그러나 결정계수 R^2은 설명변수의 개수가 늘어날수록(예를 들어 $y=a+b_1 x_1+b_2 x_2$) 커지는 성질이 있는 까닭에, 의미 없는 설명변수를 도입하면 실제론 그렇지 않은데도 일견 회귀모형의 설명력이 향상된 것처럼 보일 수 있습니다. 따라서 설명변수 개수 k에 따라 조정한 **조정 결정계수** R'^2(Adjusted R－squared)을 사용하는 것이 일반적입니다.

정의는 다음과 같습니다.

$$R'^2 = 1 - \frac{\dfrac{1}{n-k-1}\displaystyle\sum_{i=1}^{n}(y_i - f(x_i))^2}{\dfrac{1}{n-1}\displaystyle\sum_{j=1}^{n}(y_j - \overline{y})^2}$$

(식 7.5)

설명변수 개수 k에 따라 값이 달라짐을 알 수 있습니다. 그러나 설명변수가 적을수록 결정계수 R^2과 거의 비슷한 값이 됩니다. 잘 들어맞지 않는 모형으로 결정계수 R^2(과 조정 결정계수 R'^2)을 계산하면 값이 음수가 될 수도 있으므로 주의하기 바랍니다.

오차의 등분산성과 정규성

최소제곱법으로 구한 선형모형의 파라미터를 대상으로 가설검정을 시행하거나 신뢰구간을 얻기 위해서는, 오차항 ε의 확률분포가 평균 0, 분산 σ^2인 정규분포라고 가정해야 합니다. 피어슨 상관계수 계산과 달리 설명변수가 정규분포일 필요는 없으며, 반응변수 자체가 정규분포일 필요도 없습니다. 오차항이 정규분포를 따르고 있는지 여부는, 데이터와 모형의 차이인 잔차의 정규성을 샤피로−윌크 검정을 통해 확인하면 알 수 있습니다.

덧붙여 이러한 오차항 ε이 평균 0, 분산 σ^2인 정규분포를 보이는 모형은, 8장에서 등장하는 일반화선형모형에서 오차의 확률분포를 정규분포로 한 모형과 일치합니다.

설명변수 x의 값에 따라 오차 ε의 분산이 변하지 않는다고 가정하면, 최소제곱법에 따른 선형회귀모형의 추정으로 최량선형비편향추정량을 얻을 수 있습

◆ 그림 7.3.5 **선형회귀에서의 정규성과 등분산성**

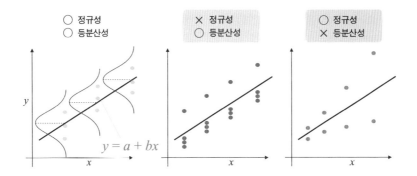

회귀모형에서는 회귀식 주변의 오차를 생각할 수 있습니다. 왼쪽은 오차가 정규분포를 따르고 x가 변하더라도 오차의 분산은 변하지 않는 경우입니다. 가운데는 오차가 정규분포를 따르지는 않지만, 오차의 분산은 변하지 않는 경우입니다. 오른쪽은 정규분포를 따르지만 x에 따라 오차의 분산이 달라지는 경우입니다.

니다. 등분산성을 확인하려면 설명변수 x가 변할 때 잔차 $\hat{y}_i-y_i$의 분산이 달라지는지를 조사하는 **브루쉬－페이건 검정(Breusch－Pagan test, BP 검정)**을 이용합니다.

정규성이나 등분산성 가정이 충족되지 않는 때에는 8장에서 알아볼 일반화 선형모형을 이용, 정규분포 이외의 확률분포를 적용하여 대처하는 수도 있습니다. 또한 변수의 로그를 취하는 대처법도 있습니다(대수변환). 이때는 회귀계수의 해석이 달라지므로 주의해야 합니다.

 ## 설명변수와 반응변수

상관과 달리 회귀에는 설명변수 x와 반응변수 y라는 비대칭성이 있습니다. 그러므로 분석을 하기 전에 무엇을 설명변수로 하고 무엇을 반응변수로 할 것인가를 목적에 맞게 생각해야 합니다.

● ① 한쪽 변수로 다른 한쪽 변수를 설명하고자 할 때

설명하는 쪽을 설명변수로, 설명할 대상을 반응변수로 설정합니다. "설명하다"란 무엇인가를 한마디로 이야기하기는 좀 어렵지만, x와 y 사이에 어떠한 관계(인과관계가 아니더라도)가 있음을 시사한다고 생각하면 좋습니다. 물론 다음 ②처럼 인과효과를 설명할 수도 있습니다.

● ② 인과효과를 알고 싶을 때

원인을 설명변수로, 결과를 반응변수로 설정합니다. 단, 충분히 유의해야 할 점이 있습니다.

$x{\rightarrow}y$의 인과효과를 올바르게 추정하기 위해서는, 서로 다른 x에 대해 그 밖

의 요인이 같아야만 합니다. 따라서 설명변수를 무작위로 할당한 개입 실험에서 얻은 데이터나, 상정할 수 있는 다른 요인도 포함한 다중회귀모형 등을 이용하는 것이 필요합니다. (이는 10장에서 알아봅니다.)

● ③ 데이터를 예측하고 싶을 때

예측의 근거가 될 변수를 설명변수, 예측하고자 하는 변수를 반응변수로 설정합니다. 그럼 회귀분석의 결과로 얻은 회귀모형에 새롭게 얻은 설명변수 값을 대입하여 반응변수 값을 예측할 수 있습니다. x에서 y로의 인과관계가 설령 없더라도, 예측의 관점에서는 문제없습니다.

예를 들어 공부 시간이 성적에 영향을 주는 관계가 있을 때, 거꾸로 성적 데이터에서 공부 시간을 예측하고 싶을지도 모릅니다. 그렇다면 성적을 설명변수로, 공부 시간을 반응변수로 두면 됩니다. 단, 예측에 특화된 모형은 언제든 해석 가능한 것은 아니라는 점에 주의해야 합니다. (12장에서는 복잡한 예측 모형을 구축하는 기계학습 방법을 설명하고 있으므로, 관심이 있는 독자는 참고하기 바랍니다.)

• • •

실제 데이터 해석에서는 설명변수가 여러 개일 때도 있고, 설명/반응변수가 범주형 변수일 때도 있어 7장에서 설명한 단순선형회귀모형 $y=a+bx+\varepsilon$이 항상 적절하지는 않습니다. 여기서는 다양한 데이터에 적용할 수 있도록, 지금까지 배운 선형회귀의 틀을 넓혀 전체적으로 생각해 보고자 합니다. 이를 통해 실전 데이터 분석이 가능해집니다.

8장

통계 모형화

선형회귀에서 일반화선형모형으로

8.1 선형회귀 원리의 확장

선형회귀는 다양한 해석 방법의 기초

7장에서는 2개 양적 변수의 관계를 조사하는 상관과 회귀를 살펴보았습니다. 선형회귀는 x를 설명변수, y를 반응변수로 하여 데이터에 1차식 $y=a+bx$를 적용하고, 설명변수와 반응변수 사이의 관계를 밝히는 것이었습니다.

그러나 실제 데이터 해석에서는 설명변수가 여러 개인 경우나, 반응변수가 양적 변수가 아니라 예/아니요 같은 범주형 변수일 때도 있기에, $y=a+bx+\varepsilon$(ε은 정규분포를 따르는 오차)으로 표현되는 회귀모형이 항상 적절하지는 않습니다.

◆ 그림 8.1.1 **다양한 해석 방법으로 확장**

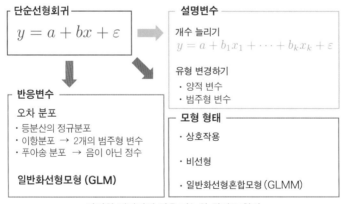

단순선형회귀
$$y = a + bx + \varepsilon$$

설명변수
개수 늘리기
$$y = a + b_1 x_1 + \cdots + b_k x_k + \varepsilon$$

유형 변경하기
· 양적 변수
· 범주형 변수

반응변수
오차 분포
· 등분산의 정규분포
· 이항분포 → 2개의 범주형 변수
· 푸아송 분포 → 음이 아닌 정수

일반화선형모형 (GLM)

모형 형태
· 상호작용

· 비선형

· 일반화선형혼합모형 (GLMM)

다양한 데이터에 적용 가능한 원리로 확장

그러니 다양한 데이터에 적용할 수 있도록, 지금까지 배운 선형회귀의 원리를 확장해 나가고자 합니다(**그림 8.1.1**). 확장 방향성은 크게 설명변수의 개수를 늘리거나 유형 변경하기, 반응변수의 유형 변경하기, 회귀모형의 형태 변경하기 등 3가지로 나눌 수 있습니다. 다양한 데이터를 대상으로 적용 가능한 방법을 알아 둠으로써, 실전에서 유연하게 데이터를 분석할 수 있을 것입니다.

다중회귀

7장에서 소개한 단순선형회귀모형에서는 설명변수가 1개였습니다만, 여러 개의 설명변수를 동시에 도입할 수도 있습니다. 설명변수가 1개인 것을 단순회귀라 하고, 설명변수가 여러 개인 것을 **다중회귀**[*]라 합니다.

일반적으로 설명변수가 k개인 가장 단순한 **다중선형회귀모형**은 다음과 같이 쓸 수 있으며, $a, b_1, b_2, ..., b_k$ 등 $k+1$개의 파라미터를 가집니다.

$$y = a + b_1 x_1 + b_2 x_2 + ... + b_k x_k + \varepsilon \quad \text{(식 8.1)}$$

예를 들어 생각해 봅시다. **그림 8.1.2**와 같이 몸무게, 키, 허리둘레라는 3개 변수가 있고, 각각 y, x_1, x_2라 합시다. 키가 클수록 몸무게도 많이 나가는 경향과, 허리가 굵을수록 역시 몸무게가 많이 나가는 경향이 예상됩니다. 이처럼 양쪽을 고려하는 것으로, 몸무게를 더 잘 설명하는(또는 예측하는) 모형을 만들 수 있을 듯합니다. 여기서는 가장 단순한 모형인 $y=a+b_1 x_1+b_2 x_2+\varepsilon$라는 2개 설명변수가 있는 다중선형회귀모형을 만들 수 있습니다.

설명변수가 1개인 단순선형회귀모형과 마찬가지로 a는 절편(x_1=0이고 x_2=0일 때의 y값), b_1은 x_1축에 대한 기울기(x_2를 고정하고 x_1을 1 늘렸을 때 y의 증가량), b_2

---

[*] 특히 설명변수가 양적 변수인 것을 다중회귀라 부를 때가 있습니다.

설명변수가 2개인 다중회귀모형입니다. 회귀모형은 x_1, x_2, y로 이루어진 3차원 공간 안의 평면이 됩니다. 검은색 점은 데이터를 나타냅니다. 여기서는 알기 쉽도록 각 점이 평면에 꼭 들어맞는 예를 제시했습니다만, 보통은 잔차가 있으므로 각 점은 평면에서 어느 정도 떨어지게 됩니다.

는 x_2축에 대한 기울기(x_1을 고정하고 x_2를 1 늘렸을 때 y의 증가량)를 나타냅니다. 이 기울기 b_1, b_2를 다중회귀에서는 편회귀계수(partial regression coefficient) 라 부릅니다.

　7장에서 소개한 최소제곱법을 이용하여 이들 파라미터를 구하면, 데이터가 가장 잘 들어맞는 모형을 얻을 수 있습니다. 이것이 다중회귀분석입니다. 설명 변수가 2개일 때 그래프를 그리면 회귀모형은 직선이 아닌 평면이 되는데, 이 를 회귀평면이라 합니다(**그림 8.1.2** 오른쪽 아래). 설명변수가 3개 이상일 때는 그 래프로 그리기는 어려워집니다.

● **다중회귀 결과를 읽는 방법**

　다중회귀 결과는 표로써 제시하는 일이 많습니다. **그림 8.1.3**은 다중회귀

	몸무게	
키	0.576**	← 편회귀계수 b_1
	(0.160)	
허리둘레	0.608**	← 편회귀계수 b_2
	(0.187)	
정수	−78.758*	← 절편 a
	(29.199)	

- ***** 기호는 p값
  (기준은 하단 참조)
- 괄호 안은 추정값의 표준편차
  (t검정과 똑같이, 작을수록
  추정값이 정확해집니다.)

표본크기	20
R^2값	0.624
조정한 R^2값	0.579
잔차의 표준편차	3.887 (df = 17)
F통계량	14.091** (df = 2; 17)

최소제곱법으로 최소화한 오차 E를
자유도 df (표본크기-파라미터 개수)로 나눈 값
회귀모형의 유의성 검정

$* p < 0.05; ** p < 0.01$

$$[몸무게] = -78.8 + 0.58 \times [키] + 0.61 \times [허리둘레]$$

의 전형적인 결과를 표로 나타낸 것입니다. 이 표에서 주목해야 할 점은 추정된 편회귀계수와 그 유의성입니다. 편회귀계수는 모두 유의미하며, [몸무게]=−78.8+0.58×[키]+0.61×[허리둘레]라는 회귀식을 얻을 수 있습니다.

그리고 데이터에 잘 들어맞는지를 나타내는 R^2값과 마지막의 F통계량에서 얻은 p값에도 주목합시다. 편회귀계수가 모두 0인 모형(R^2=0)을 귀무가설로 하여, 회귀모형 설명력의 유의성을 조사합니다.[*] $p<0.05$이므로 이 회귀모형의 설명력이 높은 것은 우연이 아니다, 즉 회귀모형의 설명력에 유의성이 있다고 판단할 수 있습니다.

편회귀계수

● 표준화편회귀계수

회귀분석에서 구한 편회귀계수는 설명변수의 데이터 퍼짐 정도나 단위에

---

[*] 이 책에서는 자세한 계산 과정은 생략합니다.

따라 크게 달라지기 때문에 편회귀계수끼리 비교할 수는 없습니다. 예를 들어 몸무게(kg)를 반응변수, 키(cm)와 운동량(1일 걸음 수)을 설명변수로 하여 단순선형회귀모형을 만들 때를 생각해 봅시다(**그림 8.1.4**).

다중회귀모형은 [몸무게]=$a+b_1\times$[키]+$b_2\times$[1일 걸음 수]+ε인데, b_1은 키가 1cm 커질 때의 몸무게 증감을 나타내고, b_2는 1일 걸음 수가 1보 늘었을 때의 몸무게 증감을 나타냅니다. 통상 키가 1cm 변하면 몸무게도 수백g 정도 달라지지만, 운동량 하루 몇 천 걸음에 한 걸음을 더한다고 해서 몸무게가 변하지는 않으리라는 것(줄지 않는다)은 직관적으로 알 수 있습니다.

다시 말해, 일반적인 편회귀계수인 b_1과 b_2를 그대로 비교할 수는 없습니다. 또한, 170cm 단위를 1.7m나 1,700mm로 변경하기만 해도, b_1의 자릿수는 크게 바뀌게 됩니다.

여기서 편회귀계수를 비교하기 위해 **표준화편회귀계수(standardized partial regression coefficient)**를 이용합니다. 표준화편회귀계수는 회귀분석을 시행하기 전에 각각의 설명변수를 평균 0, 표준편차 1로 변환한 다음(3장의 표준화 참조), 회귀분석을 시행하여 구한 회귀계수입니다.

◆ 그림 8.1.4 **표준화편회귀계수**

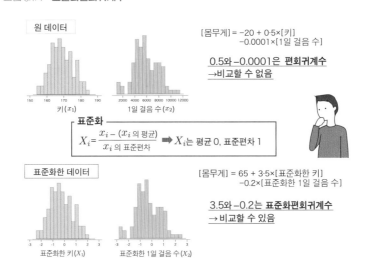

이 표준화편회귀계수는 각 설명변수가 표준편차 단위에서 1 늘었을 때 반응변수의 증감을 나타냅니다. 이렇게 하면 원래 데이터 퍼짐 크기를 기준으로 편회귀계수를 평가할 수 있으므로, 편회귀계수의 크기를 서로 비교할 수 있게 됩니다. 설명변수를 표준화하는 것뿐이기에 회귀모형이 얼마나 잘 들어맞는지(설명력)나, 편회귀계수의 p값 등은 표준화하지 않은 원래 회귀결과와 똑같습니다.

그림 8.1.4 예에서는 원래 데이터에서 얻은 편회귀계수가 0.5와 −0.0001인 까닭에, 키의 기여도가 비교할 수 없이 큰 것처럼 보입니다. 그러나 표준화한 설명변수에서 얻은 표준화편회귀계수를 보면, 키의 기여도가 걸음 수에 비해 수십 배 정도에 지나지 않음을 알 수 있습니다.

● 편회귀계수의 해석

편회귀계수 또는 표준화편회귀계수 b_i는 x_i 이외의 설명변수를 고정한 채로 x_i가 1 늘어났을 때의 y 증가량을 나타냅니다. 그러나 설명변수 사이에 상관이 있는 경우 x_i 외의 설명변수를 고정한 채 x_i를 독립적으로 움직일 수는 없습니다. 즉 x_i를 움직이면 상관이 있는 다른 설명변수도 함께 움직이게 됩니다.

이처럼 설명변수 사이에 상관이 있는 상황은 실제 데이터 분석에서 드물지 않습니다. 상관계수가 1에 가까운 강한 상관이 있을 때는, 뒤에 설명할 다중공선성이 있는지를 의심하고 이에 대처해야 합니다. 다중공선성이 문제가 될 정도로 상관이 강하지 않은 경우라면, b_i는 다른 설명변수와의 상관을 제외한 x_i의 영향이라고 해석할 수 있습니다.

예를 들어 설명변수가 2개인 다중회귀모형 $y=a+b_1x_1+b_2x_2+\varepsilon$에 대해, x_1과 x_2 사이 상관이 $r=0.5$ 정도인 경우를 생각해 보겠습니다(**그림 8.1.5**). 이때 모집단에서 얻은 가상 데이터 $b_1=1$, $b_2=5$를 해석해 봅시다. x_1과 x_2에는 상관이 있지만, 그럼에도 회귀분석 결과 $\hat{b}_1=1.01$, $\hat{b}_2=5.14$를 얻어 모집단의 파라미터인

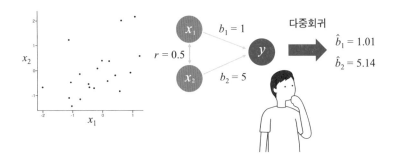

표본크기 n=20일 때 $y=x_1+5x_2+\varepsilon(\varepsilon$는 정규분포를 따르는 오차)에서 난수를 이용하여 가상 데이터를 만들고, 다중회귀분석을 시행한 결과입니다. 단, x_1과 x_2 사이의 상관이 r=0.5 정도인 설명변수를 이용했습니다.

b_1=1, b_2=5를 올바르게 추정한다는 것을 알 수 있습니다.

만일 $y=a+b_1x_1+\varepsilon$인 단순회귀로 계산해 버리면, $\hat{b}_1$=4.01이 되므로 b_1=1에서 많이 벗어납니다. 이는 단순회귀로 얻은 $\hat{b}_1$에 y에 대한 x_1의 직접적인 영향뿐 아니라, x_1과 x_2 사이의 상관에서 생기는 x_2를 통한 y에 대한 영향도 포함해 버리기 때문입니다. 이는 10장에서 알아볼 '다중회귀를 이용한 인과효과 추정'에서도 중요한 사고방식입니다.

 ## 범주형 변수를 설명변수로

지금까지의 회귀분석 설명에서는 양적 변수가 설명변수였습니다만, 범주형 변수를 설명변수로 이용할 수도 있습니다. 데이터 분석 현장에서는 예/아니요, 실험군/대조군, 혈액형 A/B/O/AB 등, 설명변수를 범주로 나타낸 데이터를 접할 때가 있습니다. 범주에는 대소 관계가 없으므로, 회귀분석의 설명변수로 이용할 때는 0 또는 1과 같은 가변수(dummy variable)를 설명변수로 이용하는 등의 요령이 필요합니다.

범주 개수가 2개일 때는 각 범주에 대해 가변수로 $x=0$ 또는 1을 할당하고 회귀모형에 적용합니다. 예를 들어 운동이 싫다/좋다의 2개 범주가 설명변수이고, 병에 걸릴 위험이 반응변수인 회귀모형이라면 '운동이 **싫다**'를 0, '운동이 **좋다**'를 1로 하여(0과 1을 바꿔도 상관없음), $y=a+bx+\varepsilon$이라는 회귀모형을 구성할 수 있습니다. 그러면 $x=0$인 범주에서는 $y=a+\varepsilon$이고, $x=1$인 범주에서는 $y=a+b+\varepsilon$이 되므로, 기울기인 b가 그 차이를 나타내는 것이 됩니다(**그림 8.1.6** 위). 결과를 해석할 때는 2개 범주 중 어느 쪽이 $x=0$이고 어느 쪽이 $x=1$인지 확인하는 것을 잊지 맙시다.

● **범주가 3개 이상일 때**

다음으로, 범주가 3개 이상일 때의 가변수 설정 방법에 대해 설명하겠습니다. 범주가 4개인 혈액형 A, B, O, AB를 예로 들어 봅시다. 2개 범주일 때와 달리, 4개 범주에 $x=0, 1, 2, 3$이란 식으로 4개의 숫자를 할당할 수는 없습니다. 왜냐하면 혈액형 범주에는 대소 관계가 없으며, $x=0, 1, 2, 3$의 선형 증가에 대응하지 않기 때문입니다.

이럴 때는 우선 0 또는 1인 가변수를 (범주 개수−1)개 준비합니다. 혈액형은 범주가 4개이므로 3개의 가변수 x_1, x_2, x_3을 이용합니다. 그리고 $\{x_1=0, x_2=0, x_3=0\}$, $\{x_1=1, x_2=0, x_3=0\}$, $\{x_1=0, x_2=1, x_3=0\}$, $\{x_1=0, x_2=0, x_3=1\}$ 4가지를 각 범주에 할당합니다.

설명변수를 범주 개수가 아닌 (범주 개수−1)로 한 것은, 나중에 설명할 다중공선성을 피하기 위해서입니다. 2개 범주일 때와 마찬가지로 어떤 범주를 어떤 가변수 조합에 할당할 것인지는 자유이니, 결과를 해석할 때는 범주와 가변수의 대응 관계를 확인하도록 합시다.

추정 결과 얻은 회귀계수는 $\{x_1=0, x_2=0, x_3=0\}$에 대응하는 범주를 기준으로 하여, 그 밖의 범주들이 어느 정도 다른지를 나타냅니다(**그림 8.1.6** 아래). 혈

◆ 그림 8.1.6 **가변수 설정 방법**

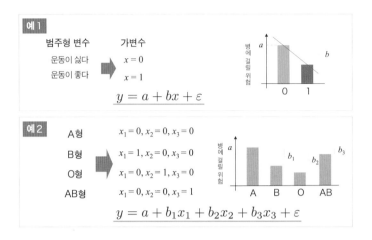

범주 개수가 2일 때는 가변수 하나를 이용하여 $x=0$ 또는 1로 나타냅니다. 회귀계수 b가 두 범주의 차이를 가리킵니다. 범주 개수가 4일 때는 가변수 3개를 이용하여 그림과 같이 설정합니다. 이때 각 회귀계수 b_i는 A형과의 차이를 나타냅니다.

액형 예에서 반응변수를 병에 걸릴 위험으로 설정하면 $\{x_1=0, x_2=0, x_3=0\}$은 A형을 나타내므로, a가 A형이 병에 걸릴 위험을, 회귀계수 b_1, b_2, b_3가 각각 B형, O형, AB형이 병에 걸릴 위험이 A형과 얼마나 다른지를 나타냅니다.

x가 범주형 변수일 때의 선형회귀는 p값 등의 해석 결과가 이표본 t검정이나 분산분석 결과와 일치하기 때문에, 이 해석 방법은 모두 같은 것이며 통일된 하나의 원리로 이해할 수 있습니다.

 ## 공분산분석

분산분석(또는 t검정)에서는 집단 사이의 평균값을 비교했습니다. 한편 회귀분석 관점에서는 범주형 변수인 집단이 설명변수가 되고, 세로축에 해당하는 양적 변수가 반응변수가 됩니다. 여기서는 분산분석의 해석 정밀도를 향상시키는 **공분산분석(ANCOVA, analysis of covariance)**을 설명합니다.

공분산분석은 **그림 8.1.7**에서 보듯이 일반적인 분산분석에 사용하는 데이터와 함께 양적 변수 데이터가 있는 경우에 후보가 되는 방법입니다. 이 새로 추가한 양적 변수를 **공변량(covariate)**이라 합니다. 공변량의 차이에 따라 반응변수의 차이가 발생할 가능성을 고려한 분석을 할 수 있습니다.

구체적인 예로, "회사원의 연소득 y가 회사 x_1(A 또는 B)의 차이에 따라 달라지는지"를 조사한다고 합시다. 연소득과 회사 차이 데이터만 있다면 분산분석으로 해석하겠지만, 이번에는 연소득에 영향을 주는 요인 중 하나인 연령 데이터도 구했기 때문에, [연소득]=$a+b_1\times$[회사 A 또는 B]+$b_2\times$[연령]+ε 형태의 회

◆ 그림 8.1.7 **공분산분석**

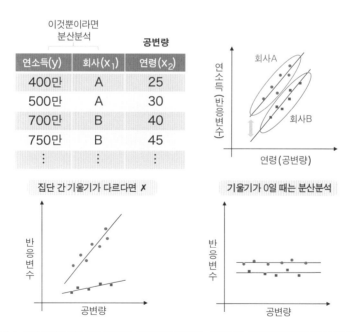

회사 A, B의 차이로 연소득이 달라지는지 여부를 조사하는 예입니다. 연령에 따라서도 연소득이 달라지므로, 분석에 연령도 포함함으로써 회사 간의 차이를 명확히 할 수 있습니다. 단, 회사 간 연령에 따른 연소득 효과가 다르다면 공분산분석에는 어울리지 않습니다. 또한, 연령에 따른 연소득 변화가 없을 때는 일반적인 분산분석을 이용하면 됩니다.

귀모형인 공분산분석을 사용할 수 있을 듯합니다. 또한, 연령 데이터를 해석에 적용함으로써 연령 효과를 배제한 회사의 효과만을 알 수 있으므로, 더 정밀한 분석이 가능합니다.

분산분석에서는 **그림 8.1.7** 오른쪽 위 타원으로 표시한 데이터 퍼짐을 단순 분산으로 해석합니다만, 공분산분석에서는 공변량에 따른 분산으로써 이를 분석할 수 있습니다. 그러면 회귀직선의 차이(절편의 차이)가 집단 사이의 차이로 나타나, 검정력을 높일 수 있습니다.

단, 공분산분석에는 사용 조건이 있습니다. 첫 번째는 집단 간 회귀의 기울기가 서로 다르지 않을 것입니다. 즉 회귀직선이 평행이어야 합니다. 이를 다른 말로 하면, 다음 8.2절에서 알아볼 상호작용이 없다는 뜻입니다. 상호작용 검정 결과 유의미하지 않은 경우, 이 조건은 만족되었다고 봅니다.

다음으로, 회귀계수가 0이 아니어야 합니다. 0일 때는 공변량 없이 일반적인 분산분석을 수행합니다. 이 조건도 기울기의 유의성 검정에서 유의미하다면, 만족된 것으로 봅니다.

고차원 데이터 문제

원리상 회귀모형에는 설명변수를 몇 개든 추가할 수 있습니다. 그러나 설명변수의 개수(차원)가 많은 모형, 즉, 고차원 데이터를 이용한 회귀에는 주의할 점이 있습니다.

먼저 차원이 늘어날수록 파라미터 추정에 필요한 데이터 양이 폭발적으로 증가한다는 문제가 있습니다. 이를 차원의 저주라 합니다. 직관적으로는 **그림 8.1.8**에 보이듯, 차원이 늘어나면 데이터 공간의 체적이 거듭제곱으로 변화하기 때문입니다. 예를 들어 표본크기를 $n=10$으로 일정하게 두면, 차원이 올라

갈수록 듬성듬성해지는 모습을 상상할 수 있을 겁니다(4차원 이상을 떠올리기는 어렵습니다만).

또한 차원이 증가할수록 다음에 설명할 다중공선성 문제가 일어나기 쉬우므로, 모형의 추정 정밀도가 떨어지고 맙니다. 이에 대한 대책 중 하나로, 12장에서 살펴볼 차원축소 방법을 이용하여 차원을 줄이는 것을 들 수 있습니다.

◆ 그림 8.1.8 **차원과 데이터**

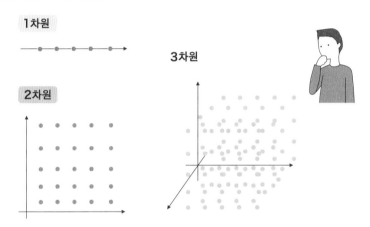

1차원에서 점 5개, 2차원에서 점 25개, 3차원에서 점 125개와 같이, 차원이 증가함에 따라 공간을 메우는 데 필요한 데이터가 폭발적으로 늘어나고 있습니다.

다중공선성

설명변수가 여러 개인 다중회귀에서 설명변수 사이에 강한 상관이 있는 경우, **다중공선성(multicollinearity)**이 있다고 말합니다. 그리고 다중공선성이 있다면 회귀계수의 추정오차가 커지는 문제가 발생할 가능성이 있습니다. 즉, 추정값의 신뢰성이 떨어진다는 뜻입니다.

$y = x_1 + 5x_2 + \varepsilon$ 이라는 다중회귀모형의 예를 살펴봅시다(**그림 8.1.9**). 이때 모집

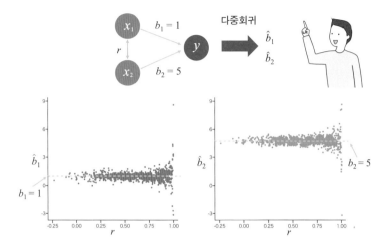

◆ 그림 8.1.9 **다중공선성**

다양한 r에 대해 $y=x_1+5x_2+\varepsilon$으로 표본크기 $n=20$인 데이터를 만들고, 파라미터를 추정했습니다. 그래프 안의 파란색 점선이 파라미터의 값입니다. r이 1에 가까울수록 위아래로 크게 흔들리며 추정의 정밀도가 갑자기 떨어진다는 것을 알 수 있습니다.

단의 파라미터는 $b_1=1$, $b_2=5$입니다. x_1과 x_2의 상관계수 r을 다양하게 바꿔 가며 난수를 발생시켜 가상의 데이터를 만들고, 다중회귀분석으로 추정한 $\hat{b}_1$, $\hat{b}_2$의 값을 관찰해 보겠습니다. r의 넓은 범위에서 $\hat{b}_1$과 $\hat{b}_2$는 정답인 $b_1=1$, $b_2=5$ 근처에 분포하나, r이 1에 가까워질수록 $\hat{b}_1$과 $\hat{b}_2$가 위아래로 크게 흔들린다는 것을 알 수 있습니다. 이것이 바로 다중공선성 때문에 회귀계수의 추정오차가 커진 상태입니다.

왜 이런 문제가 생기는지 직관적으로 이해하기 위해, **그림 8.1.10**을 봅시다. 2개 변수 x_1, x_2 사이에 상관이 있으면 2개 변수는 직선 관계가 되므로, y, x_1, x_2 공간 안에서는 데이터가 직선 영역에 분포하게 됩니다(**그림 8.1.10** 왼쪽).

그러나 여기서 추정하고 싶은 것은 $y=a+b_1x_1+b_2x_2+\varepsilon$이라는 평면입니다. 그러므로 값이 직선에서 조금 벗어나더라도 추정한 평면, 즉 b_1이나 b_2가 크게 달라지게 됩니다. 반면 설명변수 사이가 무상관이라면 데이터는 평면 위에 퍼

◆ 그림 8.1.10 **다중공선성이 문제가 되는 이유**

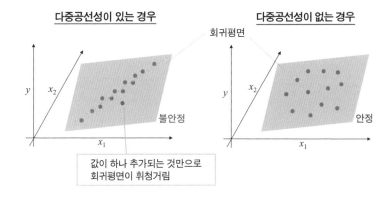

질 것이므로, 평면을 안정적으로 추정할 수 있습니다(**그림 8.1.10** 오른쪽).

추정값이 불안정할 때는 우연히 직선 관계에서 벗어난 값에 회귀계수가 영향을 받아 버려, 회귀계수를 해석하기가 어려워집니다.

특히 관찰 데이터에서는 설명변수를 실험적으로 조작하지 않으므로, 설명변수 사이에 강한 상관이 있을 때가 종종 있습니다. 또한, 설명변수의 개수가 많을 때는 고차원 문제에서도 살펴봤듯이 다중공선성 문제가 일어나기 쉽기 때문에 이에 대한 대처가 중요합니다.

• • •

다중공선성 정도를 측정하려면, 먼저 **분산팽창인수 VIF**(variance inflation factor)를 계산합니다. VIF 값은 각 설명변수마다 산출됩니다. VIF를 구하려면 하나의 설명변수 x_i를 반응변수로 설정하고, 나머지 설명변수를 이용하여 회귀를 시행한 뒤, 그 결정계수 R_i^2을 계산하면 됩니다.

그리고 설명변수 x_i의 VIF$_i$는, R_i^2을 이용하여 다음과 같이 계산합니다.

$$\mathrm{VIF}_i = \frac{1}{1 - R_i^2} \quad \text{(식 8.2)}$$

x_1을 반응변수로 설정한 경우를 예로 들면, 다음 회귀식으로 얻은 결정계수 R_1^2를 이용하여 VIF_1을 구하는 것이 됩니다.

$$x_1 = c + \alpha_2 x_2 + \alpha_3 x_3 + \ldots + \alpha_k x_k \quad \text{(식 8.3)}$$

VIF>10이라면, 2개 사이의 상관이 아주 강한 것입니다. VIF는 상관계수와 밀접히 관련되어 있어, VIF=10을 상관계수로 나타내면 0.95 정도로 상당히 큰 값에 해당합니다. 이럴 때는 2개 변수를 모두 포함한 회귀모형의 해석은 피해야 합니다. 단, 다중공선성의 강도는 표본크기에 따라 달라지니, VIF>10은 하나의 기준이라 생각하기 바랍니다.

다중공선성이 강하다고 판단했을 때는, 서로 상관이 있는 2개 변수 중 하나를 없애거나, 12장에서 설명할 주성분분석 등의 차원 축소 방법을 이용하여 설명변수의 개수를 줄이는 것이 좋습니다. 이처럼 강한 상관이 있는 변수를 없앤 데이터를 이용하면 안정된 회귀모형을 얻을 수 있습니다.

다중공선성의 주된 문제는 추정한 회귀계수를 해석하기 어렵다는 데 있습니다. 그런 까닭에 예측이 목적인 회귀라면, 가능한 한 예측이 좋은 모형을 얻는 것이 우선이기 때문에 회귀계수가 무엇이든 상관이 없으며, 다중공선성 또한 문제되지 않을 때도 흔하다고 합니다.

8.2 ▶ **회귀모형의 형태 바꾸기**

 상호작용

지금까지는 선형회귀모형을 논하면서, 설명변수가 k개일 때 다음과 같이 나타낼 수 있는 모형을 다루었습니다.

$$y = a + b_1 x_1 + b_2 x_2 + \ldots + b_k x_k + \varepsilon$$

이 모형은 어떤 설명변수 x_i가 다른 설명변수와 독립적으로 1 증가할 때마다, b_1만큼 반응변수가 변한다는 것을 가정합니다. 그러나 현실 데이터에서는 x_i가 1 증가했을 때의 y 증가 방식이, 또 다른 설명변수의 영향을 받을 수도 있습니다. 이러한 설명변수 간의 상승효과를 **상호작용**이라 하며, 선형회귀모형 안에서 곱셈 $cx_i x_j$로 도입할 수 있습니다.

예를 들어 설명변수가 2개라면 상호작용이 있는 선형회귀모형은 $y = a + b_1 x_1 + b_2 x_2 + cx_1 x_2 + \varepsilon$이 됩니다. 단 회귀모형, 특히 설명변수가 양적 변수인 다중회귀모형에 상호작용항을 넣을 것인가의 판단은 많은 통계 사용자가 망설이는 지점입니다.

그 이유는 다음과 같습니다.

- 상호작용을 넣으면 해석이 어려워진다.
- 설명변수의 개수가 늘면 상호작용항의 수가 폭발적으로 늘어난다.
- 상호작용의 형태는 다양한데도 곱셈으로만 나타낸다.
- 설명변수와 상호작용항의 다중공선성 문제가 있다.[*]

그러므로 다음과 같을 때에 한해 적용하는 것이 좋습니다.

- 상호작용이 있다는 것이 선행 연구에서 밝혀지거나 기대되는 때
- 데이터에 분명한 상호작용이 있을 때
- 상호작용 유무에 관심이 있을 때

 이원배치 분산분석

6장에 등장했던 집단 간 평균을 비교하는 방법인 분산분석은 A, B, C라는 집단의 차이만을 생각하는 것으로서, 하나의 요인만 다루므로 일원배치 분산분석이라 합니다. 그런데 다중회귀분석에서 배운 내용을 떠올려 보면, 여러 개의 설명변수를 적용할 수 있었습니다.

분산분석에서도 이와 마찬가지로 여러 개의 요인을 동시에 고려할 수 있는데, 이를 **다원배치 분산분석**이라 합니다. 가령 설명변수가 여러 개일 때는 상호작용을 생각할 수도 있습니다. 2개의 요인이 있는 **이원배치 분산분석**을 예로 자세히 알아보겠습니다.

줄기 길이(반응변수)에 대해 첫 번째 요인(설명변수 x_1)을 '비료 있음/없음'으로,

---

[*] 설명변수의 평균을 0으로 하는 변수 변환(중심화)으로 이를 해결하기도 합니다.

두 번째 요인(설명변수 x_2)을 '저온/고온'으로 하여, 두 요인이 줄기 길이에 어떤 영향을 미치는지를 분석한다고 합시다. 상호작용을 고려하지 않는 모형이라면 [줄기 길이]=절편+$b_1 x_1$(비료 없음=0 또는 비료 있음=1)+$b_2 x_2$(저온=0 또는 고온=1)+ε이 됩니다.

이 모형에서 비료 효과는 저온이든 고온이든 상관없으며, 온도 변화의 영향 역시 비료 유무와는 상관없습니다. 그러나 실제 현상이라면 비료 효과가 온도에 따라 달라질 가능성이 있습니다. 이에 상호작용항 $c_1 x_1 x_2$를 추가한 이원배치 분산분석을 시행할 수 있습니다.

추가된 상호작용항을 x_2에 관해 정리하면 $(b_2+c_1 x_1)x_2$이므로, 지금까지 일정했던 b_2를 대신하여 $(b_2+c_1 x_1)$을 x_2에 곱하게 됩니다. 즉, x_2가 0(저온)에서 1(고온)이 될 때의 줄기 길이는 비료 유무 x_1에 따라 달라진다는 것을 뜻합니다. **그림 8.2.1**은 이러한 상호작용이 있는 예를 보여줍니다. 온도가 변했을 때의 효과는 비료 유무에 따라 달라진다는 것을 알아볼 수 있습니다.

◆ 그림 8.2.1 **이원배치 분산분석**

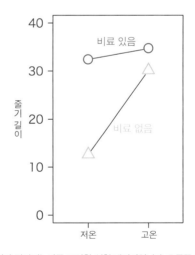

줄기 길이(cm)	비료	온도
35	있음	높음
31	있음	낮음
27	없음	높음
13	없음	낮음
⋮	⋮	⋮

주효과 ⋯1개 요인으로 좁힌 효과

상호작용 ⋯2개 요인의 상승효과

2개 요인인 비료와 온도의 차이에 의해 줄기 길이가 달라지는가를 조사한 실험 데이터입니다. 오른쪽 그림의 ○와 △는 각 조건에서 줄기 길이의 평균값을 나타냅니다.

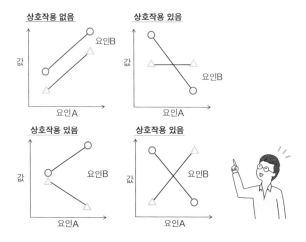

가설검정 결과 상호작용항 c_1이 유의미하지 않다면 상호작용이 없다고 보고, 각각의 **주효과(main effect)**를 그대로 평가합니다. 상호작용항 c_1이 유의미하다면 상호작용이 있다고 보아, 각각의 요인을 나누고 주효과(단순 주효과)를 하위 검정으로 평가할 수 있습니다. 이 경우 단계적인 가설검정을 실시하고 있는 것이니, 본페로니 교정 등의 다중비교를 이용하여 유의수준 α를 조정하는 것이 바람직합니다.

상호작용 패턴에는 몇 가지가 있는데, 그 예를 **그림 8.2.2**로 나타냈습니다. 요인B가 ○ 또는 △라고 간주하고, 요인B=○일 때의 요인A에 대한 기울기와 요인B=△일 때의 요인A에 대한 기울기를 살펴봅시다. 상호작용이 없다면 2개의 기울기는 평행이 되며, 상호작용이 있다면 평행이 아니게 됩니다.

비선형회귀

지금까지 1차 함수로 나타낼 수 있는 선형모형 가운데, 상호작용을 포함하는 것까지 살펴보았습니다. 7장에서도 설명했듯이 선형모형이라는 말은 파라미터에 관해 선형이라는 뜻입니다. 그러므로 $y=a+bx+cx^2$이라는 모형은 x에 관해서는 2차식이므로 비선형입니다만, 파라미터에 관해서는 1차식인 선형이므로 선형모형이라 합니다.

이처럼 x에 관해 비선형인 모형을 데이터에 적용할 수는 있으나, 주의가 필요합니다. 가령 2차 함수를 적용한 경우에는 그 계수의 해석이 어려워지기 때문에, 무턱대고 복잡한 모형을 채택하는 것은 통상 바람직하지 않습니다. 그러므로 결과 해석(회귀계수 해석)을 중시하는 일반적인 통계학 기준이라면, 1차 함수의 회귀모형(+필요하다면 상호작용)을 이용하는 것이 보통입니다.

또한, 2차 함수뿐 아니라 3차 함수나 10차 함수 같은 후보도 얼마든지 있으므로, 어느 모형이 적절한가, 애당초 '적절'이란 말은 어떤 관점에서 본 적절함인가를 생각해야 합니다. 이는 다음에 설명할 과대적합 문제와도 깊은 관련이 있습니다. 예측을 중시하는 회귀모형이라면, 해석은 뒤로 미루고 어느 정도 모형의 복잡도를 적당히 올려 예측 성능을 향상시키기도 합니다.

• • •

파라미터에 관한 비선형회귀모형도 마찬가지입니다. 파라미터가 비선형인 모형도 얼마든지 있을 수 있으므로, 왜 그 모형을 사용하는지 합리적인 이유가 있어야만 합니다. 그런 만큼 현상에 대해 적절한 모형이 명확할 때는 비선형회귀를 이용해도 문제없을 것입니다. 그런 예로, 효소의 화학 반응에서 기질농도와 반응속도의 관계를 소개합니다.

기질농도 x와 반응속도 y는 다음과 같은 **미하엘리스－멘텐식**을 따른다고 알려져 있습니다(**그림 8.2.3**).

$$y = \frac{V_{max}\,x}{K_m + x} \quad \text{(식 8.4)}$$

식 안의 V_{max}와 K_m은 각각 기질농도가 무한으로 커질 때의 반응속도를 나타내는 파라미터와, 최대속도의 절반 속도가 되는 기질농도를 나타내는 파라미터입니다. 여기서는 K_m이 분모에 나타나며, 파라미터에 관해 선형이 아니므로 비선형모형입니다.

효소 반응이라는 현상 자체는 화학 반응의 법칙에서 이끌어낸 미하엘리스ー멘텐식을 따르며, 효소의 개별 성질은 2개의 파라미터가 반영합니다. 그러므로 기질농도와 반응속도 데이터로부터 이 모형의 형태를 가정하여 파라미터를 추정하는 데는 문제가 없다고 할 수 있습니다.

많은 경우 비선형회귀에서 최소제곱법으로 파라미터를 엄밀히 구할 수는 없으며, 컴퓨터를 이용해야 합니다. 또한, 미분계수가 0이 되는 지점이 여러 개일 가능성도 있으므로 국소 최적해에 빠질 위험에도 주의해야 합니다.

◆ 그림 8.2.3 비선형회귀의 예

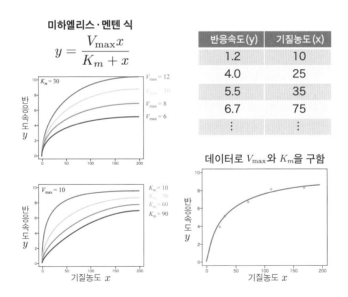

8.3 일반화선형모형의 개념

선형회귀 원리 확장하기

지금까지 주로 $y=a+b_1x_1+b_2x_2+\cdots+b_kx_k+\varepsilon$인 모형을 생각하며, 최소제곱법을 이용하여 파라미터를 추정해 보았습니다. 이 구조를 설명변수가 양적 변수인 다중회귀부터 설명변수가 범주형 변수인 분산분석까지를 포괄하는 **일반선형모형**(general linear model)이라 합니다.

다음으로, 일반선형모형 원리를 확장하여 최소제곱법이 아닌 확률분포에 기반한 최대가능도 방법(최대우도법)으로 회귀모형을 추정하는 **일반화선형모형**

◆ 그림 8.3.1 **통계 모형화의 원리**

 계층적 베이지안 모형
복잡한 모형화

 일반화선형혼합모형 (GLMM)
무작위 효과도 고려

일반화선형모형 (GLM)

- 최대가능도 방법을 이용한 추정
- 오차분포는 이항분포 · 푸아송 분포 등

일반선형모형
정규분포 = · 최소제곱법으로 추정 · 분산분석 · (다중)회귀 · 공분산분석

(GLM, Generalized Linear Model)이 있습니다. 일반선형모형과 이름이 비슷하므로 혼동하지 않도록 합시다.

일반화선형모형을 사용하면 더 폭넓은 유형의 반응변수를 대상으로 회귀분석을 실행할 수 있습니다(**그림 8.3.1**). 더 나아가 일반화선형모형을 기초로 개인차, 장소차와 같은 무작위 효과를 도입한 일반화선형혼합모형이나, 11장의 베이즈 추정에 이용되는 계층적 베이지안 모형과 같은 유연한 모형화가 가능해집니다.

이처럼 데이터 성질을 고려하면서 확률 모형을 가정하고(베이즈 추정이라면 사전분포도 설정하고), 파라미터를 추정하여 모형을 평가하는 일련의 작업을 가리켜 **통계 모형화**라 부릅니다.

● 선형회귀가 적절하지 않은 상황

지금까지의 회귀모형에서는 반응변수가 연속량인 양적 변수이고, 오차분포가 정규분포이면서, 설명변수에 따라 오차분산이 변하지 않는다고 가정했습니다. 그러나 실제 데이터 해석에서는 반응변수가 '예/아니요'와 같이 값이 2개인 변수이거나, 물건이나 생물의 수처럼 음이 아닌 정수(0, 1, 2…)인 상황을 종종 만나게 됩니다.

그림 8.3.2도 이러한 경우입니다. 왼쪽은 벌레에 다양한 양의 살충제를 뿌리고, 각 개체의 **생존/사망** 데이터를 얻은 예입니다. 그래프를 보면 살충제 양을 늘릴수록 사망 비율이 높아지고 있는 것처럼 보입니다. 이렇게 살충제 양과 **생존/사망** 관계에 직선 모형을 적용하니 얼핏 전체 경향을 포착하고 있는 듯하긴 한데, 실제로 직선이 무엇을 뜻하는지는 잘 모르겠습니다.

그림 8.3.2 오른쪽은 각 식물 개체에 비료 양을 다양하게 뿌리고, 핀 꽃의 수를 센 예입니다. 비료 양이 적을 때는 꽃이 피지 않은 채 0이 계속되나, 비료 양이 많아지면 어느 기점으로 많은 꽃이 피어나므로, 데이터 퍼짐이 크다는 것을

알 수 있습니다. 이럴 때도 직선 모형을 적용하면 반응변수가 개수인데도 직선이 음수 쪽으로 뻗게 되어 버려, 직선이 무엇을 의미하는지 잘 알 수 없어집니다.

따라서 이러한 유형의 반응변수에 지금까지 살펴본 선형회귀모형을 적용하는 것은 적절하지 않으며, 일반화선형모형 원리로써 확률분포를 적절하게 고려해 모형화할 필요가 있습니다.

◆ 그림 8.3.2 **일반선형회귀가 적절하지 않은 데이터**

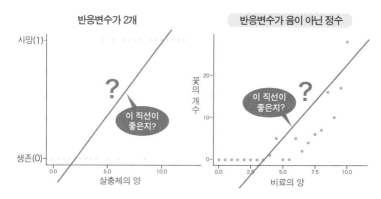

왼쪽은 반응변수가 생존/사망의 2개 범주인 예입니다. 오른쪽은 반응변수가 꽃의 개수인 예입니다.

 ## 가능도와 최대가능도 방법

최소제곱법에서는 회귀모형과 데이터 간 차이(잔차)의 제곱을 계산하여 최솟값이 되는 파라미터를 구했습니다. 또한 회귀모형이 데이터에 잘 들어맞는지 여부의 판단은, 회귀모형과 데이터 간 거리(잔차)에 근거했습니다.

그러나 앞서 설명한 것처럼 값이 2개인 반응변수 데이터나 음이 아닌 정수인 반응변수로 구성된 데이터에는, 거의 같은 값을 가지는 영역(예를 들면 **그림**

8.3.2 왼쪽 x가 작거나 큰 영역)이나 데이터 퍼짐이 큰 영역이 있을 수 있습니다(예를 들어 **그림 8.3.2** 오른쪽 x가 큰 영역).

그러므로 거리를 이용하여 모형과 데이터의 적합도를 측정하기보다는, 데이터가 확률적으로 생성되었다고 간주, '확률적으로 얼마나 나타나기 쉬운가'에 기반해 데이터에 잘 들어맞는지 평가하는 편이 좋을 듯합니다.

확률분포에서는 파라미터를 정하면 형태도 결정되어, 어떤 값이 어느 정도 발생하는가(확률)를 나타냈습니다. 얻은 데이터를 $x(x_1, x_2, \ldots, x_n)$로, 확률분포 파라미터를 θ로 표기하면, 데이터 x가 특정 파라미터 θ의 확률분포에서 어느 정도 나타나는지를 다음과 같이 쓸 수 있습니다.

$$P(x \mid \theta) = P(x_1 \mid \theta) \times P(x_2 \mid \theta) \times \ldots \times P(x_n \mid \theta) \quad \text{(식 8.5)}$$

여기서 $P(x \mid \theta)$를 데이터 x에 대한 파라미터 θ의 함수로 본 것을 **가능도(우도, likelihood)**라고 합니다. 즉, 다음과 같습니다. 얻은 데이터 x에 대해 θ를 바꿈으로써, 가능도가 변화하는 모습을 볼 수 있습니다. 가능도가 크다는 것은, 그 θ에서 얻은 데이터가 나타나기 쉽다는 것을 뜻합니다.

$$L(\theta \mid x) = P(x \mid \theta) \quad \text{(식 8.6)}$$

그렇게 가능도를 최대화하는 θ를 찾아서, 이를 추정값으로 삼으면 얻은 데이터에 가장 잘 들어맞는 파라미터 θ를 정할 수 있습니다. 이 방법을 **최대가능도 방법(maximum likelihood method)** 또는 **최대가능도 추정(maximum likelihood estimation)**이라 합니다. 일반적으로 가능도에 로그를 취한 로그 가능도 $\log L(\theta \mid x)$로 계산할 때가 많습니다. 로그를 취했을 뿐이므로, 가능도가 최댓값이 되는 θ와 로그 가능도가 최댓값이 되는 θ는 같은 값입니다.

일반화선형모형은 반응변수 오차의 확률분포를 지정하고, 가능도를 이용하여 파라미터를 추정하는 회귀라 할 수 있습니다. 그리고 선형회귀에서 통상 가정하는 정규분포 오차가 있는 모형에 대해, 최소제곱법을 이용하여 파라미터를 추정한 결과와 가능도를 이용하여 추정한 결과는 일치합니다. 이런 의미에서 일반화선형모형은 지금까지의 정규분포 오차를 가정한 최소제곱법을 포함하는 것은 물론, 정규분포 이외의 확률분포까지 이용할 수 있으므로 자연스러운 일반화라고 할 수 있습니다.

● 그림으로 본 최대가능도 방법

그림 8.3.3은 최대가능도 방법을 그림으로 나타낸 모습입니다. 그림의 히스토그램은 어떤 확률분포에서 얻은 데이터입니다. 이에 대해 확률분포가 정규분포라고 상정하고, 최대가능도 방법으로 파라미터를 추정해 봅시다. 여기서는 단순하게 하고자 평균값 파라미터 μ만 살펴봅니다.

왼쪽 위 그림은 μ=40일 때의 모형(녹색 실선)과 데이터를 겹쳐 그린 것으로, 서로 어긋난 모습입니다. μ=60일 때도 왼쪽 아래 그림과 마찬가지로 어긋나 보입니다. 이와 달리 μ=50일 때를 모형화한 오른쪽 위 그림은 적절해 보입니다.

이 세 경우에 대해 각각의 로그 가능도 $\log L$을 계산해 보면, μ=50에서 가장 큰 값[*]이 되므로, 이 셋 가운데는 μ=50인 모형이 데이터에 가장 잘 들어맞는다는 것을 알 수 있습니다. 물론 이 3개 값뿐 아니라 다양한 값을 가지고 μ를 조사해야 합니다. 그 결과가 오른쪽 아래 그림입니다. 가로축이 모형의 파라미터 μ를, 세로축이 로그 가능도 $\log L$을 나타냅니다. μ=51.1에서 $\log L$이 최대가 되므로 최대가능도 방법을 이용한 추정을 통해 $\hat{\mu}$=51.1을 얻었습니다.

참고로 이 예에서 사용한 데이터는 μ=50.0인 정규분포에서 무작위로 얻은 것입니다. 데이터는 모집단에서 얻은 표본이므로 어느 정도 어긋남은 자연스

---

[*] 로그 가능도는 확률(밀도)의 로그이므로 음수가 일반적입니다.

러운 현상입니다. 그러므로 추정값 $\hat{\mu}$=51.1은 데이터를 생성한 분포의 μ=50.0
에서 조금 어긋나 있습니다.

◆ 그림 8.3.3 **최대가능도 방법**

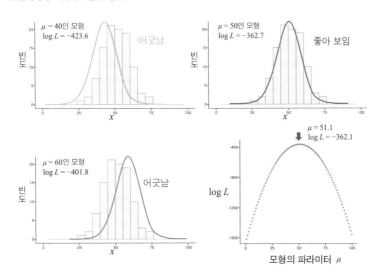

로지스틱 회귀

그럼 일반화선형모형의 일종인 **로지스틱 회귀(logistic regression)**를 소개하
겠습니다. 로지스틱 회귀는 반응변수가 값이 2개인 범주형 변수일 때 사용하
는 회귀입니다. 예를 들면 반응변수가 '예/아니요', '병에 걸렸다/안 걸렸다', '생
존/사망' 등인 경우입니다. 범주 하나가 일어날 확률을 p(다른 하나가 일어날 확률
은 1−p)로 두고, 설명변수 x가 바뀌었을 때 p가 얼마나 달라지는지를 조사합
니다. 이 p는 다음에 설명할 **이항분포**의 파라미터에 해당합니다.

그림 8.3.4는 다양한 농도의 살충제를 벌레에 뿌린 뒤, 그 효과를 조사한 실
험 데이터입니다. 이때 반응변수 y는 값이 2개인 범주형 변수(생: 0, 사: 1) 또는

상한이 있는 개수(0, 1, …, N)이므로, 로지스틱 회귀를 이용합니다.

이 살충제 농도 $x(x_1, x_2, …, x_n)$와 벌레 각 개체의 생사 데이터 $y(y_1, y_2, …, y_n)$에 대해, 회귀모형은 살충제 농도 x_i의 개체 사망률 $p_i(0 \leq p_i \leq 1)$를 관련 지어서, 이 p_i가 속한 이항분포 $B(N, p_i)$에서 각 데이터 y_i가 발생한다고 간주합니다.

이것을 식으로 표현하면 다음과 같습니다. (~ 기호는 왼쪽의 확률분포가 오른쪽 분포를 따른다는 것을 나타내며, $\exp(x)$는 자연로그 e의 x제곱을 나타냅니다.)

$$y_i \sim B(N, p_i) \quad \text{(식 8.7)}$$

$$p_i = \frac{1}{1 + \exp(-(a + bx_i))} \quad \text{(식 8.8)}$$

식 8.8을 보면 $a+bx$라는 가장 간단한 1차식이 exp 안에 있다는 것을 알 수 있습니다. 로지스틱 회귀를 이용한 분석에서는 데이터에서 파라미터 a, b를 추정하여 발생 확률(여기서는 사망 확률) p의 모형을 구축합니다. 지금까지 본 회귀와 마찬가지로 파라미터 b가 0이라면, 설명변수 x가 바뀌더라도 반응변수는 달라지지 않습니다.

$a+bx$는 식 8.8의 조금은 복잡한 함수를 이용하여 p로 변환됩니다. 이 함수가 나중에 설명할 **로지스틱 함수**인데, $a+bx$를 0부터 1까지의 범위로 변환하는 역할을 합니다. 0 또는 1의 두 값뿐인 데이터 실현값과 달리, 회귀식의 반응변수는 연속값인 확률 p라는 점에 주의하기 바랍니다.

그림 8.3.4의 예에서 최대가능도 방법으로 파라미터를 추정하면 $\hat{a}=-4.82$, $\hat{b}=0.84$를 얻을 수 있습니다. 그림 안의 선이 식 8.8로 추정된 파라미터를 대입한 회귀모형으로, 살충제 농도가 진해질수록 사망률이 증가한다는 것을 알 수 있습니다.

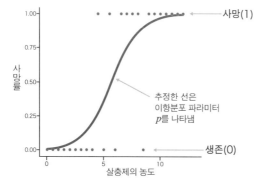

반응변수의 오차분포 = 이항분포

● 세로축 y 일어나지 않음(0) · 일어남(1)의 2개 값
● 또는 0~N번이라는 상한이 있는 개수 데이터

사망(1)

추정한 선은
이항분포 파라미터
p를 나타냄

생존(0)

사망률 — 살충제의 농도

● 이항분포

로지스틱 회귀에 사용한 이산형 확률분포인 **이항분포**를 좀더 소개하겠습니다. 일어남/일어나지 않음 2가지 상태를 취하는 현상을 가정하고, 일어날 확률을 p, 일어나지 않을 확률을 $1-p$로 둡니다. 전체 시행에서 p는 일정하고 매 결과는 독립이라고 할 때, N번 중 x번($0 \leq x \leq N$) 일어날 확률 $P(x; N)$는 이항계수를 이용하여 다음과 같이 쓸 수 있습니다.

$$P(x; N) = {}_N C_x p^x (1-p)^{N-x} \quad \text{(식 8.9)}$$

이것이 **이항분포** $B(N, p)$입니다. 분포 형태를 결정하는 파라미터는 확률 p와 시행 횟수 N으로, 평균은 Np, 분산은 $Np(1-p)$입니다.

치우치지 않은 동전 던지기를 예로 들면, $p=1-p=0.5$ 파라미터로 N번 중 x번 앞면이 나올 확률은 다음과 같습니다(**그림 8.3.5**).

$$P(x; N) = {}_N C_x (1/2)^N \quad \text{(식 8.10)}$$

분포의 형태는 $N=1$이라면 오른쪽 위 그래프처럼 나타나고, $N=20$이라면 오른쪽 아래 그래프의 녹색 선처럼 됩니다. 아울러 이항분포에는 N이 커질수록 정규분포로 근사할 수 있다는 특징이 있습니다.[*]

◆ 그림 8.3.5 **이항분포**

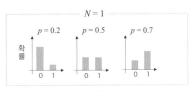

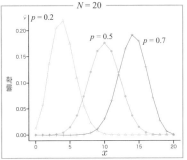

● 로지스틱 함수

로지스틱 함수 $f(x)$는 정의역이 $(-\infty, +\infty)$이고 치역이 $[0, 1]$이므로, 이항분포의 파라미터 $p(0\leqq p\leqq 1)$를 나타내기 적합하며, 더불어 수학적으로 쉽게 다룰 수 있다는 성질이 있습니다.

식 안의 a와 b를 바꿈에 따라 로지스틱 함수가 어떻게 달라지는지를 나타낸 것이 **그림 8.3.6**입니다. a는 평행이동, b는 변화 정도를 나타내는 파라미터입니다. 따라서 b의 절댓값이 클수록 급격하게 변화한다는 것을 알 수 있습니다.

또한, b의 부호는 로지스틱 함수가 증가함수/감소함수 중 어느 쪽인지를 결

---

[*] 이항분포는 이산형 확률분포이고 정규분포는 연속형 확률분포이나, N이 충분히 크다면 이항분포를 연속으로 근사하는 것으로 간주해도 무방합니다.

정합니다. 일반선형회귀와 마찬가지로 설명변수 x의 회귀계수 b가 0이 아니라 면, 설명변수 x가 반응변수와 관계가 있다는 것을 나타냅니다.

식 8.8을 변형하면 다음과 같은데, 여기서 우변을 **로짓 함수(logit function)**라 합니다.

$$a + bx = \log \frac{p}{1-p}$$ (식 8.11)

일반화선형모형에서는 좌변 $a+bx$ 부분을 **선형예측변수**라고 하며, 선형예측 변수와 반응변수의 확률분포 파라미터(이항분포에서는 p)를 잇는 함수를 **연결함수**라 합니다. 즉, 로지스틱 회귀의 연결함수는 로짓 함수입니다. 이 연결함수 를 변경하는 것으로, 목적함수의 오차 확률분포(오차 구조)를 지정하여 유연하 게 모형화할 수 있습니다. 이 선형예측변수와 연결함수가 일반화선형모형의 주요 부분입니다.

◆ 그림 8.3.6 **로지스틱 함수**

로지스틱 함수

$$p = \frac{1}{1 + \exp(-(a + bx))}$$

● p는 0 이상 1 이하
● a는 가로로 평행 이동하는 파라미터
● b는 변화의 정도를 결정하는 파라미터

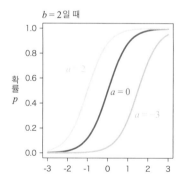
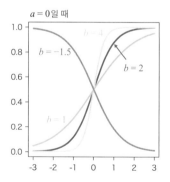

- ## 오즈비

로지스틱 회귀의 결과를 **오즈비(OR, odds ratio)**라는 값으로 평가할 때가 있습니다. 오즈비는 로지스틱 회귀뿐 아니라 통계학 전반에서 일어나기 쉬움을 비교하는 척도로서 이용됩니다.

먼저 '오즈'부터 정의해 봅시다. 어떤 사건이 일어날 확률 p와 일어나지 않을 확률 $1-p$의 비율을 **오즈**(승산, odds)라고 합니다.

$$\frac{p}{1-p} \quad \text{(식 8.12)}$$

예를 들어 $p=0.8$이라면 오즈는 $0.8/0.2=4$입니다. 오즈는 확률 $p(0 \leqq p \leqq 1)$를 $0 \leqq$오즈$\leqq \infty$ 범위로 변환한 값으로 볼 수 있습니다. 원래 도박에서 쓰였던 지표인데, 이길 확률이 p일 때 오즈의 역수가 곧 승리 시 이익 배당비율을 나타냅니다. 가령 $p=0.2$라면 오즈$=0.2/0.8=1/4$이므로, 이기면 판돈의 4배(1/4의 역수)를 받을 수 있다는 뜻입니다.

2개의 확률 p와 q에 대한 2개의 오즈 비율을 **오즈비**(승산비, OR)라 하며, 다음과 같이 나타냅니다.

$$OR = (p/(1-p))/(q/(1-q)) \quad \text{(식 8.13)}$$

오즈비가 1보다 크다면, 확률 p가 확률 q보다 일어나기 쉽다는 뜻입니다. 거꾸로 1보다 작다면 확률 q가 확률 p보다 일어나기 쉽습니다.

오즈비는 의료 통계 분야에서 자주 사용합니다. 예를 들어 '흡연에 의해 폐암이 발병하기 쉬워지는가'를 밝히는 분석에서, 흡연자의 폐암 발병 확률 p와 비흡연자의 폐암 발병 확률 q를 비교하는 경우입니다.

•••

그런데 오즈비를 해석할 때는 주의가 필요합니다. 오즈비가 2라 해서, 말 그대로 일어나기가 2배 쉽다는 뜻은 아니기 때문입니다. 만일 p/q로 정의되는 위험비라면 그렇게 해석할 수도 있지만 말입니다. 그러므로 오즈비는 해석하기가 까다롭습니다.

그럼에도 오즈비는 자주 사용됩니다. 그 이유로는 주로 다음 2가지를 들 수 있습니다.

첫 번째, 오즈비는 수학적으로 취급이 용이합니다. 특히 로지스틱 회귀에서는 로짓 함수 안에 오즈가 나타나기 때문에, 오즈비를 자연스럽게 다루기 쉽습니다. 가령 흡연 $x=1$이고, 비흡연 $x=0$인 로지스틱 회귀 결과로 $\hat{a}$과 $\hat{b}$를 얻었다고 합시다. 이때 흡연자의 폐암 발병 확률은 $p=1/(1+\exp(\hat{a}-(+\hat{b})))$, 비흡연자의 폐암 발병 확률은 $q=1/(1+\exp(-\hat{a}))$입니다. 그리고 오즈비는 $\exp(\hat{b})$이라는 간단한 형태가 됩니다. 따라서 회귀계수 b가 0인지 아닌지는, 오즈비가 1인지 여부에 대응하고 있습니다.

오즈비를 사용한 연구에서 오즈비의 95% 신뢰구간을 표시할 때가 있는데, 오즈비의 95% 신뢰구간 안에 1이 있는지 없는지가, 곧 설명변수의 효과에 관한 5% 수준의 검정 유의성에 대응합니다. 예를 들어 오즈비의 95% 신뢰구간이 [1.2, 4.8]이라면, 그 사이에 1이 없으므로 설명변수의 효과가 유의미하게 있다(회귀계수 b가 유의미하게 0이 아니다, 즉 회귀계수의 p값은 0.05 미만이다)고 판단할 수 있습니다.

두 번째 이유는, 의료 통계의 특정 연구들에서는 위험비를 대신하여 오즈비를 사용하기 때문입니다. 의료 분야의 대표적인 관찰 연구로는 코호트 연구와 사례−대조 연구가 있습니다. '흡연 여부와 폐암의 관계'를 예로 들자면, 이 주제에 대해 코호트 연구는 흡연자 500명과 비흡연자 3,000명을 추적, 이후 폐암 발병 여부를 조사할 것입니다. 한편 사례−대조 연구에서는 이미 폐암에 걸린 사람 100명과 (아직) 걸리지 않은 사람 100명을 대상으로, 과거에 흡연 경험이 있는지를 조사하게 됩니다.

◆ 그림 8.3.7 **오즈비**

┌─ **오즈 (odds)** ─────────────────────

확률 p로 일어나는 사건에서의 $\dfrac{p}{1-p}$값   예 $p = 0.5$면 오즈 1
       $p < 0.5$면 오즈 < 1
       $p > 0.5$면 오즈 > 1

┌─ **오즈비 (odds ratio, OR)** ─────────────────────

확률 p, q에 대해

$$OR = \dfrac{\left(\dfrac{p}{1-p}\right)}{\left(\dfrac{q}{1-q}\right)}$$

p와 q가 어느 정도 다른지 정량화   예 $p = q$라면 OR = 1
       $p > q$라면 OR > 1
       $p < q$라면 OR < 1

┌─ **예시** ─────────────────────

감기약을 복용했을 때 3일 내에 나을 확률 $p = 0.8$
감기약을 복용하지 않았을 때 3일 내에 나을 확률 $p = 0.4$

$$OR = \dfrac{\dfrac{0.8}{0.2}}{\dfrac{0.4}{0.6}} = 6$$

의료 통계에서 특히 자주 쓰임(95% 신뢰구간 CI도 함께 기술할 때가 많음)

그런데 사례−대조 연구에서 위험비는 폐암 위험의 적절한 비교 지표가 아닙니다. 왜냐하면, 조사 대상인 폐암에 걸린 사람 수와 걸리지 않은 사람 수의 비율이 달라지면 결과도 달라지기 때문입니다. 반면 오즈비는 조사 대상 수의 비율에 관계없으므로, 적절한 비교 지표입니다.[*]

푸아송 회귀

데이터가 음수가 되지 않는 정수일 때, 특히 반응변수가 개수인 경우 고려해볼 수 있는 일반화선형모형이 바로 **푸아송 회귀(Poisson regression)**입니다. 예를 들어 반응변수가 한 그루의 나무에서 피는 꽃의 수라면, 음수가 될 수 없으며 항상 정수로 나타나기 때문에 푸아송 회귀를 적용할 수 있습니다.

---

[*] M(폐암인 사람 수)$=a$(흡연)$+b$(비흡연), N(폐암이 아닌 사람 수)$=c$(흡연)$+d$(비흡연)로 위험비와 오즈비를 계산해 보면 알 수 있습니다.

푸아송 회귀는 반응변수(의 오차항)가 다음에 설명할 **푸아송 분포**라는 확률분포를 따르는 회귀로, 회귀식은 푸아송 분포의 평균을 나타내는 파라미터 λ를 표현합니다(**그림 8.3.8**).

푸아송 회귀에서 설명변수 x_i와 반응변수 y_i는, 파라미터 λ를 통해 다음과 같은 관계가 됩니다. 여기서 연결함수는 식 8.15 양변의 로그를 취한 $\log(\lambda)$입니다.

$$y_i \sim Poisson(\lambda_i) \quad \text{(식 8.14)}$$

$$\lambda_i = \exp(a + bx_i) \quad \text{(식 8.15)}$$

그림 8.3.8의 예에서는 최대가능도 방법을 적용한 결과 $\hat{a}=-2.68$, $\hat{b}=0.594$를 얻었으므로, 뿌린 비료 양에 따라 꽃의 개수가 달라지고 있음을 알 수 있습니다.

푸아송 분포란 낮은 확률로 일어나는 무작위 사건에 대해, 평균이 λ번일 때 몇 번 일어나는지를 나타내는 확률분포입니다. 푸아송 분포는 이항분포와 밀접한 관계가 있으니, 먼저 이항분포부터 살펴봅시다.

확률 p로 일어나는 사건이 있다고 합시다. 독립으로 $n=100$번 반복 시행할

◆ 그림 8.3.8 **푸아송 회귀**

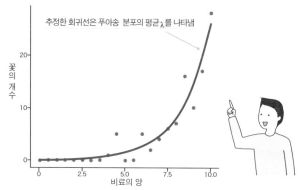

때, 그중 k번 일어날 확률은 다음과 같이 이항분포로 계산할 수 있습니다.

$$_{100}C_k\, p^k (1-p)^{100-k} \quad \text{(식 8.16)}$$

그러나 여기서 $_{100}C_k$를 계산하기는 무척 어렵습니다. 이때 등장하는 것이 푸아송 분포로, 확률분포는 식 8.17과 같습니다. 이러한 푸아송 분포는 평균 $np=\lambda$(0 이상의 실수)로 일어나는 사건에 대해, x번 일어날 확률의 근삿값을 부여해 줍니다.

$$p(x=k) = \frac{\lambda^k e^{-\lambda}}{k!} \quad \text{(식 8.17)}$$

푸아송 분포의 파라미터는 평균을 나타내는 λ뿐입니다. λ는 동시에 분산이기도 하기에, 평균과 분산이 독립이 아니라는 특징이 있습니다(반면 정규분포에서는 평균과 분산을 독립으로 생각할 수 있습니다). 그러므로 **그림 8.3.9**에서 보듯이 평균 λ가 커질수록 분포의 넓이도 확대됩니다.

푸아송 분포의 구체적인 예로는 당첨이 1개, 꽝이 99개인 경품 추첨, 즉 당첨 확률이 $p=1/100$인 추첨을 들 수 있습니다. 단, 한번 뽑은 제비는 다시 넣는 것이 규칙입니다(이를 복원추출이라 합니다). 이때 100번 뽑으면 몇 번 당첨될 것인지를 알려주는 것이 바로 푸아분포입니다.

이 경우 푸아송 분포는 100번×송1/100으로 평균 $\lambda=1$번 당첨되지만, 항상 1번 당첨되는 것은 아닙니다. 왜냐하면 복원추출인 까닭에 당첨 확률은 매번 1/100이고, 100번 뽑을 때 한 번도 당첨되지 않을 수도 있으며, 2번 당첨되거나 드물지만 3번 이상 딩첨될 수도 있기 때문입니다. 따라서 '평균 1번 당첨'이란, 이 모든 경우의 평균이 1번이라는 뜻입니다.

여기서 당첨 횟수의 확률분포는 **그림 8.3.9** 왼쪽의 $\lambda = 1$인 푸아송 분포에 해당합니다. 즉 100번 중 0번 당첨될 확률은 36.8%인데, 딱 1번만 당첨될 확률

◆ 그림 8.3.9 **푸아송 분포**

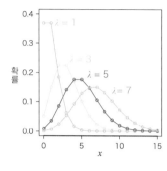

푸아송 분포

$$P(x = k) = \frac{\lambda^k e^{-\lambda}}{k!}$$

● 이산형 확률분포
● x는 0 이상의 정수
● 파라미터는 $\lambda \, (> 0)$ 1개 뿐
● 평균 = 분산 = λ
● 무작위 과정
● λ가 클수록 정규분포에 근사함

■ 평균 λ번 일어나는 사건이, k번 일어날 확률을 생각함
■ 상한을 설정하지 않는 개수 데이터에 사용 가능

도 36.8%이며, 2번 당첨될 확률은 18.4%라는 식입니다. 한 번도 당첨되지 않을 확률이 1/3 이상이라는 점에 놀랄지도 모르겠습니다.

　푸아송 분포를 직관적으로 이해하고 싶다면, 낮은 확률로 성공하는 사건을 여러 차례 시도할 때 몇 번 성공하는가를 나타낸 분포라고 생각하면 좋습니다. 예를 들어 축구 한 경기의 득점 분포는 푸아송 분포로 근사할 수 있다고 합니다. 간단하게 말하자면, '낮은 확률로 성공하는 사건=골을 노린다'를 여러 차례 시도한 결과라고 할 수 있습니다.[*]

 다양한 일반화선형모형

　지금까지 로지스틱 회귀와 푸아송 회귀를 소개했습니다만, 그 밖에도 음이항 분포를 오차분포로 하는 음이항 회귀나 감마 분포를 오차분포로 하는 감마 회귀가 있습니다. **그림 8.3.10**에서 보듯이 일반화선형모형은 반응변수의 특징

[*] 푸아송 회귀를 이용하여 축구 득점을 분석한 논문으로는 다음과 같은 것이 있습니다. Dyte, D., and S. R. Clarke. 2000. "A Ratings Based Poisson Model for World Cup Soccer Simulation." The Journal of the Operational Research Society 51(8): 993-98.

에 따라 가려 써야 하므로, 반응변수가 어떤 확률분포를 따르는지 가정할 수 있으면 좋습니다.

◆ 그림 8.3.10　**일반화선형모형의 사용 구분**

$$f(z) = a + bx$$

연결함수　　　선형예측변수

확률분포	반응변수	연결함수	특징
이항분포	0 이상 정수	logit	0 또는 상한이 있는 개수 데이터
푸아송 분포	0 이상 정수	log	상한이 없는 개수 데이터 평균＝분산
음이항 분포	0 이상 정수	log/Inverse	상한이 없는 개수 데이터 평균＜분산
정규분포	실수	미사용	범위에 제한 없음, 분산은 일정
감마분포	0 이상 정수	log/Inverse	분산이 변화

● **과분산**

로지스틱 회귀나 푸아송 회귀에서 이용한 이항분포나 푸아송 분포에서는 분포의 평균과 분산 사이에 관계가 있었습니다. 현실 데이터에는 이렇게 분포에서 규정된 평균과 분산의 관계보다도 분산이 큰 경우가 있습니다. 이러한 상태를 과분산이라 하며, 그대로 로지스틱 회귀나 푸아송 회귀를 사용하면 가설검정을 실행할 때 제1종 오류가 일어나기 쉬운 경향이 있습니다.[*]

푸아송 회귀에서 과분산이 문제가 될 때는, 푸아송 분포 대신 **분산>평균**인 음이항 분포를 이용한 음이항 회귀로 대처하면 됩니다. 오차의 확률분포와 상관없이 일반적으로 사용하는 방법으로는 개체차나 장소차 등의 데이터를 이용한 일반화선형혼합모형(GLMM)이 있습니다.

---

[*] 정규분포나 감마 분포에서는 평균과 분산을 독립적으로 정할 수 있으므로, 과분산은 문제가 안 됩니다.

● 일반화선형혼합모형

실제 분석에서는 **그림 8.3.11**과 같이 서로 다른 장소에서 데이터를 얻는 상황이 있습니다. 예를 들어 로지스틱 회귀 예시에서 본 살충제의 양과 벌레 생존/사망 실험의 경우, 같은 장소에서 벌레를 채집하여 수행하는 것이 좋겠지만 어쩌다 산1, 산2, 산3이라는 서로 다른 곳에서 채집하여 실험했다고 합시다. 이때 산의 차이가 살충제의 양과 벌레 생사의 관계에 무엇인가 영향을 줄 가능성이 있습니다.

예를 들어 먹이가 풍부한 곳에서 자란 개체는 몸집도 크거나 해서, 어느 정도 살충제에 강할지도 모릅니다. 그러나 이런 산의 차이는 직접 관측할 수 없으며, 1, 2, 3이라는 레이블이 있을 뿐입니다. 이때 산의 차이를 무작위 양(임의효과)으로 일반화선형모형에 적용하여 모형화함으로써, 그 차이를 표현할 수 있습니다.

지금까지의 일반화선형모형에서는 설명변수 x(여기서는 살충제의 양)에 대해 $a+bx$라는 선형예측변수를 이용했습니다. 이번에는 일반화선형모형에 대해 산마다 서로 다른 r_i를 적용한 $a+bx+r_i$로 모형을 만들어 봅시다. a나 b는 모든 x에 대해 공통이므로 고정효과(fixed effect)라 하며, r_i는 산마다 다르므로 임의효과(random effect)라 합니다. 이렇게 일반화선형모형에 임의효과를 적용한 모형이 **일반화선형혼합모형(GLMM, generalized linear mixed model)**입니다.

여기서 r_i는 산마다 다른, 평균 0인 정규분포를 따르는 값이라 가정합니다. 추정한 모형으로 **그림 8.3.11** 왼쪽 아래와 같이 산마다 다른 로지스틱 회귀를 얻을 수 있습니다. 이 모형에서 x에 곱한 파라미터 b는 모든 산에서 동일하다고 가정하므로, r_i의 차이는 가로 방향의 평행이동에만 대응합니다. 산의 차이가 살충제의 양에 따른 민감도에 영향을 준다고 생각한다면, 기울기 파라미터 b 부분에 임의효과를 적용할 수도 있습니다.

그 밖에도 각 개체에서 반복하여 표본을 추출(반복측정)할 때는 개체 차이를 임의효과로 도입하면 좋을 겁니다. 이처럼 일반화선형혼합모형을 사용하면 데이터 구조에 맞춘 유연한 모형화가 가능해집니다. 더욱이 앞서 살펴본 과분산에 대응할 수 있다는 장점도 있습니다. 과분산에 대응할 수 있는 이유는 **그림 8.3.11**의 왼쪽 아래 그래프를 세로 방향에서 보면 알 수 있듯이, 산의 차이가 있는 만큼 서로 다른 파라미터의 확률분포가 겹치게 되므로, 데이터 퍼짐이 큰 반응변수를 표현할 수 있기 때문입니다.

자, 점점 더 복잡해집니다만, 한 발 더 나아가 확률분포의 파라미터가 확률분포로 구성되는 복잡한 계층모형을 생각할 수도 있습니다. 이럴 때는 이 장에서 설명한 최대가능도 방법으로는 파라미터 추정이 어려우므로, 11장에서 소개할 MCMC 방법이라는 계산 방법에 기반한 베이즈 추정을 사용해야 합니다.

◆ 그림 8.3.11 **일반화선형혼합모형(GLMM)**

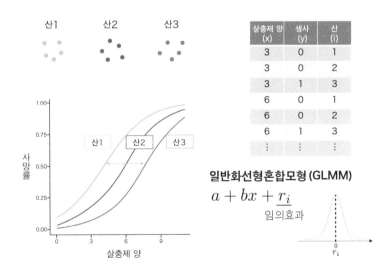

각 개체를 서로 다른 장소인 산1, 산2, 산3에서 얻었으므로 산의 차이를 평균 0인 정규분포를 따르는 임의효과로 모형에 적용합니다. 절편항으로 임의효과를 적용하면, 왼쪽 그래프에서 보듯이 가로 방향의 평행이동에 대응하게 됩니다.

8.4 ▶ 통계 모형의 평가와 비교

 왈드 검정

　일반적인 선형회귀모형과 마찬가지로 일반화선형모형에서도 추정한 회귀계수를 대상으로 귀무가설: '회귀계수=0', 대립가설: '회귀계수≠0'으로 하여 가설검정을 실행할 수 있습니다. 추정값의 데이터 퍼짐을 나타내는 표준오차를 이용하여, 최대가능도 방법으로 얻은 추정값/표준오차를 **왈드 통계량**이라 합니다. 최대가능도 추정량이 정규분포를 따른다고 가정하면, 왈드 통계량을 이용하여 신뢰구간이나 p값을 얻을 수 있습니다. 이 검정 방법을 왈드 검정(Wald test)이라 합니다. 단, 표본크기 n이 크지 않을 때는 정규분포를 따른다는 가정이 미심쩍어지는 경향이 있으므로, 다음에 소개할 가능도비 검정 쪽이 신뢰도가 높다고 합니다.

 가능도비 검정

　최대가능도 방법으로 얻은 통계 모형을 비교하는 방법으로, 모형이 데이터에 잘 맞도록 개선되었는지 확인하는 가능도비 검정이 있습니다. **가능도비 검정**을 시도하기 위해서는 비교할 2개의 모형 중 어느 한쪽이 다른 한쪽을 포함하는 관계(내포되어 있다고 합니다)여야 합니다. 예를 들어 모형1: $y=a$와 모형2: $y=a+bx$가 있을 때, 모형2는 모형1을 내포한다고 말합니다.

이 예에서 귀무가설은 $y=a(b=0)$, 대립가설은 $y=a+bx(b\neq0)$입니다. 각 모형에서 최대가능도 방법을 실행하면 최대가능도 L_1^*과 L_2^*를 얻을 수 있습니다. 이 비율(가능도비)에 로그를 취해 -2를 곱한 다음 값을 검정통계량으로 합니다.[*]

$$\Delta D_{1,2} = -2 \times (\log L_1^* - \log L_2^*) \quad \text{(식 8.18)}$$

$\Delta D_{1,2}$가 클수록 귀무가설에 비해 대립가설의 가능도가 커지는데, 이는 데이터에 잘 들어맞도록 개선되었음을 의미합니다.

일반적으로 복잡한 모형일수록 잘 들어맞습니다. 그러므로 모형1(귀무가설)에서 얻은 데이터라도, 파라미터가 많은 모형2 쪽이 더 잘 들어맞게 됩니다. 이에 가설검정의 사고방식에 기초하여 실제 데이터로 얻은 $\Delta D_{1,2}$를 귀무가설이 옳을 때의 $\Delta D_{1,2}$와 비교함으로써, 들어맞는 정도가 충분히 큰지를 조사할 수 있습니다.

실제 계산 과정은 이렇습니다. 먼저 **그림 8.4.1**에서 보듯이 모형1(즉, 귀무가설이 옳다는 가정)로부터 같은 표본크기 n을 가진 무작위 데이터를 생성합니다. 그리고 모형1과 모형2 각각의 최대가능도를 추정하고 $\Delta D_{1,2}$를 계산합니다.

이것을 몇 번씩 반복하면 귀무가설이 옳을 때의 $\Delta D_{1,2}$ 분포를 얻을 수 있습니다. 이처럼 어떤 가정하에 무작위로 데이터를 생성하고 추정량의 성질을 조사하는 방법을 **부트스트랩 방법**이라 합니다. 특히 복잡한 통계량을 추정할 때 강력한 방법입니다.

이 분포에서 실제 데이터로 계산한 $\Delta D_{1,2}$가 어디 위치하는지를 조사하여, 상위 5% 이내라면 $p<0.05$가 됩니다. 좀더 간편한 방법으로는 카이제곱분포를

---

[*] -2를 곱한 것은 표본크기가 클수록 $\Delta D_{1,2}$를 카이제곱분포로 근사할 수 있기 때문입니다.

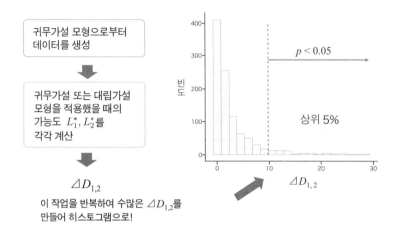

이용한 근사 계산법도 있습니다.[*]

AIC

통계 모형을 비교하는 또 다른 방법으로 정보량에 근거한 모형 선택이 있습니다. 정보량 기준에는 몇 가지가 있습니다만, 여기서는 잘 알려진 **AIC(아카이케 정보기준, Akaike information criterion)**을 소개합니다.

AIC는 새롭게 얻을 데이터를 얼마나 잘 예측할 수 있는지를 바탕으로 모형의 좋음(적합도)를 결정하는 지표입니다. AIC는 모형의 최대가능도를 L^*, 모형의 파라미터 개수를 k로 하여 다음과 같이 계산합니다.

$$\mathrm{AIC} = -2\log L^* + 2k \quad \text{(식 8.19)}$$

---

[*] 자세한 내용은 《R활용 통계 모델링 입문》(쿠보 타쿠야, 이종찬 옮김)을 참고하세요.

그리고 분석자가 준비한 몇 가지 후보 모형 중 AIC를 최소화하는 모형을 좋은 모형으로 선택합니다.[*] 예를 들어 다음과 같다면, AIC를 최소화하는 모형2를 선택하는 식입니다.

- **모형1**: $y=a$의 AIC=150.0
- **모형2**: $y=a+b_1x_1$의 AIC=140.0
- **모형3**: $y=a+b_1x_1+b_2x_2$의 AIC=142.0

가능도비 검정에서는 비교할 모형이 내포 관계여야 하지만, AIC는 그렇지 않더라도 적용할 수 있습니다.

AIC 계산식에서 우변 제1항은 최대가능도에 −2를 곱했을 뿐이므로, AIC가 작다는 것은 가능도가 크다는 뜻입니다. 우변 제2항은 파라미터 개수 k가 늘어날수록 AIC가 커지기 때문에, L^*이 같을 때는 파라미터 개수 k가 작을수록 AIC가 작아집니다. 즉, '적합도(잘 들어맞을 정도)'와 '모형의 복잡함'[**] 양쪽 모두를 고려하는 것이 됩니다.

여기에는 파라미터 개수 k가 많은 모형일수록 실제 데이터에 잘 들어맞는다(적합도가 높아진다)는 성질이 있습니다. **그림 8.4.2**를 봅시다. 데이터를 생성하는 실제 모형을 $y=a+bx$로 합니다. 이 모형으로 얻은 데이터에 대해 파라미터가 많은 모형 $y=a+b_1x_1+b_2x_2+...+b_6x^6$을 적용하면, 대부분의 데이터 점을 통과하며, 잔차가 극히 작아지거나 가능도가 극히 커지게 됩니다.

그러나 이 모형은 데이터를 생성한 실제 모형과는 다르며, 동일한 실제 모형에서 새롭게 얻은 데이터(그림의 묽은 삼각형) 예측과는 크게 어긋나 버립니다

---

[*] 다음에 설명할 BIC도 마찬가지입니다만, 파라미터의 추정량이 정규분포라는 가정하에 근사적으로 계산식을 이끌어내는 것입니다. 단, 11장에서 소개할 계층모형이나, 12장에서 알아볼 신경망과 같은 복잡한 모형인 경우에는 성립하지 않는다고 합니다.

[**] 파라미터 개수가 많은 모형을, 복잡한 모형이라 표현합니다.

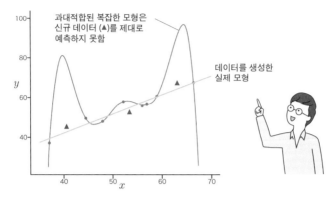

과대적합된 복잡한 모형은
신규 데이터 (▲)를 제대로
예측하지 못함

데이터를 생성한
실제 모형

과대적합이 일어난 모형은 파라미터를 추정하는 데 이용한 데이터에는 잘 들어맞지만, 실제 모형에서 새롭게 얻은 데이터는 잘 예측하지 못합니다.

이처럼 실제 데이터에 무리하게 맞추는 바람에, 새롭게 얻은 데이터는 제대로 나타내지 못하는 상태를 **과대적합(overfitting)**이라 합니다.

AIC는 실제 데이터에 잘 들어맞는지는 물론, 모형의 파라미터 개수까지 고려하여 모형을 평가함으로써 과대적합이 없는 모형을 선택하는 지표입니다. 단, AIC는 무조건 파라미터 개수가 많은 것을 피하는 데서 도출되는 것이 아니라, 데이터에서 추정한 모형으로 구성한 예측 분포와 실제 분포의 차이[*]를 최소화하는 관점에서 이론적으로 도출됩니다. 그 결과로서 파라미터 개수항이 나타나는 것입니다.

주의 사항은 새롭게 얻을 데이터의 예측도를 높이는 모형을 고르는 것이 목적인 지표이므로, AIC를 최소화한다고 해서 그것이 반드시 실제 모형(데이터를 생성한 분포)이지는 않을 수도 있다는 점입니다. 가령 분석자가 후보로 준비한 모형 중 실제 모형이 있을 때, 표본크기 n을 아무리 크게 하더라도 AIC 최소화를 통해 실제 모형을 고를 확률은 1이 되지 않는다고 합니다. 이를 '일

---

[*] 2개 분포의 차이를 정량화할 때는 11장에서 다루는 쿨백-라이블러 정보량을 이용합니다.

치성이 없다'라고 표현합니다.

특히 표본크기 n이 클 때는, 실제 모형보다 파라미터가 많은 모형을 선택하는 일이 벌어집니다. 한편 표본크기 n이 작을 때는 실제 모형보다 파라미터가 적은 모형을 선택하는 수도 있습니다. 또한 후보로 준비한 모형 중에 실제 모형이 없더라도, 표본크기 n을 무한대로 하면 가장 예측 성능이 뛰어난 모형을 고를 수 있는 성질(유효성)을 가지는 경우가 있다고 합니다.

그 밖의 주의할 점으로는 AIC를 이용하여 모형을 선택하고 가설검정을 실행하여 p값을 구하는 분석은, 2가지 서로 다른 방식의 해석이 혼재되어 부적절한 해석이 될 수도 있다는 것입니다. AIC는 새롭게 얻은 데이터 예측을 최대화하는 방법인 데 비해, 가설검정은 귀무가설에서 어느 정도 벗어났는지를 평가하고 제1종 오류(실제로는 회귀계수가 0임에도 0이 아니라고 하는 오류)가 일어날 확률을 유의수준 α로 억제하는 것을 주안점으로 하는 방법입니다.

이러한 차이는 무엇이 목적인가의 차이로서, 어느 한쪽이 더 바람직하다는 뜻은 아닙니다. 요컨대 분석 목적에 맞도록 가려 쓰는 것이 좋습니다.

 BIC

이외에도 자주 사용하는 정보기준으로 **BIC(베이즈 정보기준, Bayesian information criterion)**가 있습니다. BIC는 최대가능도 L^*, 파라미터 개수 k, 표본크기 n으로 하여, 다음 식을 계산해 구합니다.

$$\mathrm{BIC} = -2\log L^* + k\log(n) \quad \text{(식 8.20)}$$

그리고 이 값을 최소화하는 것이 좋은 모형이라고 봅니다. BIC도 AIC와 마찬가지로 가능도가 클수록 작아집니다. AIC와 다른 점은 표본크기 n에 따라 달라진다는 점으로, 표본크기 n이 클수록 파라미터 개수 k의 페널티가 커짐을 알 수 있습니다.

BIC는 후보로 준비한 통계 모형 중 실제 모형일 확률이 높은 것이 좋은 모형이라는 관점을 취합니다. 구체적으로는 어떤 통계 모형 M_i와 그 모형의 파라미터 θ_i 또는 θ_i의 사전분포(이 개념은 11장에서 살펴봅니다)에 대해, 데이터로부터 모형 M_i의 사후확률을 구하여 이를 최대화하는 모형을 선택합니다.[*]

이처럼 출발점은 11장에서 소개하는 베이즈 통계 개념이기 때문에 그 이름에 베이즈가 붙었습니다만, 최종적으로는 정의식에서 보듯이 최대가능도를 이용하는 덕택에 쉽게 계산할 수 있습니다.

BIC 최소화에 따른 모형 선택에는 분석자가 상정한 통계 모형 후보 중 실제 모형이 있을 때, 표본크기 n을 무한대로 하면 실제 모형을 고를 확률이 1이 된다는 일치성이 있습니다. 한편, BIC에는 유효성은 없습니다.

AIC와 BIC를 가려 쓰기가 쉽지는 않지만, 복잡한 현상에 대해 여러 개의 후보 중 실제 모형이 있다고 상정할 수 없는 경우에는 AIC를 이용하고, 비교적 간단한 현상에 대해 몇 개의 후보 중 올바른 것으로 보이는 한 가지를 선택하는 경우에는 BIC를 사용하는 경향이 있습니다.[**]

그 밖의 정보기준

여기서는 AIC와 BIC를 소개했습니다만, AIC를 보정해 표본크기가 작을 때 사용하는 AICc나, 최대가능도 방법이 아닌 베이즈 추정으로 얻은 모형을 대상으로 한 편차정보기준 DIC 등, 보다 개량된 정보기준도 있습니다.

---

[*] 모형의 사전분포가 균등분포라고 할 때 사후확률을 최대화하려면 주변 가능도를 최대화하면 됩니다.

[**] Aho et al. (2014) Model selection for ecologists: the worldview of AIC and BIC. *Ecology*, *95*(3), pp. 631-636

또한, 앞서 소개한 AIC나 BIC는 파라미터 추정량분포를 정규분포로 근사할 수 있는 단순한 모형일 때 사용하는 방법입니다. 그렇지 않은 계층적 베이지안 모형이나 관찰할 수 없는 변수를 포함하는 모형일 때는, 11장에서 다룰 WAIC나 WBIC를 사용할 수 있다고 합니다.

．．．

최근 과학계에서는 논문으로 발표한 연구 성과를 재현하기 어렵다고 하는 '재현성 위기'가 문제시되고 있습니다. 그 원인의 하나로 가설검정을 비롯한 통계 방법들이 올바르게 쓰이고 있지 않다는 점을 들 수 있습니다. 연구나 비즈니스 현장에서 데이터 분석 결과를 신뢰할 수 있으려면, 가설검정을 둘러싼 문제점이나 적절한 사용 방법을 이해해 둘 필요가 있습니다.

9^장

가설검정의 주의점

재현 가능성과 p-해킹

9.1 ▶ 재현성

 가설검정, 이해는 어렵지만 시행은 간단

지금까지 다양한 통계분석 방법을 살펴보았습니다. 그중 가설검정은 여러 분석 방법의 결론부와 관련된 중요한 원리입니다. 그런데 독자 중에는 막상 가설검정 개념을 접해 보니, 쉽게 이해되지 않아 난감했던 분이 계실지도 모르겠습니다(적어도 필자는 그랬습니다). 실제로 가설검정의 이치는 까다롭고, 직관적이지 않다고 간주되고 있습니다.

그런 반면, 가설검정의 계산은 R 등의 통계 소프트웨어를 이용하면 t.test(x, y, var=T)와 같이 대부분 코드 한 줄로 실행할 수 있습니다. 그렇기 때문에 이치를 제대로 이해하지 않아도, '선행 연구를 모방하여 가설검정을 시행, $p<0.05$를 얻기만 하면 그만'이라 여기는 사용자가 많다는 것이 실정입니다. 실은 이런 가설검정의 취급 방식으로 말미암아, **재현성 위기**라는 중대한 문제가 일어난다고 생각합니다.

9장에서는 가설검정과 관련된 문제점이나 주의사항을 살펴보고, 통계 방법의 적절한 사용법을 설명합니다. 이 책을 집필하는 2021년 현재 가설검정 문제를 해결할 완벽한 수단은 없습니다만, 문제를 제대로 파악하고, 이후의 통계분석 변화에 유연하게 대응할 필요가 있습니다. 이 '재현성 위기' 현상은 과학

계뿐 아니라 데이터 분석을 실시하는 다양한 분야에 공통된 것이므로, 이 장은 모든 독자가 꼭 읽기 바랍니다 .

재현성 위기

● p값을 둘러싼 논쟁

가설검정 원리에는 과학계 전반에 걸친 데이터 분석 현장에서 오랫동안 사용되어 온 역사가 있습니다. 그러나 최근 **그림 9.1.1**에서 보듯이 가설검정이나 p값과 관련한 논쟁이 두드러지고 있습니다. p값을 사용하지 않는 것이 좋다는 주장부터, 유의수준 α=0.05를 변경하는 쪽이 좋다는 주장까지 다양합니다. 이런 이야기는 지금까지 열심히 가설검정을 배운 독자들에게 '다 된 밥에 코를 빠트린' 당황스러운 기분을 불러일으킬지도 모르겠습니다.

이런 논쟁의 배경에는 가설검정 원리상에서의 문제나, 가설검정의 잘못된 사용이 낮은 재현성으로 이어진다는 문제가 있습니다. 그러므로 가설검정의 문제점이나 그 사용 방법을 제대로 이해하는 것은, 현대 데이터 분석에 있어 필수라 할 수 있습니다.

◆ 그림 9.1.1 p값과 관련된 사건들

연도	사건
2014	과학 저널 Nature, p값을 비판하며 베이즈 인수 개념 제안
2015	심리학 저널 Basic an Applied Social Psychology, p값 금지 논설 발표
2016	미국통계협회, p값 관련 성명 발표
2017	과학 저널 Nature Human Behaviour, $p < 0.005$ 제안
2018	의학 저널 JAMA, $p < 0.005$ 제안

＊ 오리카사(2018)에서 일부 발췌

● 과학에서의 재현성

과학의 중요한 특징 중 하나로 **재현성(reproducibility, replication)**이 있습니다. 재현성이란 누가 언제 어디서 실험하더라도, 조건이 동일하다면 동일한 결과를 얻을 수 있어야 한다는 것입니다. 새롭게 개발한 약의 효과나 부작용을 조사하는 실험에 재현성이 있기 때문에, 비로소 안심하고 약을 복용하고 그 효과를 기대할 수 있습니다.[*]

그러나 최근 논문으로 발표된 내용을 다른 연구자가 동일한 방법과 조건으로 추시(남이 실험한 결과를 그대로 따라 확인함 −역주)했을 때, 같은 결과를 얻지 못했다는 보고가 다양한 분야에서 잇따르고 있습니다. 재현성이 없다는 것은 원래 논문의 주장이 잘못되었을 가능성이 있다[**]는 것을 의미하므로, 과학에서는 지극히 중대한 문제입니다. 이 문제를 재현성 위기(reproducibility crisis, replication crisis)라 합니다. 재현성이 없는 잘못된 주장이 많아지는 것은 과학계 전체로 보더라도 커다란 손실이라 할 수 있습니다.

● 심리학에서의 재현성 위기

재현성 위기를 정량적으로 보고한 유명한 연구(Open Science Collaboration, 2015)가 하나 있습니다. 심리학 분야에서 보고된 과거 연구 100건을 재실험(추시)하고, 그 재현성을 조사한 연구입니다. **그림 9.1.2**를 봅시다. 원래 연구에서는 97%(97/100)가 통계적으로 유의미($p<0.05$)하다고 한 데 비해, 추시에서는 그 중 36%(35/97)의 연구만 통계적으로 유의미한 것으로 나타났습니다.

---

[*] 단, 직접적인 관찰이나 실험이 불가능한 생물 진화의 역사를 추정하는 등의 연구 분야도 있으므로, 재현성을 과도하게 중시하는 폐해를 지적하는 목소리도 있습니다.

[**] 1번의 추시로 재현할 수 없다고 해서 원래 논문의 주장이 틀렸다고 할 수는 없습니다. 본디 검정력은 100%가 아닐뿐더러, 원래의 실험 조건을 완전히 동일하게 하기도 어려워 재현할 수 없었을 가능성도 있습니다. 그러므로 "잘못되었을 가능성이 있다."라고 표현했습니다.

◆ 그림 9.1.2 **원래 논문의 *p*값과 추시의 *p*값**

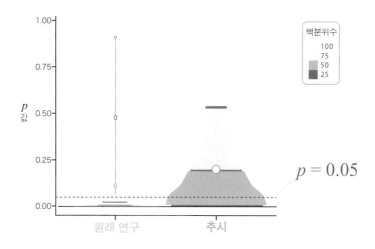

$p = 0.05$

100건의 연구에서 비롯된 100개 *p*값 분포를 바이올린 플롯으로 그린 것입니다. 점선은 *p*=0.05를 나타냅니다. 백분위수는 *p*값이 작은 쪽부터 0~25%, 25~50%, 50~75%, 75~100%를 표시하고, 4개 색으로 구분했습니다.

다시 말해, 약 1/3 정도밖에 재현할 수 없었다는 결과입니다. *p*값의 분포도 추시에서는 꽤 폭넓은 것을 알 수 있습니다. 또한 효과크기(예를 들어 평균값의 차이)도 원래 연구에서 보고된 값의 절반 정도에 불과하다고 밝혀졌습니다.

 ## 재현 불가능한 원인은?

앞에서는 심리학을 예로 들었습니다만, 재현성 위기는 다양한 분야에서 문제가 됩니다. 왜 재현성이 낮은 사태가 발생하는 것일까요?

낮은 재현성을 야기하는 원인은 다양하다고 생각됩니다. 그중 하나로, 실험 조건을 동일하게 조성하기 어렵다는 것을 들 수 있습니다. 예를 들어 심리학 실험에서 피험자의 성질이라는 조건은, 원래 연구와 똑같이 갖추기가 거의 불가능해, 실험을 제대로 재현할 수 없습니다. 이외에도 가설검정의 검정력은 100%가 아니므로, 원래 논문의 결론이 옳더라도 단 한 번의 추시로 얻은 데이터가 반드시 통계적으로 유의미하다고 할 수는 없습니다. 그러나 이런 요인들을 고려하더라도 앞서 이야기한 심리학 재현성 문제에서의 36%라는 숫자는, 낮다고밖에 말할 수 없습니다.

사실 낮은 재현성을 초래하는 또 하나의 주 원인은, 가설검정의 사용 방법에 있다고 여겨집니다. 과학 논문에서는 가설검정 결과 p값이 설정한 유의수준 α(보통 0.05)보다 낮다면 '통계적으로 유의미'하므로, 논문 저자가 세운 가설이 옳다고 주장할 수 있는 것이 관례입니다. 따라서 연구자는 p값이 0.05보다 작기를 기도하면서 분석 결과를 살펴봅니다. 무사히 $p<0.05$라면 논문으로 발표할 수 있고, 반대로 $p\geq0.05$라면 논문으로 발표할 수 없게 됩니다. 즉, 연구자에게 0.05라는 숫자는 천국과 지옥의 경계인 셈입니다.

놀랍게도, 가설검정 사용 방법에 따라 p값이 0.05보다 작아지게 조작하는 것이 가능합니다. 이처럼 자신에게 유리하도록 p값을 조작하는 행위를 p-해킹(p-hacking)이라 하며, 현재 매우 큰 문제가 되고 있습니다. p값을 직접 고쳐 쓰는 조작과 달리, p-해킹은 의도치 않게 저지를 수 있다는 것이 특히 우려스

◆ 그림 9.1.3 *p*-해킹과 낮은 재현성

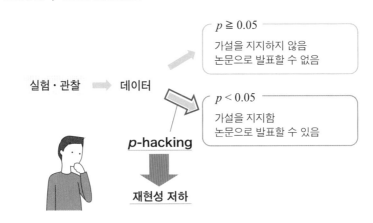

실험·관찰 ➡ 데이터

$p\geq0.05$
가설을 지지하지 않음
논문으로 발표할 수 없음

$p<0.05$
가설을 지지함
논문으로 발표할 수 있음

p-hacking

재현성 저하

러운 지점입니다. p-해킹에 따라 원래는 귀무가설이 옳음(예를 들어 2개 집단의 평균값에 차이가 없음)에도 불구하고, 대립가설(2개 집단의 평균값에 차이가 있음)을 채택해 논문으로 정리하기 때문에, 결과적으로 재현성이 낮은 연구 결과를 보고하게 됩니다. (p-해킹의 상세는 잠시 후 설명하겠습니다.)

가설검정 원리에서는 제1종 오류(위양성), 즉 실제로는 차이가 없음에도 차이가 있다고 하는 잘못이 일어날 확률을 유의수준 α로 설정하고, 분석자가 이를 통제할 수 있다는 점이 가장 중요합니다. 그럼에도, p-해킹에 의해 제1종 오류가 일어날 확률이 유의수준 α보다 커져 버리게 되는 것은 심각한 문제입니다.

 ## 과학 논문 게재 과정

대학이나 연구소에 근무하는 연구자의 주된 업무는 연구 성과를 논문 형태로 과학 저널(잡지)에 발표하는 것입니다.[*] 저널에 발표한 논문은 전 세계 연구자가 읽는다는 점, 또 동료 연구자 간의 심사(동료평가, peer review)라는 점에서 졸업 논문과는 성격이 다릅니다.

연구자는 평소 다른 연구자가 발표한 논문을 살펴봅니다. 논문을 읽으면 밝혀진 부분과 그렇지 못한 부분이 명확해지며, 새로운 아이디어를 얻을 수도 있습니다. 논문을 작성할 때는 선행 연구로서 과거의 관련 논문을 인용하여, 자신의 연구를 그 일련의 흐름 안에 위치시킵니다. 이런 의미에서 논문은 과학의 과거와 미래를 잇는 중요한 역할을 수행합니다.

논문을 저널에 발표하고자 마음먹어도, 그리 간단지는 않습니다. 먼저 완성한 논문을 저널 편집부에 투고합니다. 저널 편집자(대개 연구자가 겸임)는 투

---

[*] 국제학술대회의 프로시딩(간행물) 논문으로 이를 대신하는 분야도 있습니다.

고된 논문을 가까운 분야의 연구자 몇 명(보통 2~3명)에게 보내, 동료평가를 부탁합니다. 평가자는 연구 주제, 방법, 결과 해석 등 다양한 관점에서 논문을 확인하고, 평가 의견을 편집자에게 보냅니다. 편집자는 그 평가를 토대로 논문의 게재 여부를 판단합니다.

단번에 게재가 결정(승낙)될 때는 거의 없으며, 개선 여지가 있다면 메이저 리비전 또는 마이너 리비전 형태로 원고 수정이나 해석 추가를 요청합니다. 이 과정을 몇 번 거친 후 적절한 수정이 이루어졌다고 판단하면 비로소 게재하게 됩니다. 게재에 어울리지 않는다고 판단되는 경우 게재 불가(거절)가 되어, 다른 저널에 투고할 것을 고려해야 합니다.[*] 많은 사람이 읽는 주요 저널일수록 게재 경쟁이 심하므로, 질이 높은(신규성이 높고 증거가 강력하며 영향력이 큰) 내용을 원합니다. 투고 논문 중 최종 게재되는 논문의 비율(%)이 한자리 수에 불과한 저널도 있습니다.

연구자가 아닌 일반인 대부분은, 논문으로 발표된 연구 성과는 누구나 인정하는 '올바른 것'이거나 '진실'이라 생각하곤 합니다. 그러나 앞서 이야기했듯이 논문 게재 가부는 단 몇 명이 판단할 뿐이기에, 논문에 잘못이 있을 가능성도 있습니다.

논문 출판에서는 논문의 주요 주장에 대해 통계적으로 유의미한 결과 ($p<0.05$)를 얻지 못한 경우, 가설을 지지하지 않는다는 이유로 게재가 거절될 때가 흔합니다. 그러나 이런 판단은 $p \geqq 0.05$인 결과는 세상에 나오지 못하게 함으로써, 출판된 내용에 치우침이 생긴다는 이른바 **출판 편향(publication bias)** 문제를 일으킵니다. 이를테면 약의 효과를 인정할 수가 없는 케이스가 있음에도 효과가 인정된다는 결과만을 보고하게 되어, 약 본연의 효과를 왜곡해 버리는 등의 문제입니다.

---

[*] 번거롭긴 하지만, '재투고 가능 게재 불가'라는 판단이 있는 저널도 있습니다. 또한, 이해할 수 없는 이유로 거절될 때도 있는데, 이럴 때는 편집부에 이의를 제기하기도 합니다.

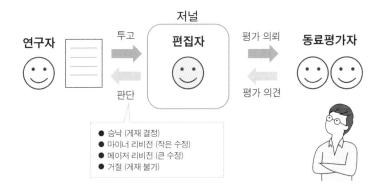

저널

연구자　　　투고　　편집자　　평가 의뢰　　동료평가자

판단　　　　　　　평가 의견

● 승낙 (게재 결정)
● 마이너 리비전 (작은 수정)
● 메이저 리비전 (큰 수정)
● 거절 (게재 불가)

　그 밖에도 논문 출판 과정과 가설검정이 합쳐져 일어나는 문제가 있습니다. 일정 수 이상의 논문을 발표하지 않으면 다음 일을 얻지 못하거나 고용을 유지할 수 없는 등의 냉엄한 현실에 놓인 젊은 연구자라면, 통계분석 결과가 $p<0.05$인지 아닌지가 사활문제로 이어집니다. 이러한 상황이 어떻게 해서든 $p<0.05$가 되도록 꾀를 부리는 p-해킹을 부추기는 구조로 작용합니다.

9.2 가설검정의 문제점

 가설검정 이해하기

통계분석 강연을 위해 한 생물학회의 학술대회에 참가했을 때, 필자는 p값의 정의를 말할 수 있는 사람이 어느 정도인지를 물었습니다. 그러자 아무도 손을 들지 못한 채 "막상 물어보니 말하기가 어렵네요……."라는 반응을 보인 적이 있었습니다.

2016년 발표된 미국 통계협회의 성명은 'p값의 오해'에 관한 것이었습니다. 이는 데이터 해석 결과 대다수가 p값에 기반을 둠에도, 가설검정 원리와 p값을 이해하지 못한 채 사용하는 사람이 많다는 우려스러운 상황을 시사하고 있습니다. 이해하지 못하고 사용하는 바람에 '통계적으로 유의미', 즉 $p < 0.05$의 결과만 얻으면 그걸로 좋다고 생각하게 되어, p-해킹으로 이어질 염려가 있습니다.

 p값 되돌아보기

가설검증은 5장에서도 설명했지만, 좀더 심도 있게 이해하기 위해 여기서 다시 한번 보충해 두고자 합니다.

p값의 정의는 '귀무가설이 옳다고 가정할 때 실제 관찰한 데이터 이상으로 극단적인 값을 얻을 확률'입니다. 이 값이 작으면 귀무가설과 관찰한 데이터 사이에 괴리가 크다는 것을 뜻하며, 아예 유의수준 α를 밑도는 때에는 귀무가설을 기각하는 판단을 내리게 됩니다. 이렇게 하면 제1종 오류가 일어날 확률을 α 아래로 유지할 수 있습니다.

일반적으로 $\alpha=0.05$을 이용하기 때문에, 귀무가설이 옳더라도 평균 20번에 1번꼴로 $p < \alpha$가 될 수 있습니다. **그림 9.2.1**은 2개 집단의 평균값 검정을 시행했을 때 p값이 어떤 값이 될지를 계산한 시뮬레이션 결과입니다. 단, 2개 집단 모두 평균 0, 표준편차 1인 모집단에서 추출한 표본이므로, 귀무가설이 옳은 상황임에 유의하세요.

왼쪽은 표본을 무작위로 추출하여 t검정을 100번 시행한 결과입니다. p값은 매번 다양한 값을 취하지만, 100번 중 5번 정도는 0.05를 밑도는 것을 확인할 수 있습니다. 오른쪽은 10,000번 시행했을 때의 p값 분포를 나타냅니다. p값은 대략 균등분포이고, 그중 5% 정도에서 $p<0.05$가 된다는 것을 알 수 있습니다.

◆ 그림 9.2.1 **귀무가설이 옳을 때의 p값**

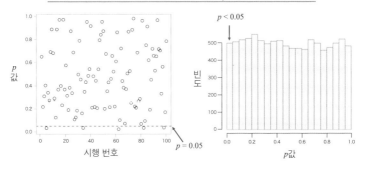

귀무가설이 옳더라도 평균 20번 중 1번은 p값이 0.05보다 작음

같은 정규분포에서 무작위로 표본을 추출하여 이표본 t검정을 실행한 시뮬레이션 결과입니다. 왼쪽 그림에서 붉은색 점선이 $p=0.05$를 나타냅니다.

● 왜 α=0.05를 사용하는가?

과학 연구에서는 보통 유의수준으로 α=0.05를 이용합니다. 이는 귀무가설이 옳을 때 평균 20번에 1번꼴로 귀무가설을 기각하고, 대립가설을 채택하는 오류를 허용한다는 것을 나타냅니다. 그러면 왜 α=0.05라는 값일까요? 놀랍게도 0.05를 쓰는 데 근거는 없습니다. 통계학자 로널드 피셔(Ronald Aylmer Fisher)가 자의적임을 인정하면서도 증거의 강력함을 나타내는 지표로 사용한 것이 그 시작으로, 현대 과학에서는 이를 관례처럼 사용할 뿐입니다.

α=0.05라는 숫자를 사용하여 얻은 통계적으로 유의미한 결과 중, 실제로는 귀무가설이 옳았을 비율이 뜻밖에 높습니다. 예를 들어 귀무가설이 옳을 때와 대립가설이 옳을 때의 비율이 5:1이라고 하고, 검정력 $1-\beta = 0.8$로 검정을 수행하면, 유의미였던 결과 중 약 24%는 사실 귀무가설이 옳았던 것으로 나타납니다. (자세한 내용은 이후 '논문이 잘못될 확률'에서 설명합니다.)

이러한 잘못을 가능한 한 줄이기 위해서는 α를 작게 설정하면 됩니다만, 5장에서 설명했듯 유의수준 α와 제2종 오류가 일어날 확률 β는 서로 상충 관계이기 때문에, α를 작게 하면 β는 커져 버리는 문제가 있습니다.

최근에는 α=0.005라는 기준을 사용하자고 제안하는 논문도 있습니다(벤자민 외Benjamin et al. 2018). 나중에 설명할 베이즈 인수라 부르는 다른 지표로부터 α=0.005를 이끌어 내고, 표본크기 n을 70% 정도 늘려 β가 커지지 않도록 하자는 아이디어입니다. 현재 이 기준을 널리 사용하고 있지는 않지만, 이후 동향에 따라 이러한 새로운 α로 바뀔 가능성도 있습니다.

 피셔류 검정과 네이만 − 피어슨류 검정

역사적으로 통계학 검정에는 피셔류 검정과 그 후 발전한 네이만−피어슨류 검정의 2가지가 있습니다.

먼저 정립된 **피셔류 검정**에서는 귀무가설이 옳을 때 관찰한 데이터 이상으로 극단적인 값을 얻을 확률인 p값을 계산하고, 귀무가설과 관찰한 값의 괴리 정도를 평가합니다. 가설을 기각한다는 개념은 없고, p값의 크기에 따라 증거의 강력함을 평가한다는 특징이 있습니다.

그 후 네이만과 피어슨은 대립가설을 설정하고 제1종 오류, 제2종 오류를 고려하는 현대 가설검정의 흐름을 만들었습니다. **네이만–피어슨류 검정**에서는 p값이 유의수준 α 미만인가 이상인가에만 주목하여, 가설 기각/채택이라는 결론을 내립니다. 그러므로 p값이 0.01이든, 0.001이든, $p<0.05$라는 점에서는 똑같으므로 모두 통계적으로는 유의미하다는 결과가 됩니다.

단, 네이만–피어슨류 검정에서는 미리 검출하고자 하는 효과크기를 정하고, 설정한 α와 β에 따라 필요한 표본크기 n을 결정해야 합니다. 표본크기 n이 크면 아주 약간의 차이라도 귀무가설을 기각해 버리게 되기 때문입니다.

그런데 미리 표본크기 n을 정하는 네이만–피어슨류 검정이 항상 가능하지는 않습니다. 예를 들어 실험 연구라면 피험자 모집을 통해 n을 통제할 수 있겠지만, 관찰 연구에서는 표본크기 n이 이미 결정되어 있는 경우가 적지 않습니다. 이럴 때는 p값이 0.05보다 작은가에 주목하기보다 p값 그 자체나 신뢰구간, 또는 나중에 설명할 효과크기까지도 함께 보고하고 논의하는 것이 바람직합니다.

실제로 현대 가설검정에서는 p값이 0.05보다 큰지 작은지가 아니라 p값 자체를 기재하거나, $p<0.05$, $p<0.01$, $p<0.001$ 등의 단계에 따라 * 기호를 붙일 것을 권장하고 있습니다. 어떤 면에서는 피셔류 검정처럼 p값 크기 그 자체에도 의의를 부여하려는 움직임이라고 생각할 수 있습니다(야나가와永田, 2017).

● 표본크기 *n* 정하기

앞서 설명한 바와 같이, 네이만－피어슨류 검정에서 표본크기 *n*은 데이터를 얻기 전에 미리 설계해 두어야 합니다. 9.3절에서 살펴보겠지만, 결과를 본 후에 데이터를 추가하여 표본크기 *n*을 늘리는 것은 *p*-해킹으로 이어지므로 적절하지 못한 순서입니다.

◆ 그림 9.2.2　*t*검정에서 표본크기 *n* 결정

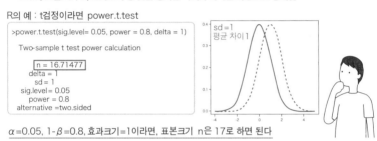

α와 β, 표본크기 n, 효과크기 중 셋을 정하면 나머지 하나는 자동으로 정해짐

R의 예 : t검정이라면 power.t.test

>power.t.test(sig.level= 0.05, power = 0.8, delta = 1)

Two-sample t test power calculation

n = 16.71477
delta = 1
sd = 1
sig.level = 0.05
power = 0.8
alternative =two.sided

sd = 1
평균 차이 1

α =0.05, 1-β =0.8, 효과크기=1이라면, 표본크기 n은 17로 하면 된다

가설검정에서 유의수준 *α*와 검정력 1−*β*, 어느 정도 차이를 의미 있는 차이라 보는지의 효과크기, 마지막으로 표본크기 *n*은, 넷 중 셋을 결정하면 나머지 하나는 자동으로 정해집니다. 그러므로 *α*와 1−*β*, 효과크기를 알면 필요한 표본크기 *n*을 계산할 수 있습니다. 다만, 직접 계산하기는 쉽지 않으므로 통계 소프트웨어를 사용합니다.

예를 들어 통계 소프트웨어 R에서는 *t*검정에 power.t.test라는 함수를 사용할 수 있는데, **그림 9.2.2**와 같이 *α*(*sig.level*), 1−*β*(*power*), 효과크기(*delta*), 표본크기(*n*) 중 셋을 입력하면 남은 하나를 산출해 줍니다. 여기서는 효과크기 즉, 원래 분산에 대한 평균값의 차이가 1 이상이면 유의미한 차이라 간주하고, *α*=0.05, 1−*β*=0.8이라 정했습니다. 이때 필요한 표본크기 *n*은 16.7이라 하므로,

17이면 충분할 것입니다.

● 표본크기 n과 p값

p값이 $p=0.01$로 작은 값임을 알았을 때, 어느 정도의 평균값 차이가 있다고 상상하게 될까요? **그림 9.2.3** 왼쪽처럼 충분히 큰 차이가 있으리라 생각하지 않을까요?

◆ 그림 9.2.3 **표본크기 n이 클 때의 p값**

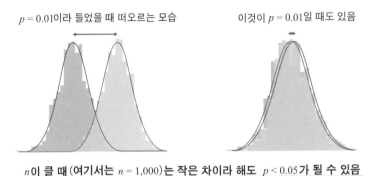

$p = 0.01$이라 들었을 때 떠오르는 모습   이것이 $p = 0.01$일 때도 있음

n이 클 때(여기서는 $n = 1,000$)는 작은 차이라 해도 $p < 0.05$가 될 수 있음

> 왼쪽은 모집단의 표준편차가 1이고 평균이 0과 3인 정규분포이고, 오른쪽은 모집단의 표준편차가 1이고 평균이 0과 0.1인 정규분포입니다. 표본크기 $n=1,000$으로 얻은 표본을 대상으로 t검정을 시행하면, 왼쪽은 $p<2.2\times10^{-16}$의 아주 작은 값이 되며, 오른쪽에서도 $p=0.01$이라는 통계적으로 유의미한 차이를 얻을 수 있습니다.

그러나 표본크기 n이 클수록 오른쪽과 같이 아주 약간의 차이로도 $p=0.01$이 될 수 있습니다. 즉, p값은 차이의 크기뿐만 아니라 표본크기 n에도 의존하는 것입니다. 만일 평균값의 차이가 같더라도, 표본크기 n이 커질수록 p값은 작아집니다. 이는 4장에서 설명한, 표본크기 n이 커짐에 따라 신뢰구간의 폭이 좁아지는 현상과 관련이 있습니다.

그림 9.2.4를 봅시다. 평균 0, 표준편차 1인 정규분포와 평균 1, 표준편차 1인

정규분포 각각으로부터 $n=10$씩 표본을 추출해 t검정을 시행했더니, $p=0.17$ 정도로 통계적으로 유의미하지 않았습니다. 그러나 $n=100$씩 표본을 추출하자 $p=1.0×10^{-8}$이라는 무척 작은 p값을 얻을 수 있었습니다. 즉, 표본크기에 따라 가설검정의 결과가 달라지는 것입니다.

표본크기 n에 대해 p값이 어느 정도 달라지는지를 나타낸 것이 **그림 9.2.4** 왼쪽의 곡선입니다. 여기서는 p값 평균을 세로축에 두었는데, 대립가설이 옳을 때의 p값이 유의수준 $\alpha=0.05$보다 작을 비율인 검정력을 세로축으로 한 것이 **그림 9.2.4** 오른쪽입니다. 그러면 **그림 9.2.2**에서 본 것처럼, 검정력 0.8에 필요한 표본크기가 $n=17$임을 확인할 수 있습니다.

◆ 그림 9.2.4 **표본크기와 p값**

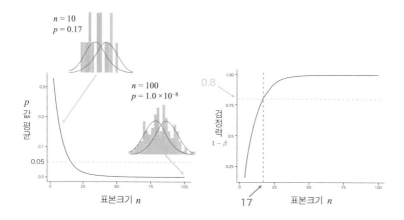

표준편차는 모두 1이고, 평균은 각각 0과 1인 정규분포에서 표본크기 n으로 표본을 추출해, t검정을 시행하여 p값을 확인하는 작업을 각 n에 대해 1만 번 반복한 예입니다.

여기서 중요한 것은, 표본크기 n이 커지면 p값은 작아지므로 검출하고자 하는 효과크기를 사전에 설정하고 표본크기 n을 설계해야 한다는 점입니다. 간혹 표본크기 n을 사전에 설계하지 않은 관찰 데이터로부터 표본크기 n이 매우 큰, 예를 들어 n=10,000인 데이터를 얻을 때가 있습니다. 이러한 데이터로 가설검정을 시행하면 앞서 이야기한 것처럼 아주 작은 차이로도 p값이 작아져, 통계적으로 유의미한 차이를 검출하게 됩니다.

그러므로 $p<0.05$에만 관심을 두어서는 안 되며, 다음에 설명하듯이 효과크기나 신뢰구간을 나타내는 것 역시 중요합니다. 표본크기 n이 너무 크면 좋지 않다는 의견이 있는데, 큰 표본크기 n은 신뢰구간을 좁혀 한층 더 신뢰 가능한 추정값을 얻을 수 있다는 점에서는 반가운 것입니다.

효과크기

이표본 평균값 비교에서 $p<0.05$을 얻어 통계적으로 유의미한 차이가 있음을 알았다고 해도, 이는 귀무가설이 옳다고는 생각하기 어려움($\mu A = \mu B$가 아니다)을 나타낼 뿐이며, 평균값에 얼마나 차이가 있는지는 말해 주지 않습니다. 그러므로 얼마만큼의 효과가 있는지를 나타내는 **효과크기(effect size)**도 함께 표기하는 것이 바람직합니다.

먼저 평균값의 차이를 나타내는 효과크기의 예를 살펴봅시다. (5장에서도 잠시 다뤘지만) 2개 집단 평균값 차이의 효과크기에는, 원래 모집단의 분산을 기준으로 2개의 모집단평균이 얼마나 떨어져 있는지를 나타내는 **Cohen's d**(또는 거의 같은 Hedge's g)가 있습니다.

정의는 다음 식과 같습니다. 여기서 s_A, s_B는 **표본A, 표본B의 표본표준편차**, n_A, n_B는 **표본A, 표본B의 표본크기**를 나타냅니다(비편향표준편차를 이용하여 n_A, n_B를 n_A-1, n_B-1로 하면, Hedge's g가 됩니다).

$$d = \frac{\overline{x}_A - \overline{x}_B}{s} \qquad \text{(식 9.1)}$$

$$s = \sqrt{\dfrac{n_{\mathrm{A}}s_{\mathrm{A}}{}^{2} + n_{\mathrm{B}}s_{\mathrm{B}}{}^{2}}{n_{\mathrm{A}} + n_{\mathrm{B}}}}$$

(식 9.2)

Cohen's d를 직관적으로 이해하기 위해서, 2개 모집단의 표준편차가 모두 1인 예를 들어 보겠습니다. 그러면 평균값의 차이가 2일 때는 Cohen's d=2/1=2, 1일 때는 Cohen's d=1/1=1, 0.2일 때는 Cohen's d=0.2/1=0.2가 됩니다. 한편, 표준편차가 0.5와 같이 작은 경우에는 평균값의 차이가 마찬가지로 2, 1, 0.2라 하더라도 각각의 Cohen's d는 4, 2, 0.4가 됩니다.

이렇게 정의하는 이유는, "평균값 차이는 10"이라고 보고하더라도, 이것이 큰지 작은지를 알 수 없기 때문입니다. 모집단의 분산이 아주 크다면, 평균값의 차이가 10이라 해도 대단한 차이는 아니라고 생각할 수 있습니다. 하지만 모집단의 분산이 작은 상황에서 평균값 차이가 10이라면 차이가 크다고 할 수 있을 것입니다. 그러므로 Cohen's d는 데이터 값 그 자체(또는 단위)에 의존하지 않도록, 모집단의 분산으로 표준화하여 평균값의 차이를 이해하고자 하는 지표인 셈입니다.

◆ 그림 9.2.5 Cohen's d

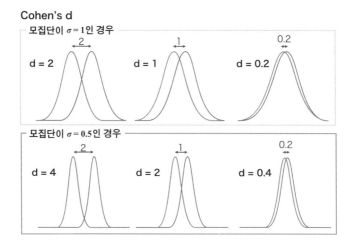

또한, p값에서 볼 수 있는 표본크기 n에 대한 의존성은 없습니다. 이러한 효과크기는 **메타 분석**에서도 중요합니다. 메타 분석이란 어떤 현상을 보고한 여러 논문을 통합하여, 결과를 종합적으로 평가하는 방법입니다. 단위나 평가축에 의존하지 않는 효과크기라는 통일된 지표를 이용함으로써, 연구를 비교하거나 총체적으로 평가할 수 있습니다.

● 다양한 효과크기

그 밖에도 분석 방법에 따른 다양한 효과크기가 제안되어 있습니다. 예를 들어 상관이라면 상관계수 r 그 자체를, 회귀라면 결정계수 R^2을 효과크기로 사용할 수 있으므로 이해하기 쉽습니다. 이외의 것들도 포함하여, **그림 9.2.6**에 효과크기를 정리했습니다.

여기서 η^2은 분산 설명률(어떤 요인의 제곱합/전체의 제곱합)[*]로, R^2과 같다고 생각하면 됩니다. 윌콕슨 순위합 검정에서는 검정통계량이 정규분포라고 가정하고 얻은 p값으로 z점수(Z−score)를 계산한 뒤, $r = z / \sqrt{n}$ 로 효과크기를 정합니다.

카이제곱검정에서는 2×2 분할표라면 $\varphi = \sqrt{\chi^2 / n}$ 을, 2×2 이외의 분할표라면 (행과 열 중 작은 쪽의 수−1)을 df_s로 한 Cramer's $V = \sqrt{\chi^2 / (df_s n)}$ 을 이용합니다. 연관성계수라고도 하는데, 0이라면 완전한 독립이고 1에 가까울수록 행과 열이 서로 관련되어 있음을 의미합니다.

하나의 분석에 여러 가지 효과크기가 존재할 때도 있지만, 여기서는 간단히 하고자 대표적인 효과크기만 하나씩 설명했습니다. 효과크기의 대/중/소 등의 크기 해석도 참고로 섞어 두었습니다만, 연구 분야나 문맥에 따라 그 뜻이 다르므로 주의해야 합니다.

---

[*] 제곱합이란 평균과 각 값의 차이를 제곱하여 모두 더한 값으로, 표본크기 n으로 나누면 분산이 됩니다.

효과크기 이외에도 차이±신뢰구간, 또는 11장에서 살펴볼 베이즈 통계의 신뢰구간을 함께 보고하게 되면, (표준화되지는 않았으나) 차이의 크기를 나타낼 수 있습니다. 거듭 이야기합니다만, p값만을 보고하는 것이 아니라 이러한 효과크기도 함께 나타내는 것이 현대 통계 해석에서는 주류입니다.

◆ 그림 9.2.6 **검정 방법에 따른 효과크기**

분석	효과크기	소	중	대
t검정	d	0.2	0.5	0.8
상관	r	0.1	0.3	0.5
(다중) 회귀	R^2	0.02	0.13	0.26
ANOVA	η^2	0.01	0.06	0.14
윌콕슨 순위합 검정	r	0.1	0.3	0.5
카이제곱검정 (2×2)	φ	0.1	0.3	0.5
카이제곱검정 (2×2 이외)	Cramer's V	0.1	0.3	0.5

베이즈 인수

가설검정 구조에서는 $p<0.05$을 얻었을 때 귀무가설을 기각하고 대립가설을 채택하는 것이 흐름이었습니다. 이와 달리 $p≧0.05$일 때는 "통계적으로 유의미한 차이가 없다(발견되지 않았다)"라고 표현하는데, 이는 귀무가설을 채택하는 것이 아니라 판단을 보류한다는 뜻입니다. 가설검정에서 귀무가설과 대립가설은 대등한 관계가 아니므로, 귀무가설을 지지할 수는 없기 때문입니다.

이 문제의 해결책 중 하나로, p값 대신 사용하는 **베이즈 인수**(Bayes factor)라는 지표가 있습니다(제프리스, 1935, 1961). 베이즈 개념은 11장에서 자세히 설명하고 있으니, 이 부분을 정확하게 이해하려면 11장부터 읽는 것이 좋습니다.

가설을 수학적으로 나타낸 것을 모형이라 할 때, 어떤 모형 M이 얻은 데이터 x를 설명하는 데 얼마나 적절한지는 다음 식으로 나타냅니다. 이것을 **주변 가능도** 또는 **에비던스**라 부릅니다.

$$p(x \mid M) = \int p(x \mid \theta, M)\, p(\theta \mid M)\, d\theta \quad \text{(식 9.3)}$$

모형(가설) M은 데이터를 생성하는 확률분포와 그 확률분포의 파라미터 θ의 사전분포로 구성됩니다. $\mu_A \neq \mu_B$라는 대립가설에서는 다양한 μ_A, μ_B를 고를 가능성이 있는데, 이를 파라미터 θ의 사전분포로 표현합니다. 주변 가능도는 얻은 데이터 x에 대한 모형 M의 평균 예측력이라 파악할 수 있으므로, 이 값이 클수록 모형 M이 데이터 x를 잘 설명할 수 있다는 것을 나타냅니다.

베이즈 인수 B는 얻은 데이터 x에 대해 2개의 모형(가설) M_1, M_2를 상정하고, 이 둘의 주변 가능도 비율로써 정의됩니다.

$$B = \frac{p(x \mid M_1)}{p(x \mid M_2)} \quad \text{(식 9.4)}$$

베이즈 인수는 비율이므로, 1보다 크다면 분모인 M_2에 비해 분자인 M_1의 주변 가능도가 큽니다. 따라서 얻은 데이터 x를 설명하는 데는 M_1 쪽이 보다 적합하다고 생각할 수 있습니다.

단, 값의 크기를 해석할 때는 주의해야 합니다. 제프리스(Jeffreys, 1961)는 주변 가능도가 1보다 크고 3.2 미만인 경우, M_2와 비교하여 M_1을 지지하는 경향이 있다고 하더라도 실질적인 의미가 있다고는 생각하기 어렵고, 3.2보다 크다면 이를 지지하는 데 실질적인 의미가 있으며, 10보다 그다면 강하게 지지할 수 있다는 기준을 제안했습니다. 이것을 수정한 카스&라프터리(Kass and Raftery, 1995)를 비롯해, 그 밖에도 몇 가지 기준이 있습니다.

그림 9.1.1에서 소개한 $\alpha = 0.005$라는 기준은 베이즈 인수에서 유래된 것입니

다. $\alpha=0.05$는 약 2.5~3.4(약한 증거)의 베이즈 인수에 대응하고, $\alpha=0.005$는 약 14~26(강한 증거)의 베이즈 인수에 대응합니다. 이렇게 변경하면 나중에 설명할 허위발견율을 줄일 수 있다고 합니다(벤자민 외, 2018).

● 베이즈 인수의 특징과 주의점

p값 문제에서 본 귀무가설과 대립가설 간 비대칭성 문제는 베이즈 인수에는 해당하지 않습니다. 따라서 2가지 가설을 대등하게 비교할 수 있으며, 귀무가설을 지지할 수도 있습니다. 또한 베이즈 인수가 특정 값이 될 때까지(한쪽 가설을 강하게 지지할 수 있을 때까지) 표본크기 n을 늘린다는, 순차적인 갱신이 가능하다는 이점이 있습니다.

이외에도 데이터를 예측하는 정도가 2개 모형에서 동일할 때, 파라미터가 적은 단순 모형이 선택된다는 성질이나, 비교하는 모형 중에 실제 모형이 포함되어 있다면 표본크기 $n \to$ 무한대일 때 실제 모형을 고를 확률이 1에 한없이 가까워지는 성질(일치성)이 있기 때문에 좋은 지표라 할 수 있습니다.

한편, 주의할 점도 몇 가지 있습니다.

첫 번째, 베이즈 인수는 두 가설의 상대적인 비교일 뿐이어서, 한쪽 가설이 나쁜 것만으로 베이즈 인수가 큰 값이 될 수도 있습니다. 그렇기에 절대적인 가설의 좋고 나쁨을 확인하는 방법으로, 사후예측분포를 평가하는 사후예측 점검을 수행할 필요가 있습니다.

두 번째, 베이즈 인수는 파라미터 θ의 사전분포에 영향을 받습니다.

세 번째, 주변 가능도를 구할 때는 모형으로 설정한 파라미터로 평균화하기 위한 적분 계산이 필요합니다. 그러므로 간단하게 계산할 수 있는 p값에 비해, 베이즈 인수를 계산하는 데는 시간과 노력이 필요할 수 있습니다.

논문이 옳지 않을 확률

논문에서 보고된 가설이 정말로 옳은 경우는, 도대체 얼마나 될까요? 일반적인 가설검정을 바탕으로, 간단한 사고 실험을 해보겠습니다. 유의수준 $\alpha=0.05$이고, 대립가설이 옳을 때 제대로 대립가설을 채택할 확률인 검정력은 $1-\beta=0.8$이라 합시다. 그리고 중요한 요인으로서, 세운 가설이 옳을 확률을 Q라 하겠습니다. 보통은 이 Q값을 알 수 없으므로, '만약 ○○%라면'이라 생각하고 진행하겠습니다.

세운 가설 중 $Q=10\%$가 진실이라고 하겠습니다. 1,000명의 연구자가 있고, 각자 자신이 세운 가설을 검증한다면, 그중 100건이 옳고 900건이 그렇지 않다고 볼 수 있습니다. 검정력은 $1-\beta=0.8$이므로, 100건 중 80건이 통계적으로 유의미하다고 검출될 것입니다. 한편, 잘못된 가설 900건에 $\alpha=0.05$를 적용하면, 개중 45건은 통계적으로 유의미하다고 할 수 있습니다(위양성). 그러면 통계적으로 유의미하다고 보고된 연구에 대해, 다음과 같은 결과가 나옵니다.

- 80/(80+45)=64%는 옳음
- 45/(80+45)=36%는 위양성

옳다고 주장된 것 중 위양성인 것의 비율을, **허위발견율(FDR, false discovery rate)**이라 합니다. 높은 FDR은 재현성 저하로 직결되므로, FDR은 가능한 한 작은 것이 바람직합니다. α, $1-\beta$, Q가 이번 예와 같이 설정됐을 때, FDR은 36%로 간단히 표현하면 (예비 실험이나 추시를 하지 않고 1번의 실험 결과를 보고한다고 할 때) 논문의 36%는 옳지 않은 것이 됩니다. 이는 상당히 큰 값이라 할 수 있을 것입니다.

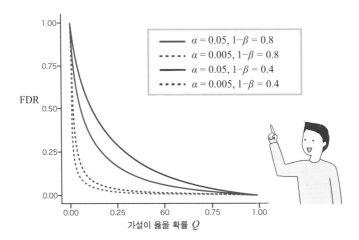

가설이 옳을 확률 Q와 허위발견율(FDR)의 관계를 유의수준 α=0.005, 0.05와 검정력 $1-\beta$=0.4, 0.8로 바꿔 가며 그린 그림입니다. 그림을 보면 Q가 내려갈수록 FDR은 오르지만, α=0.005로 설정하면 대폭 억제되는 것을 알 수 있습니다.

α, $1-\beta$는 같은 값을 사용하고, Q만을 바꿔 마찬가지로 계산해 봅시다. FDR은 Q=50%에서 5.9%, Q=80%에서 1.5%가 되어, 상당히 낮아졌습니다(**그림 9.2.7**). 즉, 가설검정에서는 좋은 가설(높은 Q)을 세우는 것이 매우 중요하다는 것을 알 수 있습니다. 또한, **그림 9.2.7**에서 보듯이 유의수준 α를 0.005처럼 작게 할수록 FDR은 떨어집니다. 반면 검정력이 0.8에서 0.4로 감소하면, FDR은 증가합니다. 특히, α=0.05일 때는 검정력의 차이가 FDR에 큰 영향을 미친다는 것을 알 수 있습니다.

좋은 가설 세우기

여기서 말하는 '좋은 가설'이란, 진실을 말하는 가설을 뜻합니다. 예를 들어,

"백두산의 샘물이 암을 치료한다."라는 가설을 세웠다고 합시다. 백두산의 샘물이든, 수돗물이든 기본은 H_2O며, 수돗물과 샘물이 다른 점은 미네랄 함유량 정도입니다. 이러한 미네랄이 암에 특별한 효과가 있을 리는 없으므로, 이것은 나쁜 가설이라 할 수 있습니다. 그러나 이처럼 황당무계한 가설이라도 설악산의 샘물, 한라산의 샘물 등 여러 가지 가설을 세워 검정하다 보면, 어쩌다 $p<0.05$이 되어 얼핏 효과가 있는 것처럼 보이게 되고, FDR은 상승합니다.

반면 "암과 관련된 것으로 여겨지는 유전자가 있으며, 이 발현을 억제하는 효과가 있는 약이 암을 치료한다."는 좋아 보이는 가설입니다. 이처럼 메커니즘이 상정 가능하다거나, 혹은 이론이 존재하는 경우 좋은 가설을 세울 수 있습니다. 심리학에는 학문의 이론적 토대가 약하다 보니 좋은 가설을 세우기가 어렵다는 문제가 있는데, 이것이 낮은 재현성의 원인이 아니냐는 의견도 있습니다(이케다池田, 히라이시平石, 2016).

그러나 논문으로서 그럴듯하고 강한 인상을 주는 것은, 지금까지 아무도 생각하지 않았던 예상 외의 요소를 다룬 가설인 경향이 있습니다. 그렇기 때문에 강한 인상을 줄 만한 가설을 한 번에 입증하려 하고, 그 결과 나쁜 가설을 검증하는 일이 횡행하기 십상입니다. 그런 만큼 예상 외면서도 좋은 가설을 세워, 이를 검증하는 것이 연구자의 실력을 판가름한다고 말할 수 있습니다.

9.3 p-해킹

 p-해킹(p-hacking)이란?

지금까지는 가설검정 자체의 문제점이나 함정에 관해 알아보았습니다. 지금부터는 가설검정을 사용하는 쪽의 문제인 p-해킹에 관해 설명하고자 합니다.

p-해킹(p-hacking)이란 의도하든, 의도하지 않든 p값을 원하는 방향으로 (유의수준 α=0.05 미만이 되도록) 조작하는 행위입니다. 수치를 고치는 것이 아니라, p값이 0.05 미만이 되도록 실험을 설계하거나 해석하는 것을 말합니다. 이로 인해 실제로는 귀무가설이 옳음에도 대립가설이 옳다는 오판이 초래되며, 그 결과 재현성이 낮아집니다. p-해킹의 무서운 점은, "의도하지 않았는데 눈치채 보니 p-해킹"의 상황이 될 가능성이 있다는 데 있습니다.

그럼 p-해킹의 구체적인 예를 살펴볼까요?

예 ①: $p<0.05$가 될 때까지 표본크기 n을 늘림

예 ②: 처음에는 $n=30$으로 실험하여 $p=0.07$이었지만, 표본크기 $n=10$을 추가하여 $n=40$으로 실험했더니, $p<0.05$이 되었기에 이를 보고함

예 ③: 여러 개의 요인을 탐색하여, 그중 $p<0.05$인 것만 보고함

● 결과를 보며 표본크기를 늘려서는 안 됨

예 ①이나 예 ②가 왜 잘못인지를 생각해 봅시다. 표본크기 $n=10$에서 시작하여 이표본 t검정을 시행하고, 결과를 보면서 표본크기 n을 늘려 가는 시뮬레이션을 해보겠습니다. 단, 2개의 모집단은 동일해 귀무가설이 옳은 상황입니다. 표본크기 n을 1씩 늘리면서 t검정을 시행하고 p값을 확인해 보세요. $p<0.05$이 되면 더는 n을 늘리지 않고, 해석을 중지합니다.

최대 $n=100$까지를 가정하여 이 시행을 반복하면, 약 30%가 어딘가에서 $p<0.05$이 되며 통계적으로 유의미한 차이가 있다는 결과를 얻게 됩니다. 유의수준을 $\alpha=0.05$로 했으니 위양성이 발생할 확률은 5%여야 함에도 30%까지 올라가 버립니다. 이는 표본크기 n을 늘려 가다 보면 적어도 1번은 $p<0.05$가 되는 확률이 0.05보다도 커지기 때문입니다.

앞의 예 ②는 결과를 보고, 데이터를 조금 더 추가하면 $p<0.05$가 될지도 모른다는 기대를 품는 경우입니다. 이 역시도 마찬가지로 귀무가설이 옳은 상황

◆ 그림 9.3.1 **표본크기 n에 따른 p값의 변화**

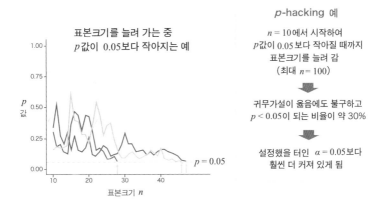

표본크기 n을 늘렸을 때 어딘가에서 $p<0.05$가 되는 시행의 예를 3가지 정도 그림으로 나타냈습니다. 귀무가설이 옳을 때 표본크기 n을 조금씩 늘리면서 p값을 확인해 보면, 오르락내리락 움직이고 있음을 알 수 있습니다. 그러다 보면 어딘가에서 0.05를 밑도는 일이 일정한 확률로 일어나 버립니다(화살표).

에서 시뮬레이션 하겠습니다. $n=30$에서 $0.05 \leq p < 0.1$일 때만 실험을 추가하여, $n=40$으로 만들고 재해석했다고 합시다. 그러면 전체에서 $p < 0.05$가 될 확률이 7%에 가까워집니다. 이 역시도 설정한 유의수준 $\alpha = 0.05$에서 벗어납니다.

● **마음에 드는 해석만 보고해서는 안 됨**

이번에는 예 ③의 상황을 생각해 봅시다. 신약을 개발할 때를 떠올려 보세요. 개발한 약A에 효과가 있는지 조사한 결과 $p \geq 0.05$로, 통계적으로 유의미한 결과를 발견하지 못했습니다. 그리고 약B를 개발해 실험했더니, 역시 마찬가지로 $p \geq 0.05$였습니다. 다음으론 약C를 실험… 하는 식으로 과정을 반복합니다.

그러다 7번째 약G에서, $p < 0.05$가 되어 통계적으로 유의미한 효과가 있다는 결과를 얻었다고 합시다. 이때 "약G에 효과가 있다는 가설을 세우고 실험을 수행했다. 그 결과 $p < 0.05$를 얻었으므로 가설을 지지한다."라며 논문을 써 버리기 쉽지만, 이는 p-해킹입니다. 특히 p-해킹의 연관 개념인 HARking의 예입니다.

HARKing이란 'Hypothesis After the Results are Known'의 약자로, 데이터를 얻어 결과를 보고 나서 가설을 만드는 행위입니다. 구체적으로는 많은 실험을 반복하거나, 데이터의 다양한 변수를 이리저리 만져서 의미가 있을 듯한 결과만을 뽑아, 처음에 세운 가설인양 보고하는 것을 말합니다(**그림 9.3.2**).[*] HARKing도 p-해킹과 마찬가지로 재현성 저하로 이어집니다.

HARKing이 낮은 재현성으로 이어지는 이유는 의미 없는 데이터를 많이 모으다 보면, 어쩌다 의미가 있어 보이는 결과를 얻을 수도 있기 때문입니다. 예를 들어 전혀 효과가 없는 약을 20종류(약A, B, …, T) 준비해 실험한 뒤 각각을 유의수준 $\alpha = 0.05$로 검정하면, 20종류 중 평균적으로 1종류가 유의미한 결과

---

[*] 더 넓은 의미에서, 편리한 근거만을 골라 자신의 이론을 뒷받침하는 것을 체리 피킹(cherry picking)이라 합니다.

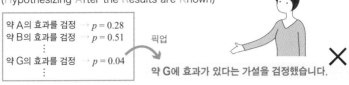

결과를 본 다음 가설을 만드는 HARKing
(Hypothesizing After the Results are Known)

약 A의 효과를 검정 → $p = 0.28$
약 B의 효과를 검정 → $p = 0.51$
⋮
약 G의 효과를 검정 → $p = 0.04$
⋮

픽업

약 G에 효과가 있다는 가설을 검정했습니다.

✕

원리 : $\alpha = 0.05$ 일 때, 효과 없는 약이 20개라면 평균 1개에서 유의미한 결과를 얻을 수 있다.

대책 : 예비 실험으로 탐색하고 나서 가설을 세우고, 범위를 좁힌 새로운 실험을 수행한다.
또는 다중비교로 보정하여, 효과가 없었던 것도 모두 보고한다.

가 됩니다. 또는, 20종류 중 적어도 1종류가 통계적으로 유의미하다고 판단될 확률이 64%에 이릅니다. 이는 검정을 반복 시행할 때 나타나는 다중성 문제와 마찬가지입니다.

선택하지 않고 버려진 결과를 논문에 싣지 않아도, 논문 독자는 그 존재조차 알 수 없습니다. 그러므로 HARKing인지를 눈치채기 어렵다는 문제가 있습니다.

 ## p-해킹을 예방하기 위한 노력들

● 가설검증형 연구와 탐색형 연구

HARKing이 발생하지 않도록 하려면 약A, B, C… 같이 여러 가지를 시험해 보는 것은 예비 실험으로서 수행하고, 여기서 얻은 결과를 바탕으로 어느 약에 효과가 있는지 가설을 세워, 본 실험에서 약의 범위를 좁혀 다시 실험하는 것이 바람직합니다. 단, 본 실험에서 얻은 새로운 데이터는 독립적으로 해석해야 합니다. 예비 실험에서 얻은 데이터와 섞어 버리면 유의미한 결과가 되기 쉬운

편향이 생기므로, 위양성을 일으킬 확률이 설정한 유의수준 α보다도 커지기 때문입니다.

이렇게 다양한 약을 시험하는 연구와 같은, 전체를 탐색적으로 해석하는 연구를 **탐색형 연구**라 합니다. 이와 달리 가설을 세우고 이를 검증하는 연구는 **가설검증형 연구**라 합니다.

가설검증형 연구에 따라 올바르게 가설검정을 사용하는 것이 이상적입니다. 탐색형 연구밖에 할 수 없는 상황이라면 실험이나 해석에 사용한 변수를 모두 보고하고, 검정을 반복한 횟수로 유의수준 α를 나누는 본페로니 교정으로 이를 보정해야 합니다. 분산분석 등 여러 집단 간 비교에서 다중비교 보정을 사용한다는 것은 잘 알려졌으나, 이러한 탐색형 연구에서는 검정의 다중성을 놓치기 쉽습니다.

다른 상황으로, 변수가 100개 있어 그 사이의 상관계수를 측정한다고 합시다. 예를 들어, 뇌 활동 연구에서 다양한 부위의 뇌 활동 데이터를 시계열로 얻은 뒤, 이들 부위 간 관련성을 조사하고자 각 부위의 상관계수를 측정하는 것입니다. 부위가 100개라면 $_{100}C_2$=4,950가지의 쌍이 있는데, 이 모두가 독립이라 하더라도 유의수준 α=0.05라면 통계적으로 유의미한 상관이 평균 약 250개 정도 나타납니다. 그러므로 0.05를 4950으로 나눈 값을 유의수준으로 이용하고, 이를 보정하여 위양성을 줄여야 합니다.

● 사전 등록

얻은 데이터를 주물러 가설을 끌어내고 마치 처음부터 그렇게 생각한 것처럼 보고하는 문제를 예방하고자, 최근에는 사전 등록(preregistration)이라는 제도를 널리 사용합니다. 사전 등록이란, 연구를 실시하기 전에 가설과 실험 설계, 분석 방법 등의 연구 계획을 등록하는 것입니다. 등록한 내용에 따라 연구를 진행하므로, 데이터를 얻은 다음 가설을 세우는 HARKing을 막을 수 있습니다.

한편, 결과가 $p<0.05$가 아닐 때는 어떻게 해야 할지 고민할지도 모릅니다. 최근에는 사전에 심사를 완료해 그 결과가 어떻든 채택하는 사전 심사 포함 사전 등록이나, 부정적인 데이터를 게재하는 저널도 늘어나는 추세입니다. 앞으로는 이런 사전 등록 관련 제도가 한층 정비되어 갈 것으로 예상합니다.

● p값 관련 문제 정리

가설검정 문제, 재현성 문제 그리고 p-해킹을 어떻게 방지할 것인가 같은 문제에 대한 완벽한 답은 아직 없습니다. 그러나 이 장에서 살펴본 다음 내용을 염두에 두면 많은 부분에 대처할 수 있을 것입니다.

- p값을 제대로 이해하고 사용한다.
- 가설검정을 반복하면 다중성 문제가 발생하고, 위양성이 증가한다는 것을 이해한다.
- 탐색형 연구와 가설검증형 연구의 차이를 이해한다.
- 실시한 실험이나 해석은 제대로 보고한다.
- 재현성이 있는지 염두에 둔다. 가능하다면 재실험하여 확인한다.
- 좋은 가설을 세운다.

 ## 가설검정을 이해할 때 확인할 항목

마지막으로 가설검정을 얼마나 이해했는지를 확인하는 항목을 정리합니다.

이는 그린랜드 외(Greenland et al., 2016)와 오리카사(折笠, 2018)에 실린, 자주 오해하는 지점을 소개한 부분을 발췌한 것입니다.

- p값이란 귀무가설이 옳을 확률을 말한다.　→ 잘못

  예 검정 결과가 $p=0.01$이라면 귀무가설이 옳을 가능성은 1%뿐이다.　→ 잘못

- p값이란 우연만으로 관찰 데이터가 나타날 확률이다.　→ 잘못

  예 $p=0.08$이라면 우연만으로 그 데이터가 나타날 확률은 8%이다.　→ 잘못

  귀무가설이 옳다는 가정하에 우연만으로 데이터 또는 그보다 극단적인 데이터가 나타난 확률이라면 이는 옳다.

- 유의미한 결과($p<0.05$)란 귀무가설이 틀리다는 뜻이다.　→ 잘못

- 유의미가 아닌 결과($p≧0.05$)란 귀무가설이 옳다, 또는 귀무가설을 채택해야 한다는 의미이다.　→ 잘못

- p값이 클수록 귀무가설을 지지한다는 증거이다.　→ 잘못

- $p≧0.05$는 효과가 없음을 관찰했다, 또는 효과가 없다는 것을 입증했다는 것을 뜻한다.　→ 잘못

- 통계적으로 유의미하다는 것은 과학적으로 매우 중요한 관계를 밝혔다는 것을 뜻한다.　→ 잘못

- 통계적으로 유의미하지 않다면 효과크기가 작다는 뜻이다.　→ 잘못

- p값이란 귀무가설이 옳을 때 데이터가 우연히 나타날 확률을 뜻한다.   → 잘못

  '데이터 또는 그보다 더 극단적인 데이터가 우연히 나타날 확률'이라면 이는
  올바르다.

- $p<0.05$이므로 귀무가설을 기각했다. 이때 위양성 확률은 5%이다.   → 잘못

  귀무가설이 옳음에도 이를 기각한다면 위양성 확률은 100%이다.

- p값은 부등호로 나타내는 것이 올바르다.   → 잘못

  예 $p=0.015$일 때 $p<0.02$로 쓰거나, $p=0.70$일 때 $p>0.05$로 써서는 안 된다.
  정확한 값이 바람직하다.

- 통계적 유의성은 조사하고자 하는 현상을 설명하는 성질이므로, 검정에 의해
  현상의 의미를 발견할 수 있다.   → 잘못

  검정 결과는 단순한 통계적 결론에 지나지 않으므로, 현상의 의미까지는 말할 수
  없다.

● ● ●

10장에서는 변수 사이의 인과관계와 상관관계를 알아봅니다. 종종 인과와 상관을 혼동하곤 하는데, 이 둘은 아주 다르므로 주의해야 합니다. 인과와 상관의 차이는 데이터 분석 결과를 어떻게 해석해야 하는지와 직결되며, 인과관계를 밝히면 개입 효과를 추정할 수 있습니다. 인과관계를 밝히는 일이 간단하지는 않으나, 이때 사용할 수 있는 다양한 통계분석 방법이 있으므로 함께 설명하고자 합니다.

10장

인과와 상관

잘못된 해석을 방지하기 위한 사고방식

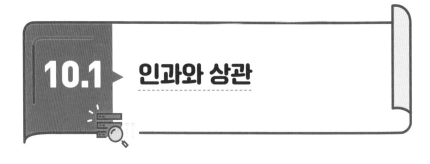

10.1 인과와 상관

인과관계 밝히기

우리가 사는 세상은 원인과 결과, 즉 인과관계로 넘쳐 나며, 복잡하게 얽힌 네트워크를 구성하고 있습니다. 예를 들어 어떤 음식을 먹는지에 따라 건강 상태가 변화하고, 좋은 건강 상태는 높은 행복도로 이어집니다. 그리고 개인의 행복도는 사회 관계를 통해 다른 사람에게 영향을 미치기도 합니다. 이러한 원인과 결과를 **그림 10.1.1**과 같이 원과 화살표로 나타낸 것을 **인과 그래프**라

◆ 그림 10.1.1 세상은 인과관계로 넘쳐 나고 있다.

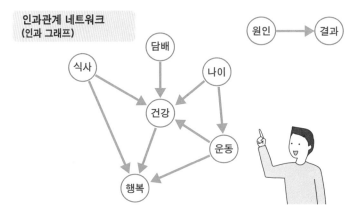

화살표 꼬리가 원인을, 머리가 결과를 나타냅니다. 이 그림은 간단한 개념도로, 세상은 더 복잡한 인과관계로 가득합니다.

합니다.

인과관계를 밝힌다는 것은 식생활을 어떻게 바꾸면 건강해지고, 또 행복도를 올릴 수 있는지와 같은 구조(메커니즘)에 관한 지식을 제공합니다. 그러므로 인과관계를 이해하는 것은 곧 세상의 구조를 이해하는 것이라 해도 지나친 말이 아닙니다.

그렇다고는 하나, 인과관계를 밝히는 일이 그리 쉬운 일은 아닙니다. 이것이 실험 수행이나 정교한 통계분석이 필요한 이유입니다.

인과관계와 상관관계

1장에서도 설명했듯이, 통계분석의 목적 중 하나는 변수 사이의 관계를 이해하는 것입니다. 변수 사이의 관계에는 앞서 이야기한 인과관계와 7장에서 살펴본 상관관계 2가지가 있습니다. 종종 인과관계와 상관관계를 혼동하곤 하는데, 인과관계와 상관관계는 아주 다르므로 주의해야 합니다. 특히 인과관계가 없음에도 인과관계가 있다고 주장하는 오류를 저지르는 일이 적지 않으니, 데이터를 분석할 때는 항상 신중한 자세로 접근해야 합니다.

일상생활에서 자주 사용하는 '인과관계'라는 말은, **원인과 결과의 관계**를 뜻합니다(통계학에서 사용하는 엄밀한 인과관계의 정의는 다음 절에서 설명합니다). 즉 원인을 바꾸면 결과가 달라지는 관계이며, 원인→결과라는 방향성이 특징입니다.

이와 달리 상관관계는 데이터에서 보이는 **관련성(association)**을 말합니다. 관련성이라는 말은 얼핏 모호하게 들릴지도 모릅니다. 관련성의 가장 단순한 예시는 7장에서 소개한 선형 상관관계로, 한쪽의 값이 커지면 다른 한쪽의 값도 커지는(또는 작아지는) 관계입니다. 더 일반적으로 표현하면 어떤 특정한 조합이 일어나기 쉽다는 것이고, 수학적으로 말하면 확률변수 사이가 독립이 아니라는 것을 뜻합니다.

7장에서 등장한 상관계수(예를 들어 피어슨 상관계수 r)는 두 양적 데이터의 관련성을 수치화한 것으로, 상관관계는 데이터 유형을 따르지 않는 넓은 개념이라는 점에 주의하기 바랍니다.

● **인과와 상관의 차이**

구체적인 예를 들면서 인과관계와 상관관계의 차이를 알아보겠습니다. **그림 10.1.2**는 고등학생을 대상으로 아침밥을 먹는 빈도와 학교 성적의 관계를 조사한 가상의 예입니다. 가설로 "아침밥을 잘 챙겨 먹으면 성적이 오른다."를 세웠다고 합시다. 밥을 먹으면 뇌에 영양이 잘 공급된다는 식으로, 메커니즘으로서 그럴 듯한 가설입니다. 이 가설은 인과관계에 관한 가설이므로 아침밥이 원인, 성적이 결과입니다.

가설을 검증하고자 고등학생들을 대상으로 설문조사를 실시하고, 각자의 아침밥을 먹는 빈도와 성적 데이터를 얻었다고 합시다. 이는 실험 없이 현재 상태를 관찰하는 **관찰 연구**를 통해 얻은 데이터라는 점에 주의하기 바랍니다. 그리고 이 데이터를, 가령 선형회귀로 분석하여 회귀계수가 통계적으로 유의미하게 0이 아닌 양수임을 밝혀냈다고 합시다(**그림 10.1.2** 왼쪽). 얼핏 아침밥을 먹음으로써 성적이 오르는 것처럼 보입니다. 그러나 이 결과로 알 수 있는 것은 상관관계가 있다는 것뿐으로, "아침밥을 잘 챙겨 먹으면 성적이 오른다."라는 인과관계를 주장할 수는 없습니다.

그 이유는 아침밥→성적이라는 인과관계가 없어도 제3의 변수로 가정환경이라는 요인이 있어 아침밥과 성적 양쪽에 영향을 준다면, 마찬가지로 이 같은 우상향 패턴과 통계해석 결과를 얻을 가능성이 있기 때문입니다. 여유로운 가정이라면 아침식사를 빠트리지 않고 잘 준비하고, 교육에도 아낌없이 투자함으로써 자녀의 성적이 좋을 가능성이 있습니다.

이처럼 아침밥과 성적 두 변수에 관련된 외부 변수가 존재할 때, 이를 **중첩**이라 하며, 그 변수를 **중첩요인(중첩변수, confounder)**이라 합니다. 이런 중첩요인 데이터도 수집해 분석에 함께 사용하는 것이 중요합니다. 왜냐하면 중첩요인을 고려함으로써, 알고자 하는 변수의 인과효과크기를 평가할 수 있기 때문입니다. 자세한 내용은 잠시 후에 설명합니다.

또한 상식적으로는 생각할 수 없지만, 성적이 오르면 그 포상으로 아침식사 빈도가 증가한다는 역방향 인과관계에 따라서도 유사한 우상향 패턴을 얻을 수 있습니다. 이상의 결과에서 유의점은 '아침밥→성적'의 인과관계가 없다는 이야기가 아니라, 이러한 가능성을 구별할 수가 없다는 것입니다. 상관관계가 있음은 알 수 있지만, 인과관계까지는 알 수 없습니다.

다음으로, **그림 10.1.2**의 오른쪽을 봅시다. 데이터와 그래프는 왼쪽과 똑같습

◆ 그림 10.1.2 **상관관계와 인과관계**

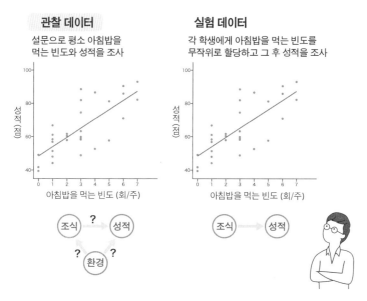

왼쪽은 관찰로 얻은 관찰 데이터. 오른쪽은 학생에게 아침밥을 먹는 빈도를 무작위로 할당한 실험에서 얻은 실험 데이터입니다.

니다. 그러나 각 학생에게 아침밥을 먹는 빈도를 무작위로 할당한 개입 실험을 수행하고, 그 후의 성적을 조사한 **실험 연구**로 얻은 데이터라는 점이 다릅니다. 이때는 '아침밥→성적'이라는 인과관계를 주장할 수 있습니다. 이는 10.2절에서 알아볼 **무작위 통제 실험**(randomized control trial, RCT)의 일종입니다. 무작위 통제 실험에서 얻은 데이터로 인과관계를 간파할 수 있는 것은, '아침밥의 빈도'라는 조건을 무작위로 할당함으로써, 가정환경 등 여타 요인의 영향을 제거할 수 있기 때문입니다.

자세한 설명은 잠시 후 하기로 하고, 여기서의 교훈은 데이터를 어떻게 얻었는지, 특히 관찰 데이터인지, 실험 데이터인지, 중첩요인은 없는지 등에 주목하는 것이 인과관계를 생각하는 데 있어 중요하다는 것입니다.

● 인과－상관－허위상관

상관관계란 2개 요소 X, Y가 있을 때 X가 커지면 Y도 커지고(또는 작아지고), X가 작아지면 Y도 작아지는(또는 커지는) 관계였습니다.

인과관계는 없지만 상관관계는 있을 때, 이를 **허위상관**(spurious correlation)이라 합니다. 인과관계가 있는 것처럼 보이는 상관이라는 뜻입니다. 앞에서처럼 가정환경이라는 중첩요인이 아침밥 빈도와 성적에 영향을 주고, 아침밥 빈도가 성적에 영향을 주지 않는 경우라면 허위상관이 됩니다.

한편 인과관계가 있으면 그 사이에 관련성도 생기기에 분명 상관관계도 있을 거라 생각하기 쉬운데, 상관관계가 없을 때도 있습니다. 이 책에서는 자세히 다루지 않지만, 중첩요인이 있을 때나 합류점 편향이 있을 때, $X{\to}Z{\to}Y$라는 중간 변수가 있을 때, 그 밖에도 선형이 아닌 상관일 때입니다. 상관관계와 인과관계를 벤 다이어그램으로 그리면 **그림 10.1.3**과 같은 관계가 됩니다.

다시 한번 말하지만, 상관이 반드시 인과를 의미하지는 않습니다. "반드시

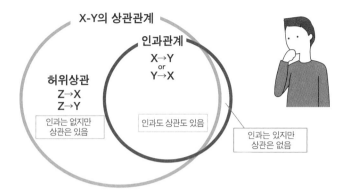

상관과 인과를 나타낸 벤 다이어그램. X-Y에 상관관계가 있지만 인과관계는 없을 때, 이를 허위상관이라 합니다. 인과관계는 있지만 상관관계가 없을 때도 있으므로, 인과관계 원이 상관관계 원 밖으로 조금 벗어나게 됩니다.

의미하지는 않는다"라는 것이 중요한데, 상관관계가 있을 때 인과관계가 있는 경우도 있고, 인과관계가 없는 경우도 있습니다. 상관관계가 있다는 사실만으로는 이러한 가능성을 구별할 수 없습니다.

● **인과관계를 알면 할 수 있는 일**

인과관계를 알면 상관관계를 알 때보다 더 많은 것을 이해할 수 있습니다. 앞서 본 예에서 '아침밥(원인)→성적(결과)'이라는 인과관계를 밝힐 수 있다면, 아침밥을 먹는 행위와 성적 사이에 어떠한 메커니즘이 작용한다는 것을 알 수 있습니다. 그리고 다음 연구에서는 아침밥을 먹는 행위의 어떤 요인이 성적에 영향을 주는 것인지 등을 밝혀, 대상을 보다 깊게 이해해 갈 수 있습니다.

인과관계를 밝히는 것이 왜 그렇게 중요한지는 아침밥을 먹임으로써 성석을 올리는 개입이 가능하다는 데 있습니다. 보다 일반적인 표현으로 바꾸면, 원인 변수를 변화시킴으로써(개입), 결과 변수를 바꿀 수 있다는 말입니다.

한편 2개 변수 사이에 인과관계가 없고 상관관계만 있을 때는, 한쪽 변수를 변화시켜도 다른 한쪽 변수는 달라지지 않습니다. 앞의 예에서 아침밥과 성적 사이에는 인과관계가 없고, 가정환경이라는 제3의 변수가 아침밥과 성적 양쪽에 영향을 주고 있음을 알았다면, 지금까지 아침밥을 먹지 않았던 학생이 아침밥을 먹도록 개입하더라도 성적은 오르지 않습니다. 이처럼 개입 효과를 추정할 수 있다는 것이, 인과관계를 명확히 하는 가장 큰 장점이라 할 수 있습니다.

● 상관관계를 알면 할 수 있는 일

상관관계가 반드시 인과관계를 의미하지는 않는다고 해도, 상관관계를 아는 것 역시 하나의 중요한 결과입니다. 상관관계가 있다면 그 사이에 인과관계가 존재할 가능성이 있습니다. 인과관계를 명확히 하기 전 단계로서 상관관계를 이용하여 인과와 관련된 변수 후보를 압축해 갈 수도 있습니다.

게다가 상관관계는 2개 변수 X, Y 사이의 관련성이므로, 한쪽 변수로부터 또 다른 변수를 **예측**할 수 있습니다. 주의할 점은 여기서 말하는 '예측'은, X에 어떤 방법으로 개입하여 X를 바꾸면 Y가 어떻게 변화하는가를 예측하는 것이 아니란 점입니다. 동일 조건에서 새로운 X값을 관찰했을 때, 그로부터 Y값을 예측한다는 뜻의 예측입니다.

덧붙여 상관에서는 2개 변수 사이에 방향성이 없으므로, Y로 X를 예측해도 상관없습니다. 앞의 예에 **그림 10.1.2**에서 본 선형회귀 예측 모형을 사용한다면, (예측 모형을 만드는 데 사용한 데이터에는 포함되지 않은) 다른 학생의 아침밥 빈도를 물어보고, 그 학생의 성적을 어느 정도 예측할 수 있습니다. 인과관계를 알면 할 수 있는 일과 상관관계를 알면 할 수 있는 일이 서로 다르다는 점을 이해하도록 합시다.

인과관계와 상관관계의 다양한 사례

● 허위상관의 예

그럼 잠시 쉬어 가는 차원에서 2개 변수 사이에 인과관계는 없지만 상관관계가 있는 예를 살펴봅시다. 유명한 예로, 아이스크림 매출과 수영장 익사 사고에 양의 상관이 있다는 이야기가 있습니다(**그림 10.1.4**). 아이스크림 매출이 오를수록 익사 사고 수도 많아지고, 아이스크림 매출이 줄어들수록 익사 사고 수도 적어진다는 관련성입니다. 우리는 상식적으로 아이스크림이 많이 팔린다고 익사 사고가 늘어나지 않고, 익사 사고가 증가한다고 해서 아이스크림이 많이 팔리지 않는다는 것을 잘 알고 있습니다.

이 경우에는 중첩요인인 기온이 수영장의 익사 사고 수와 아이스크림 매출에 각각 영향을 줍니다. 기온이 높을수록 수영장에 가는 사람이 많아지므로 익사 사고가 늘어나며, 또한 기온이 높을수록 아이스크림이 더 많이 팔린다는 이야기입니다. 상관관계는 있기 때문에, 아이스크림 매출을 보고 수영장 익사 사

◆ 그림 10.1.4 **아이스크림 매출과 수영장 익사 사고 수**

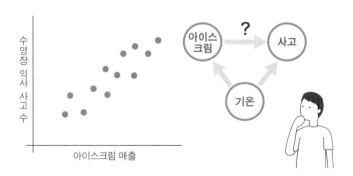

아이스크림 매출과 수영장 익사 사고 수에는 양의 상관관계가 있습니다. 이는 이 둘 사이의 인과관계로부터 비롯된 상관이 아니라, 기온이라는 제3의 변수가 이 둘 모두에 영향을 미쳐 일어난 상관입니다.

고 수를 어느 정도 예측할 수는 있습니다. 단지 사고 수의 원인인 기온으로 예측하는 편이 예측 정밀도가 높을 테니, 실용적이지는 않겠지요.

● 시간은 중첩요인이 되기 쉬움

중첩요인이 되기 쉬운 변수에는 시간 또는 나이가 있습니다. 시간과 함께 증가(감소)하는 X와 Y는 당연히 상관관계입니다(**그림 10.1.5**). 세상에는 시간과 함께 증가(감소)하는 현상이 흔합니다. 몸은 나이가 들수록 쇠하고, 기온은 온난화로 말미암아 해마다 높아집니다. 미국 메인주의 이혼율과 1인당 마가린 소비량은 강한 양의 상관을 나타냅니다만, 단순히 양쪽 모두 해를 거듭할수록 줄어들고 있는 현실이 상관관계로 나타난 것뿐이라는 쪽이 진실일 겁니다. 알고자 하는 변수에 시간 변수가 관련되어 있지는 않은지, 항상 주의 깊게 살펴봐야 합니다.

◆ 그림 10.1.5 **시간이 중첩요인일 때**

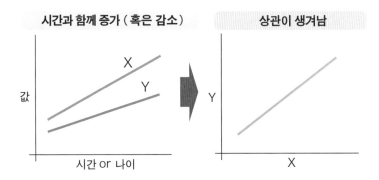

● 초콜릿 소비량과 노벨상 수상자 수

또 다른 유명한 예를 소개하겠습니다. 2012년 《뉴잉글랜드저널오브메디슨

(The New England Journal of Medicine)》에 국가별 초콜릿 소비량과 노벨상 수상자 간 양의 상관이 있다는 내용이 실렸습니다(**그림 10.1.6**). 선뜻 믿기 어려운 결과이나 상관계수는 $r=0.791$로 상당히 높았습니다. 그러면 초콜릿을 많이 먹으면(원인) 노벨상을 많이 탈 수 있을까요(결과)? 초콜릿 성분이 뇌에 긍정적인 영향을 미친다고 생각할 수 있으나, 아마도 노벨상 수상에까지 영향을 줄 가능성은 낮을 겁니다.

이 현상의 배경에는 GDP가 중첩요인으로 작용한다고 생각할 수 있습니다. GDP가 높을수록 초콜릿 소비량이 늘어나며, 또 GDP가 높을수록 연구에 많은 투자가 이루어져 노벨상 수상이 증가할 가능성이 크다는 것입니다.

이러한 짐작이 옳다면 초콜릿과 노벨상 간에는 인과관계가 없으므로, 초콜릿을 먹도록 개입해도 노벨상 수상자가 많아지는 효과를 기대할 수는 없습니다. 그러나 어떤 나라의 노벨상 수상자 수는 모르지만 초콜릿 소비량은 아는 경우에, 노벨상 수상자 수를 어느 정도 예측할 수는 있을 겁니다(이 예에서는 그 예측이 잘 들어맞지는 않습니다만).

◆ 그림 10.1.6 **초콜릿 소비량과 노벨상 수상자 수의 관계**

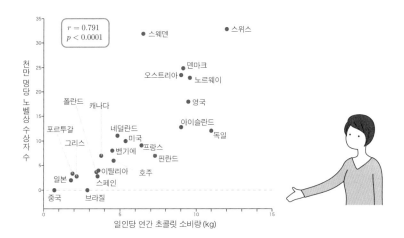

● 우연히 생긴 상관

그 밖에도 우연히 생긴 상관이 있습니다. 유명한 예는, 어떤 해의 니콜라스 케이지가 출연한 영화 편수와 그 해의 수영장 익사 사고 수 사이의 양의 상관입니다. 물론 인과관계는 없습니다(있다면 큰일입니다). 그리고 상관관계가 있다고 해도 이 둘에 공통으로 영향을 주는 제3의 변수가 존재하는 것이 아니라, 우연히 생긴 상관이라 생각할 수 있습니다.

이는 9장에서도 주의가 필요하다고 한 부분으로, 수많은 변수를 마구잡이로 해석하면 통계적으로 유의미한 결과를 얻을 수도 있다는 문제입니다. 세상에는 니콜라스 케이지 말고도 배우가 얼마든지 있으며, 수영장 사고 이외의 사망 원인도 많습니다. 그중에서 우연히 통계적으로 유의미한, 강한 상관이 있는 조합을 뽑으면, 니콜라스 케이지와 수영장 익사 사고 수처럼 의미가 있는 듯한 데이터를 얻을 수도 있는 것입니다.

예를 들어 1,000명의 배우와 10가지 사망 원인이 있다면 10,000쌍의 상관을 측정할 수 있으며, 완전히 무작위라고 하더라도 10,000쌍이나 있다면 $p<0.05$가 되는 상관을 500쌍 정도는 발견하게 됩니다. 그렇다면 강한 상관처럼 보이는 쌍도 일부 존재할 겁니다. 수많은 무상관 조합을 함께 설명하지 않고 니콜라스 케이지와 수영장 익사 사고만을 뽑아 마치 의미가 있는 것처럼 나타내는 것은, p-해킹이나 HARKing과 비슷하다고 할 수 있습니다.

당연히 우연히 생긴 상관으로는 새로이 얻을 데이터를 예측할 수 없을 겁니다. 그러므로 니콜라스 케이지의 내년 출연 영화 편수로 수영장 익사 사고 수를 예측할 수는 없습니다.

10.2 ▶ 무작위 통제 실험

인과관계를 밝히려면

인과관계를 밝히기 위해서는 어떤 실험이나 관찰을 하면 좋을까요? 그리고 어떻게 데이터 분석을 해야 할까요? 우선 인과관계를 발견하는 데 필요한 기본 사고방식부터 살펴봅시다.

인과관계 발견이 어려운 이유 중 하나는 중첩요인의 존재입니다. 중첩요인이란 앞에서 잠시 살펴본 것처럼 2개 변수 X, Y 모두와 관련된 변수를 가리킵니다. 아침밥과 성적의 예에서는 가정환경이었고, 아이스크림과 익사 사고 예에서는 기온이었습니다. 그 밖에도 애주가 가운데 폐암 환자가 많다는 예라면, 흡연이 중첩요인이 됩니다.

어째서 중첩요인이 있으면 인과관계를 발견하기 어려워지는지를, 음주와 폐암의 예로 알아봅시다. 관찰 데이터에서 음주 집단과 금주(술을 마시지 않는) 집단 사이 폐암 발병률을 비교하면, 분명히 음주 집단에서 폐암 발병이 많다는 것을 알 수 있습니다. 그러나 음주 집단과 금주 집단의 흡연/비흡연 비율은 애당초 서로 다릅니다(**그림 10.2.1**). 이렇게 해서는 흡연 효과가 포함되어 버리므로, 음주가 폐암 발병에 미치는 효과를 비교하려 해도, 그것이 음주 효과 때문인지, 흡연 효과 때문인지 구별할 수 없습니다. 따라서 음주가 폐암에 미치

◆ 그림 10.2.1 **음주와 흡연과 폐암**

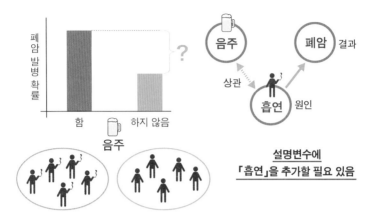

는 효과를 알고자 한다면, 음주 이외의 요인을 동일하게 하지 않으면 안 됩니다.[*]

여기서 소개할 인과효과 추정 방법인 무작위 통제 실험이나, 다음 절에서 설명할 경향 점수 짝짓기라는 관찰 데이터 해석 방법은 알고자 하는 요인 이외의 요소는 동일하게 한다는 아이디어에 바탕을 둡니다. 이렇게 하면 알고자 하는 요인의 효과만을 추출할 수 있습니다.

무작위 통제 실험

변수 X에서 변수 Y로의 인과효과를 추정하는 가장 강력한 방법은 **무작위 통제 실험(randomized control trial, RCT)**입니다. 알고자 하는 요인인 변수 X에 표본을 무작위로 할당하고 개입 실험을 수행한 다음, 변수 Y와 비교하는 방

---

[*] 여기서 든 예는 가상의 데이터로, 음주는 폐암을 일으키지 않는다고 했으나 실제로는 음주 자체도 폐암 위험을 높일 가능성이 있다고 지적되고 있습니다. 시미즈 외(Shimizu et al. 2008) 참고.

법입니다. 예를 들어 약의 효과를 알고 싶을 때 실험군(treatment group)과 대조군(control group)으로 피험자를 무작위로 나눠 분석하는 것이 해당됩니다. 비즈니스 분야에서는 'AB 테스트'라 부릅니다. 이는 t검정 등을 설명할 때 등장한 실험과 같습니다.

왜 무작위 통제 실험이 인과효과를 추정하는 강력한 방법일까요? 그 이유는 중첩요인을 확인하지 않더라도, 그 효과를 무작위를 이용하여 무효화할 수 있으므로, 알고자 하는 변수의 효과만 추정 가능하기 때문입니다. **그림 10.1.1**의 인과 그래프에서 봤듯이 어떤 대상과 관련된다고 여겨지는 변수는 무수하기에, 이러한 중첩요인을 모두 판별하는 것은 어렵습니다. 이럴 때는 관찰 없이도 중첩요인을 무효화할 수 있는 무작위 통제 실험이 효과적입니다.

● 통계학에서의 인과관계

좀더 수학적으로 설명해 보겠습니다. 지금까지는 인과관계를 엄밀하게 정의하지 않은 채 이야기했습니다. 인과관계라는 말은 일상에서도 사용되는 등 다양한 정의가 있으며, 철학에서도 예로부터 논의가 있었습니다. 이제는 통계학의 일반적인 인과관계 정의를 살펴보고, 이에 따라 생각하도록 합니다.

2개 변수 X, Y가 있을 때 $X=0$이 다이어트 하지 않음(개입 없음), $X=1$이 다이어트 함(개입 있음)이고, Y가 몸무게라고 할 때 다이어트가 몸무게에 영향을 주는지를 검증한다고 하겠습니다. 이때 i라는 한 사람에 주목하여, i 씨가 다이어트를 하지 않는다면 $X_i=0$, 다이어트를 한다면 $X_i=1$로 표기하고, i 씨가 다이어트를 하지 않았을 때의 몸무게를 $Y_i^{(0)}$, 다이어트를 했을 때의 몸무게를 $Y_i^{(1)}$으로 표기하기로 합니다.

그러면 실제로 알고 싶은 인과효과 τ(개입 효과)는 식 10.1과 같이 쓸 수 있습니다. 이것은 곧 i 씨가 다이어트를 했을 때와 하지 않았을 때의 몸무게 차이입니다.

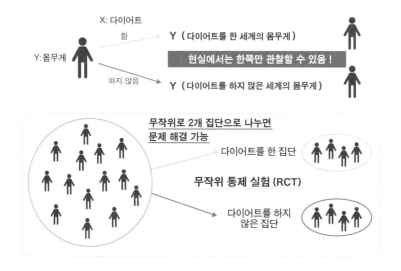

$$\tau = Y_i^{(1)} - Y_i^{(0)} \quad \text{(식 10.1)}$$

그러나 현실에서는 이 값을 측정할 수 없습니다. 왜냐하면, i 씨가 다이어트를 한 세계와 다이어트를 하지 않은 세계 양쪽을 관찰할 수는 없기 때문입니다(**그림 10.2.2**). 즉, 인과효과의 조사는 원리상 불가능하다는 한계에 맞닥뜨리게 됩니다. 이를 **인과 추론의 근본 문제**라 합니다.

● **무작위 통제 실험의 이론적 배경**

인과 추론의 근본 문제 때문에, 개인 수준에서는 인과를 알 수 없습니다. 이에 개인 수준이 아닌 집단 수준을 생각하여, 인과의 평균적인 효과(식 10.2)를 고려하게 됩니다.

$$\tau = E[Y^{(1)} - Y^{(0)}] = E[Y^{(1)}] - E[Y^{(0)}] \quad \text{(식 10.2)}$$

여기서 $E[\ ]$는 모집단의 기댓값을 나타내며, $E[Y^{(1)}]$과 $E[Y^{(0)}]$는 각각 다이어트를 했을 때의 기댓값과 하지 않았을 때의 기댓값을 나타냅니다. 그러나 이 경우에도 다이어트를 했을 때와 하지 않았을 때 모두를 관찰할 수는 없습니다.

실제로 관찰할 수 있는 것은 다이어트를 하는 집단에 할당된 사람의 몸무게와, 다이어트를 하지 않는 집단에 할당된 사람의 몸무게 간 기댓값 차이인 다음 값입니다.

$$\tau' = E[Y^{(1)} \mid X = 1] - E[Y^{(0)} \mid X = 0] \quad \text{(식 10.3)}$$

$E[Y^{(1)}|X=1]$(또는 $E[Y^{(0)}|X=0]$)은 **조건부 기댓값**으로, 다이어트를 하는(하지 않는) 집단에 할당된 사람으로 한정한 몸무게의 기댓값입니다. 이를 변형하면 다음과 같이 표현할 수도 있습니다.

$$\tau' = E[Y^{(1)} - Y^{(0)} \mid X = 1] + E[Y^{(0)} \mid X = 1] - E[Y^{(0)} \mid X = 0] \quad \text{(식 10.4)}$$

다이어트의 평균 효과크기가 할당 집단과 독립이라 가정하면 $E[Y^{(1)} - Y^{(0)}|X=1]=E[Y^{(1)}-Y^{(0)}]$이 되며, 알고자 하는 τ 그 자체가 됩니다. 뒷부분은 다이어트를 하는 집단과 다이어트를 하지 않는 집단에 할당된 사람에게 개입하지 않는 각 경우의 기댓값입니다.

무작위 통제 실험에서는 피험자를 무작위로 X=1과 X=0 두 집단으로 나누며, 다음과 같이 됩니다.

$$E[Y^{(0)} \mid X = 1] - E[Y^{(0)} \mid X = 0] = 0 \quad \text{(식 10.5)}$$

따라서 $\tau=\tau'$이므로, $\tau'=E[Y^{(1)}|X=1]-E[Y^{(0)}|X=0]$을 추정함으로써 인과효과를 추정할 수 있습니다. 구체적으로는 다이어트를 하는 집단과 하지 않는 집단으로 피험자를 무작위 할당하고, 반년 후 t검정 등으로 2개 집단 간 몸무게를

비교하면 됩니다.

● 선택편향

무작위 통제 실험에서는 $E[Y^{(0)}|X=1]-E[Y^{(0)}|X=0]=0$이 되었습니다. 그러나 관찰 데이터 등 무작위 할당이 아닌 경우에, 다이어트를 하는 사람과 하지 않는 사람에게서 잠재적인 몸무게 차이를 발견할 때가 있습니다.

예를 들어 다이어트에 의욕적인 사람은 애당초 몸무게가 많이 나가는 사람이라고 생각할 수 있습니다. 그렇다면 $E[Y^{(0)}|X=1]-E[Y^{(0)}|X=0]$이 0이 아닌 양수 값을 취하고, $\tau'=\tau+E[Y^{(0)}|X=1]-E[Y^{(0)}|X=0]$으로서 관측 가능한 τ'는 원래 알고자 하는 효과 τ에 편향이 더해진 값이 됩니다. 이를 **선택편향**이라 합니다.[*]

지금까지 여러 번 등장한 중첩요인의 존재가 선택편향을 발생시켰기 때문에, 인과관계를 밝혀 내기가 어려웠던 것입니다.

---

[*] 모집단에서 무작위로 표본을 추출할 수 없다는 뜻의 선택편향과는 다릅니다.

10.3 ▶ 통계적 인과 추론

인과효과를 추정하는 또 다른 방법

무작위 통제 실험은 인과효과를 추정하는 데 사용하는 강력한 방법입니다. 그러나 언제나 이러한 개입 실험이 가능한 것은 아닙니다. 왜냐하면, 개입 실험을 하기에는 윤리적인 문제가 있거나 개입 자체가 불가능할 때가 있기 때문입니다.

예를 들어 담배가 건강에 미치는 영향을 조사하고자 할 때, 무작위로 피험자를 골라 흡연 집단과 비흡연 집단을 만든 뒤, 건강 상태를 추적하는 무작위 통제 실험을 생각할 수 있습니다. 그러나 피험자에게 나쁜 영향을 줄 가능성이 있는 실험은 윤리적으로 진행하기 어렵습니다. 더욱이 담배가 미성년자에게 미치는 영향을 조사한답시고, 미성년자에게 억지로 담배를 피우게 하는 식의 실험은 불가능합니다. 또한 개입 실험에는 많은 비용이 든다거나, 큰 표본을 모으기가 쉽지 않다는 문제점도 있습니다.

이에 무작위 통제 실험 없이, 실제 데이터에서 인과효과를 추정하고자 하는 발상이 생겨났습니다. 앞서 이야기한 대로 관찰 데이터로 인과효과를 추정하기는 쉬운 일이 아닙니다만, **통계적 인과 추론**이라는 인과효과의 추정 방법 및 통계적 인과 탐색이라는 인과구조의 지정 방법 개발이 활발하게 진행 중입니다. 여기서는 통계적 인과 추론을 간단하게 살펴보고자 합니다.

● 다중회귀

중첩에 대처하는 수단으로, 8장에서 소개한 다중회귀분석을 사용할 수 있습니다. 원인변수를 설명변수 x, 결과변수를 반응변수 y로 하고, 여기에 중첩요인 z를 설명변수로 추가하여 다음과 같이 다중회귀 모형을 만듭니다.

$$y = a + b_1 x + b_2 z \qquad \text{(식 10.6)}$$

다중회귀 모형에서 편회귀계수 b_i는 다른 설명변수와의 상관을 제거한 x_i의 영향이라고 해석할 수 있으므로, 인과효과를 나타내게 됩니다. 그러려면 생각할 수 있는 중첩요인을 측정해 모형에 도입하는 것이 중요합니다. 이렇게 중첩요인을 포함하는 것을 조정한다고 표현합니다.

단, 어느 변수를 다중회귀 모형에 투입하는지에 따라 잘못된 인과효과를 추정하고 마는 일도 있습니다. 그러므로 도메인 지식이나 선행 연구에 기반하여 상정되는 인과 그래프(인과 방향)를 그리고, '뒷문(backdoor) 기준'이라 불리는 기준에 따라 모형 투입 여부를 결정하는 것이 바람직합니다. (더 알고 싶다면 도서 《통계적 인과 추론(김미정 옮김)》을 참고하세요.)

● 층별 해석

그 밖의 통계적 인과 추론 방법으로, 중첩요인을 기준으로 데이터를 몇 가지 그룹(층)으로 나누어, 각 층 안에서 중첩요인의 효과를 가능한 한 작게 하는 방법이 있습니다. 이를 층별 해석이라 합니다.

예를 들어 성별로 남녀를 나누거나, 나이로 10대, 20대, 30대와 같이 나누어, 이를 각각 해석하는 것입니다. **그림 10.3.1**은 가상의 데이터를 이용하여 중학생

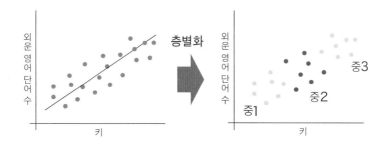

의 키와 외운 영어 단어 수의 관계를 나타낸 모습입니다. 층별로 나누기 전에 는 키가 큰 중학생일수록 외운 영어 단어 수가 많다는, 일견 신기한 관계를 발 견할 수 있었습니다만, 중학교 1학년, 2학년, 3학년으로 층을 나누고 각 학년을 따로 해석하면 키와 영어 단어 수는 거의 관련이 없다는 결과를 얻게 됩니다.

다중회귀에서는 각각의 설명변수가 독립으로 인과효과를 갖는다고 가정하 지만, 층별 해석에서는 층마다 다른 인과효과를 추정할 수 있습니다. 한편, 층 별 해석에는 층을 구분할 중첩요인을 어떻게 골라야 좋은지가 어느 정도 자의 적이고, 또 중첩요인이 연속한 값일 때 이를 어떻게 이산화할 것인지 역시 자 의적이라는 문제가 있으니, 주의해야 합니다.

● **경향 점수 짝짓기**

중첩요인의 대처 방법 중, 원인변수=0인 집단과 원인변수=1인 집단에서 비 슷한 중첩요인을 가진 데이터를 골라 쌍으로 만드는, **짝짓기(matching)**라는 방법이 있습니다. 중첩요인 값이 비슷한 데이터들을 짝지으면, 중첩요인 효과 를 없애고 무작위 통제 실험과 비슷한 효과를 얻을 수 있습니다.

특히 도널드 루빈과 폴 로젠바움이 제안한 **경향 점수 짝짓기**(Propensity Score Matching, PSM)는 경향 점수라는 1차원 값을 기준으로 쌍을 고르는 방

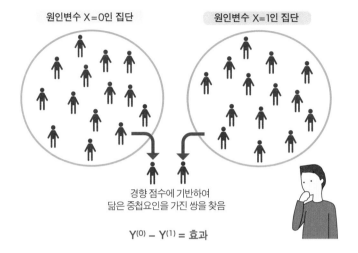

원인변수 X=0인 집단   원인변수 X=1인 집단

경향 점수에 기반하여
닮은 중첩요인을 가진 쌍을 찾음

$Y^{(0)} - Y^{(1)} = $ 효과

법으로 자주 사용됩니다. 경향 점수는 원인변수=1에 할당되는 확률을 나타냅니다.

경향 점수를 구하는 구체적인 순서는 이렇습니다. 먼저 반응변수를 원인변수(0 또는 1)로 하고, 중첩요인을 설명변수로 한 로지스틱 회귀를 실행합니다. 이에 따라 어떤 중첩요인을 원인변수=1에 할당할 것인가를 평가합니다. 여러 개의 중첩요인을 동시에 다룰 수 있다는 이점이 있습니다.

그리고 고른 쌍으로 반응변수의 차이를 계산하고, 그 평균값을 취해 효과추정량으로 삼습니다(**그림 10.3.2**).

● 이중차분법

서로 다른 집단 A, B에 대해 A에는 처리를 가하고 B에는 가하지 않은 연구 설계에서는, 중첩요인에 따라 인과효과의 추정이 어려울 때가 있습니다. 이럴 때는 시간 축을 도입, 집단 간 차이에 대해 다시 한번 처리 전후의 차분을 취

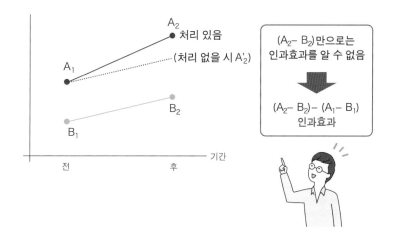

함으로써 인과효과를 추정할 수 있습니다. 이런 방법을 **이중차분법(Difference In Differences, DID)**이라 합니다(**그림 10.3.3**).

　단, A에 처리를 가하지 않았을 때는 B와 같은 정도로 증가한다는, 즉 평행 경향이 있다는 가정이 필요합니다. 그러므로 **그림 10.3.3** 예에서는 A_1과 A'_2의 기울기가 B_1과 B_2의 기울기와 같다고 가정해야 합니다.

이 책에서 지금까지 살펴본 통계 방법은 빈도주의 통계라는 분야로 분류됩니다. 그리고 통계학에는 또 하나, 베이즈 통계라 불리는 분야가 있습니다. 베이즈 통계는 분석자가 가진 파라미터 관련 정보를 확률분포로 표현하고, 데이터에 따라 갱신해 가는 분석 방법입니다. 베이즈 통계는 복잡한 통계 모형까지 추정할 수 있어, 강력한 방법으로 발전해 가는 중입니다.

11^장

베이즈 통계

유연한 분석을 향해서

11.1 ▶ 베이즈 통계의 사고방식

통계학의 2가지 흐름

이 책에서는 지금까지 다양한 통계 방법을 소개했습니다. 이 방법들은 **빈도주의 통계(frequentist statistics)**라 부르는 흐름으로 분류됩니다. 한편, 이 장에서 소개할 방법은 **베이즈 통계(Bayesian statistics)**라 부르는 흐름으로, 빈도주의 통계와는 조금 다른 사고방식에 기초하고 있습니다.

과거 이 둘 사이에는 격렬한 논쟁이 있었습니다만[*], 두 통계의 차이는 확률을 다루는 방식이나 수리적 가정의 차이로서, 용도에 맞춰 구별해 사용하면 됩니다. 특히 베이즈 통계는 컴퓨터를 사용함으로써 복잡한 통계 모형도 추정할 수 있게 되었습니다. 따라서 베이즈 통계의 중요성은 이후 더욱 커질 것으로 보입니다.

● 불확실성 다루기

통계학은 불확실성을 다루고자 확률을 이용합니다. 지금까지 등장한 빈도주의 흐름에서의 불확실성은, 모집단에서 표본을 추출할 때의 불확실성입니다. 예를 들어 한국인 성인 남성 모집단에서 무작위로 표본을 추출한다고 합시

---

[*] 《불멸의 이론》(이경식 옮김)을 참고하세요.

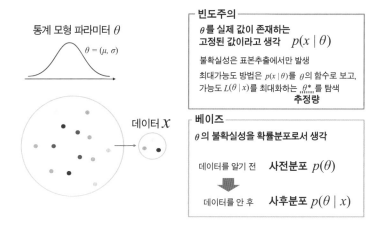

통계 모형 파라미터 θ

$\theta = (\mu, \sigma)$

데이터 x

빈도주의

θ**를 실제 값이 존재하는 고정된 값이라고 생각** $p(x \mid \theta)$

불확실성은 표본추출에서만 발생

최대가능도 방법은 $p(x \mid \theta)$를 θ의 함수로 보고, 가능도 $L(\theta \mid x)$를 최대화하는 $\hat{\theta}_{ML}$를 탐색 **추정량**

베이즈

θ**의 불확실성을 확률분포로서 생각**

데이터를 알기 전 **사전분포** $p(\theta)$

데이터를 안 후 **사후분포** $p(\theta \mid x)$

다. 그러면 어쩌다 키가 큰 사람이 포함되기도 하고, 어떤 때는 키가 작은 사람이 포함되는 것과 같이, 반드시 불확실성이 생깁니다. 이러한 불확실성은 고정된 파라미터 θ를 가진 확률분포(모집단)를 상정하여, 데이터 x가 나타날 확률(또는 확률밀도) $p(x \mid \theta)$로 표현했습니다(**그림 11.1.1**).

이 확률 개념을 사용한 덕분에, 귀무가설이 옳다고 가정했을 때 얻은 데이터 이상으로 극단적인 값이 나타날 확률을 생각하는 가설검정이나, $p(x \mid \theta)$를 최대화하는 θ를 구하는 최대가능도 방법을 사용할 수 있는 것입니다. 그리고 빈도주의에서의 확률은 무한히 반복 실행한 결과로서의 객관적인 빈도를 나타냅니다. 이것이 빈도주의라 불리는 까닭입니다.

반면 베이즈 통계는 확률을 '얼마나 확신하는지'로 해석하는 원리입니다. 모집단분포를 모형화할 때는, 분석자가 그 파라미터 θ를 어느 정도 알고 있는지를 확률분포로 나타냅니다.[*] 이때 θ에 관해 아무것도 모른다면, 다양한 θ가 나타날 수 있다는 의미에서 불확실성이 높아지게 됩니다. 그리고 데이터 x를

---

[*] 베이즈 통계는 모집단분포를 상정하지 않아도 되는 폭넓은 원리입니다.

얼어 θ에 관한 정보를 알아내면, θ의 불확실성이 줄어들고 θ의 확률분포가 달라지는 모습을 보입니다.

 베이즈 통계의 이미지

알기 쉬운 직관적인 예를 들어 생각해 보겠습니다. 우주 탐사선으로부터 지구와 많이 닮은 별에서 지구 외 생물의 존재를 확인했다는 연락을 받았습니다. 그들의 생태적 특징을 파악하고자, 평균 몸 크기를 알고 싶습니다. 분석을 위해 먼저 지구의 많은 생물이 그렇듯, 그 생물의 몸 크기 분포도 정규분포라고 가정합니다. 여기서 목적은, 몸 크기를 나타내는 정규분포의 평균인 파라미터 μ를 알아내는 것입니다(**그림 11.1.2**).

데이터를 수신하기 전까지, 우리에게 그 지구 외 생물의 몸 크기에 관한 정보는 없습니다. 단, 지구 환경과 비슷하다는 사실에서부터, 미생물처럼 1mm도 안 될 가능성이나 포유류처럼 몇 센티미터(cm)부터 몇 미터(m)까지일 가능성을 생각할 수 있습니다. 최대 50m 정도일 가능성도 있을 겁니다. 이렇듯 평균 몸 크기 μ가 어느 정도 값인지 모르니, 모든 값이 같은 정도로 나타난다고 간주하고 0~50m인 균등분포로 생각해 보겠습니다.[*]

그리고 실제로 그 지구 외 생물을 측정하여 10m, 12m, 11m… 라는 데이터를 얻었다는 연락이 왔다고 합시다. 지금까지는 0~50m 중 어떤 값도 얻을 수 있다고 생각했지만 이제는 10~12m 부근일 가능성이 커졌으므로, **그림 11.1.2** 오른쪽 아래와 같이 파라미터 μ의 확률분포가 달라집니다. 이것이 베이즈 통계의 대략적인 원리입니다.

---

[*] 실제로는 지구 생물들의 평균 몸 크기 분포를 참고하는 편이 좋을지도 모릅니다만, 여기서는 쉽게 이해하고자 균등분포로 가정합니다.

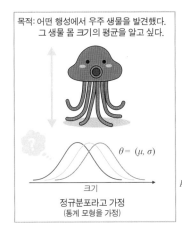
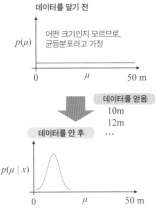

통계 모형

이제 베이즈 통계의 이미지는 대략 파악했으리라 생각하고, 본격적으로 자세한 설명을 해보겠습니다. 베이즈 통계를 배울 때는 통계 모형부터 생각하면 이해하기 쉽습니다. 우선 통계 모형을 정의하겠습니다. 통계 모형의 목적과 방침은 지금까지 소개한 방법들과 똑같이, 데이터의 발생원인 모집단의 실제 분포 $q(x)$를 아는 것입니다.

그런데 보통 $q(x)$를 직접 알기는 불가능하므로, 얻은 데이터 $x_1, x_2, ..., x_n$으로부터 분포 $q(x)$를 추측해 가는 방법을 이용합니다(**그림 11.1.3**). 이처럼 데이터로 모집단의 실제 분포 $q(x)$를 추론하는 것을, 4장에서 소개한 것처럼 **통계적 추론(statistical inference)**이라 합니다.

각 데이터를 동일한 분포 $q(x)$에서 매번 독립으로 무작위추출함에 따라, 데이터 $x_1, x_2, ..., x_n$을, 모집단의 확률분포 $q(x)$에서 얻은 확률변수 x의 실현값으로 간주할 수 있습니다. 이를 통해 현실 세계에서 얻은 데이터를 확률이라는 수학의 세계에서 생각할 수 있게 됩니다.

앞서 이야기한 것처럼 모집단의 실제 분포 $q(x)$를 직접 알 수는 없습니다. 이에 확률분포에 기초한 통계 모형 $p(x)$를 생각합니다. 통계 모형은 항상 가정일 수밖에 없으므로, 데이터를 이용하여 추정한 통계 모형 $p(x)$(예측분포라 부르고, $p^*(x)$로 표기)가 모집단의 실제 분포 $q(x)$와 어느 정도 들어맞는지를 정량화함으로써, 통계 모형 $p^*(x)$의 적합도를 평가할 수 있습니다. 이는 가능한 한 $q(x)$에 가까운 $p(x)$를 얻어, 현상 이해나 예측이라는 목적을 달성하고자 하는 시도입니다.

통계 모형은 파라미터 θ를 가지므로, $p(x \mid \theta)$라 쓸 수 있습니다. θ를 다양하게 바꾸면 통계 모형의 형태 역시 달라집니다. 수직선 | 오른쪽의 θ에 구체적인 값을 지정할 수 있다면, 확률분포 $p(x \mid \theta)$의 형태를 하나로 결정할 수 있습니다.

예를 들어 통계 모형이 정규분포라고 가정하면, 파라미터 θ는 평균과 표준편차 두 가지로 구성되는데, 평균 10, 표준편차 1인 경우에 확률분포는 하나로 정해집니다. 통계적 추론은 가정한 통계 모형에 대해, 데이터로부터 어떠한 방법을 거쳐 파라미터 θ를 결정하는 일에 다름없습니다. 최대가능도 방법이나 베이즈 추정을 이용한 추측은, 이러한 파라미터 θ를 결정하는 일련의 방법인 셈입니다.

● 최대가능도 방법

잠깐 8장에서 설명한 최대가능도 방법을 복습해 봅시다. 어떤 파라미터 θ에 대해 데이터 x_1, x_2, …, x_n이 얼마나 나타나기 쉬운가[*]를, 통계 모형을 이용해 다음과 같이 나타냅니다.

$$p(x_1, x_2, \ldots, x_n \mid \theta) \quad \text{(식 11.1)}$$

---

[*] 이산확률분포라면 일어날 확률 그 자체, 연속확률분포라면 확률밀도함수입니다.

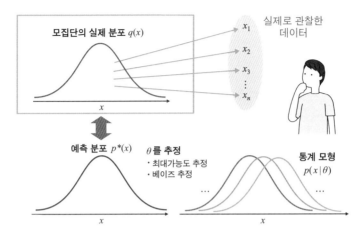

통계 모형 $p(x|\theta)$를 가정하고 모집단분포 $q(x)$에서 얻은 데이터 $x_1, x_2, \ldots, x_n$을 이용하여 파라미터 θ를 추정한 뒤, 그 예측분포 $p^*(x)$가 $q(x)$와 어느 정도로 비슷한지에 따라 추정한 모형의 적합도를 평가합니다.

이 식에 대해 데이터를 고정하여 파라미터 θ의 함수라 간주하고, 다음과 같이 나타낸 L을 가능도 또는 가능도함수라 합니다.

$$L(\theta \mid x_1, x_2, \ldots, x_n) = p(x_1, x_2, \ldots, x_n \mid \theta) \quad \text{(식 11.2)}$$

가능도가 크다는 것은 지정한 파라미터 θ에서 데이터가 발생하기 쉽다는 것을 뜻하므로, 가능도함수 $L(\theta)$를 최대화하는 θ가 있는 모형이, 얻은 데이터를 생성할 가능성이 가장 크다고 생각하는 것입니다. 이 아이디어에 기반해 파라미터 θ를 결정하는 것이, 최대가능도 방법 또는 최대가능도 추정입니다. 식으로 쓰면 다음과 같습니다.

$$\hat{\theta} = \arg \max L(\theta \mid x_1, x_2, \ldots, x_n) \quad \text{(식 11.3)}$$

$\arg\max L(\theta)$는 함수 $L(\theta)$를 최대화하는 θ를 나타냅니다. 가능도를 최대화하

는 θ의 값을 $\hat{\theta}$으로 표기합니다. 이것이 최대가능도 방법으로 얻은 파라미터로, 최대가능도 추정량이라 불립니다. 최대가능도 방법과 빈도주의 통계에서는 파라미터 추정 결과를 하나의 값인 '점'으로 얻는다는 것이 특징입니다.

이렇게 추정한 파라미터 $\hat{\theta}$을 통계 모형의 파라미터 θ에 대입한 $p(x \mid \hat{\theta})$을, 최대가능도 추정으로 얻을 수 있는 예측분포 $p^*(x)$라 합니다.

◆ 그림 11.1.4 **최대가능도 방법**

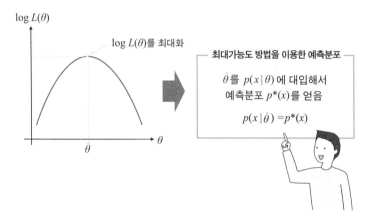

가능도를 가장 크게 하는 θ를 점으로 구하고, 이 값을 통계 모형에 대입한 것이 최대가능도 추정의 예측 분포 $p^*(x)$가 됩니다.

 베이즈 통계의 사고방식

베이즈 통계에서는 통계 모형의 파라미터 θ를 확률변수로 취급하여, 그 확률분포를 생각합니다. 그리고 베이즈 통계에서의 추정은 데이터를 알기 전에 갖고 있던 파라미터 θ에 관한 정보가 데이터를 알면서 갱신되어, 어떤 θ의 값이 얼마나 나타나기 쉬운지를 알 수 있게 되는 이미지입니다.

구체적인 방법에 대해 설명하겠습니다. 베이즈 통계의 준비로서, 통계 모형 $p(x \mid \theta)$와 함께 분석자가 데이터를 알기 전 단계의 θ 확률분포, 즉 **사전분포** $p(\theta)$**(prior distribution)**를 마련해 두어야 합니다. 이를 이용하여 데이터를 안 후의 파라미터 θ 확률분포인 **사후분포** $p(\theta \mid x)$**(posterior distribution)**를 구하 는 것이 베이즈 통계에서의 추정입니다.

데이터 x, 통계 모형 $p(x \mid \theta)$, 사전분포 $p(\theta)$로 사후분포 $p(\theta \mid x)$를 얻기 위해 다음과 같이 베이즈 정리를 이용합니다.

$$p(\theta \mid x_1, x_2, ..., x_n) = \frac{p(x_1, x_2, ..., x_n \mid \theta) p(\theta)}{p(x_1, x_2, ..., x_n)}$$ (식 11.4)

베이즈 정리 자체는 조건부 확률로 간단하게 도출할 수 있는 관계식입니다. 우변의 분자는 어떤 파라미터 θ를 가진 통계 모형에서 데이터를 얻을 확률(파 라미터 θ의 함수라 보면 가능도)과 사전분포 $p(\theta)$의 곱 형태입니다. 분모는 $p(x)$뿐 으로, 이는 데이터 x를 얻을 확률입니다.

베이즈 통계는 사전분포와 가능도에서 사후분포를 구하는 것이 목적입니 다만, 식 11.4의 분모를 직접 구하기는 어려운 경우가 많습니다.[*] 이때는 나중에 설명할 MCMC 방법(Markov Chain Monte Carlo method)이란 난수 발생 알고 리즘을 대신 이용하여, 근사적으로 사후분포를 구합니다.

이것이 가능한 이유는 식 11.4의 분모를 확률변수 θ를 포함하지 않는 정수로 보면, 다음처럼 분모의 계산을 피할 수 있게 되기 때문입니다.

$$(\text{사후분포}) \propto (\text{가능도}) \times (\text{사전분포})^{**}$$ (식 11.5)

사후분포의 형태는 가능도와 사전분포의 곱에 비례하며, 확률을 직접 계산 할 수 없어도 발생한 난수의 히스토그램 모양으로부터 사후분포의 근사적인

---

[*] 사전분포와 사후분포가 같은 종류의 분포가 되도록 설정한 사전분포(켤레사전분포)를 이용하면 직접 구할 수도 있으나, 실용에서는 제한적입니다.

[**] $\propto$는 비례한다는 뜻입니다.

분포(경험분포)를 얻을 수 있습니다.

빈도주의 통계의 많은 가설검정 방법에서는 계산을 쉽게 수행할 수 있습니다. 그에 비교하면 베이즈 통계는 좀더 복잡한 계산 과정을 거쳐야 합니다.

● 사전분포

사전분포 $p(\theta)$는 데이터 x를 얻기 전에 파라미터 θ가 어떤 분포인가를 미리 실험자나 해석자가 설정해야 하는 분포입니다. 이 분포를 연구자의 주관적인 판단으로 결정해야 한다는 점에서, 베이즈 통계에는 빈도주의 통계 전문가로부터 비판을 받았던 역사가 있습니다.

이 비판에 대한 한 가지 대응책으로는, 균등분포나 분산이 충분히 큰 정규분포와 같이, 어떤 정보도 가지지 않을 법한 분포를 사전분포로 가정하는 것이 있습니다. 균등분포란 최솟값과 최댓값 사이의 모든 값이 같은 정도로 발생하는 분포인데, 특히 이 값이 더 잘 나오거나 나오지 않는 경향이 없는 까닭에 아무 정보를 갖지 않습니다. 그러므로 베이즈 추정에서 균등분포를 무정보 사전분포로서 이용하곤 하는 것입니다.

예를 들어 한국인 성인 남성의 키가 모집단일 때, 통계 모형으로 정규분포를 설정하고 그 평균값 θ의 사후분포를 구하고자 한다고 합시다. 평균값은 음수가 될 수 없으며, 상식적으로 300cm 이상도 생각할 수 없으므로, 0~300cm인 균등분포를 사전분포 $p(\theta)$로 설정하는 것은 타당하다고 말할 수 있습니다.

한편, 해석자가 파라미터에 관한 정보를 가지고 있을 때는 이를 사전분포에 반영할 수 있다는 이점도 있습니다.

● 베이즈 추정의 예측분포

베이즈 추정으로 얻은 파라미터 θ의 사후분포 $p(x \mid \theta)$로 예측분포 $p^*(x)$를 만들 수 있습니다. 베이즈 추정에서는 파라미터 θ를 분포로서 알 수 있으므로, 통계 모형을 평균하여 다음과 같이 예측분포를 얻을 수 있습니다.

$$p^*(x) = \int p(x \mid \theta) p(\theta \mid x_1, x_2, \ldots, x_n) d\theta \quad \text{(식 11.6)}$$

베이즈 추론이란 '실제 모집단분포 $q(x)$는 대략 $p^*(x)$일 것'이라고 생각하는 것입니다(와타나베渡辺, 2012). 그러면 $q(x)$와 $p^*(x)$가 어느 정도 일치하는가를 통해, $p^*(x)$의 적합도를 정량화할 수 있게 됩니다.

● 정보량 기준

실제 모집단분포 $q(x)$와 예측분포 $p^*(x)$가 어느 정도 일치하는가를 평가할 때는 2개의 확률밀도함수 $f(x)$와 $g(x)$를 비교하는 **쿨백−라이블러 발산**(KL divergence)을 이용합니다.

$$D(f \| g) = \int f(x) \log \frac{f(x)}{g(x)} dx \quad \text{(식 11.7)}$$

이 식의 결과는 $f(x)$와 $g(x)$가 가까울수록 작은 값이 됩니다. 항상 $D(f \| g) \geq 0$이며, 임의의 x에 대해 $f(x) = g(x)$일 때, $D(f \| g) = 0$인 성질을 가집니다.

$q(x)$와 $p^*(x)$에 대해 쿨백−라이블러 발산 $D(q(x) \| p^*(x))$를 계산한 결과가 작은 값일수록, $p^*(x)$가 실제 모집단분포 $q(x)$를 잘 나타냅니다. 또한 $q(x)$에서 새롭게 얻을 데이터를 예측하는 성능도 높아집니다.

가능도 추정에서 $D(q(x) \| p^*(x))$를 작게 한다는 것은, 다음 식의 결과를 작게 만드는 것과 같습니다. 이것이 8장에서 등장했던 AIC가 출현한 배경입니다.

$$\text{AIC} = -2 \log L(\theta) + 2k \quad \text{(식 11.8)}$$

AIC와 같은 모형의 좋고 나쁨을 평가히는 지표를 **정보량 기준**이라 합니다. 빈도주의의 최대가능도 방법에 이용할 수 있는 정보량 기준으로는 AIC 외에 도 cAIC나 BIC가 있습니다.

베이즈 추정의 경우, $D(q(x) \parallel p^*(x))$을 작게 하는 것은 WAIC(Widely Applicable Information Criteria)를 작게 하는 것과 같습니다. WAIC는 복잡한 모형(예를 들어 계층구조를 가진 모형이나 숨은 변수가 있는 모형)에서도 사용 가능한 특징을 가진, 최근 쓰이기 시작한 정보량 기준입니다(와타나베渡辺, 2012).

 ## 베이즈 통계의 이점

베이즈 통계의 이점은 몇 가지가 있습니다. 그중 하나는 추정 결과, 통계 모형의 파라미터를 분포로 얻을 수 있다는 점입니다. 즉 가정한 통계 모형과 사전분포, 얻은 데이터를 이용하여, '파라미터가 이 범위에 있을 확률은 몇 %'와 같이 정량적인 평가가 가능합니다. 예를 들어 "2개의 모집단평균 차이가 3.5 이상일 확률이 80%이다."와 같은 정보를 얻을 수 있는 것입니다. 이런 정보는 사람의 직관으로 이해하기 쉽기 때문에, 다양한 의사결정 상황에서 도움이 됩니다.

다른 이점으로는 베이즈 통계에서 이용하는 계산 방법인 MCMC 방법(11.2 절에서 설명)이 난수를 발생시켜 시뮬레이션으로서 사후분포를 따르는 파라미터를 얻기 때문에 복잡한 모형화가 가능하다는 점이 있습니다. 최대가능도 추정으로 파라미터를 추정할 때, 뒤에 설명할 계층 구조 등 복잡한 모형에 대해서는 계산하기가 어렵습니다. 이 경우 MCMC 방법을 이용하여 시뮬레이션으로 파라미터를 탐색하면, 복잡한 모형이라도 파라미터를 추정할 수 있습니다(쿠보久保, 2012).

단, MCMC 방법은 난수를 이용한 시뮬레이션의 일종이므로, 완전 동일한 데이터에 대해 똑같은 해석을 수행해도 그 해석 결과가 조금씩 달라지게 됩니다. 추정이 잘되었을 때는 거의 무시해도 될 정도로 결과의 차이가 작습니다만, 모형의 가정이 부적절하거나 하여 분포를 제대로 파악하지 못하는 일도 있으므로 주의해야 합니다.

11.2 ▶ 베이즈 통계 알고리즘

 MCMC 방법

베이즈 통계는 획득한 관찰 데이터와 실험자가 설정한 사전분포로부터, 식 11.4를 이용하여 좌변의 사후분포를 구해, 통계 모형의 파라미터가 어떤 분포인지를 아는 것이 목표였습니다. 그러나 사후분포를 식 11.4로 직접 계산하기는 어렵기 때문에, 그 대신 **MCMC 방법**(Markov Chain Monte Carlo method)이라는 계산 알고리즘을 사용합니다.

한마디로 말해 MCMC 방법 자체는 특정 확률분포를 따르는 난수 발생 알고리즘입니다. 베이즈 통계에서는 이것을 이용하여 사후분포를 따르는 난수를 발생시키고, 그 난수의 집합을 관찰함으로써 사후분포의 성질을 분석합니다.

이 책에서는 MCMC 방법의 수리적인 세부 내용까지는 다루지 않습니다. 대신 MCMC 방법을 이용한 난수 발생을 알아보고, 베이즈 통계분석이 무엇을 하는지를 대략적으로 짚어 보고자 합니다.

● 몬테카를로 방법

MCMC 방법이라는 명칭에 포함된 **몬테카를로 방법**이란, 난수를 여러 개 발생시켜 시뮬레이션해 근사해를 얻는 방법입니다. 가장 간단한 몬테카를로 방

◆ 그림 11.2.1 **몬테카를로 방법의 예**

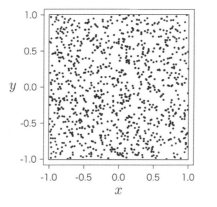

몬테카를로 방법으로 원주율 π를 구한 예. −1~1 사이의 균등분포에서 (x, y)의 난수를 발생시켜, 이를 그린 모습입니다(그림이므로 1,000개 점만 표시). 반지름 1인 원 안에 들어가는 점의 비율은 (원의 넓이)/(정사각형의 넓이) = π/4이므로, 원에 들어간 난수의 개수를 세면 원주율 π를 근사적으로 구할 수 있습니다.

법의 예는 **그림 11.2.1**과 같은 정사각형 내부에 (x, y) 2변수 균등 난수를 여러 개 발생시키고, 원점에서 거리가 1 이하인 점의 개수를 세어 원주율 π의 값을 근사적으로 구하는 것입니다.

실제로 100만 개의 난수를 발생시키고, 그중 원점에서 거리가 1 이하인 것의 비율을 산출, 한 변의 길이가 2인 **정사각형의 넓이=4**를 곱했더니 3.140444가 나왔습니다.[*] 확실히, 원주율 π=3.1415…와 가까운 값을 얻을 수 있습니다.

이처럼 몬테카를로 방법은 수식을 변형하여 구하는 등의 엄밀한 방법과는 다르게, 많은 난수를 발생시킨 뒤 그 수를 직접 세어 근사해를 구하는 방법입니다. 그럼으로써 엄밀한 해를 얻기 어려운 상황에서도 해를 얻는 일이 가능해집니다.

● **마르코프 연쇄**

MCMC 방법이란 명칭에는 또 하나, **마르코프 연쇄**라는 용어가 있습니다. 이는 어떤 상태에서 다른 상태로 변화하는 현상을 확률로 표현한 모형의 일종

---

[*] 난수를 이용하므로 실행할 때마다 얻은 값이 조금씩 달라지는 데 주의해야 합니다.

입니다. 특히 현재 상태에서 다음 시각으로 변화히는 확률이, 현재 상태에만 의존한다는 특징이 있습니다.

예를 들어, 날씨가 맑음/비의 2가지뿐이고, 하루의 날씨는 이 둘 중 하나라고 합시다. 오늘 날씨가 맑음이라면, 내일도 맑을 확률은 0.8, 비가 내릴 확률은 0.2이고, 오늘 날씨가 비라면 0.5 확률로 내일도 비가 내리며, 0.5 확률로는 맑아지는 상황입니다. 즉, 내일 날씨는 어제나 그 이전 과거 날씨에는 의존하지 않고, 오직 오늘 날씨에만 의존하여 확률적으로 정해집니다(물론 현실 날씨는 그렇지 않으므로 과도하게 단순화한 모형이라 할 수 있습니다).

이러한 확률적인 모형을 해석하면 어떤 상태(날씨)가 평균적으로 나타나는지와 같은, 다양한 성질을 얻을 수 있습니다. 자세한 내용은 13장에서 살펴봅니다.

MCMC 방법의 예

MCMC 방법은 그 이름대로 마르코프 연쇄와 몬테카를로 방법 두 가지를 조합하여, 사후분포를 따르는 값을 표집합니다. 원주율을 구하는 몬테카를로 방법에서는 각 점을 독립으로 얻었습니다만, MCMC 방법에서는 지금 얻은 값을 참조하여 다음 값을 정합니다. 이것이 마르코프 연쇄인 부분입니다.

MCMC 방법의 간단한 예로, 2차원 정규분포를 따르는 난수를 표집해 봅시다. 단, 2개 확률변수 X, Y는 독립이 아니며, 상관계수가 0.7이 되는 분포를 상정하겠습니다. 올바른 분포는 **그림 11.2.2** 왼쪽이고, MCMC 방법을 이용하여 표집한 결과가 **그림 11.2.2** 오른쪽입니다.

초기 상태 (5, 5)에서 시작하여 중앙으로 모이며 그 주변으로 왔다갔다하는 모습을 볼 수 있습니다. 최종적으로는 2차원 정규분포로 수렴하게 됩니다. 여기서 말하는 수렴이란, 어떤 하나의 값으로 수렴한다는 것이 아니라 특정 분포

◆ 그림 11.2.2 **MCMC 방법(깁스 표집)의 예**

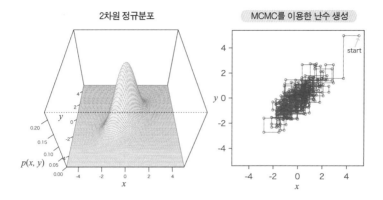

> 왼쪽은 2차원 정규분포의 올바른 분포, 오른쪽은 MCMC 방법의 일종인 깁스 표집에 따른 난수 생성입니다. start는 초기 상태의 점을 나타냅니다. 시간의 흐름은 선으로 표시했습니다.

로 수렴하는 것을 의미합니다.

구체적인 계산은 한쪽 변수를 고정한 뒤, 고정하지 않은 변수를 확률적으로 움직이는 작업을 번갈아 반복하는 순서로 이루어집니다. 이 방법은 **깁스 표집(Gibbs sampling)**이라 불리는 MCMC 방법의 한 종류입니다.

그림 11.2.2 오른쪽에서 초기 상태는 일부러 수렴할 분포로부터 떨어진 곳을 골라 표시했습니다. 초기 상태에서는 아직 분포로 수렴되어 있지 않기에, 어느 정도 시간이 지나 분포가 수렴하고 나서 값을 표집하여 관찰하는 것이 중요합니다. 따라서 초기 상태에서 수렴하기까지의 기간은 버려야 하는데, 이 기간을 **번인(burn-in)**, 또는 **웜업(warm-up)**이라 부릅니다.

MCMC 방법에는 그 밖에도 메트로폴리스-헤이스팅스 알고리즘(Metropolis-Hastings Algorithm), 해밀토니안(Hamiltonian) 몬테카를로 방법 등, 다양한 알고리즘이 있습니다. MCMC 방법은 MCMC 방법 전문 소프트웨어인 stan 등을 이용하여 계산하는 경우가 많으며, 소프트웨어에 따라 어떤 알고리즘을 사용하는지는 다를 수 있습니다.

11.3 베이즈 통계 사례

이표본 평균값 비교

이제 베이즈 통계를 이용한 데이터 해석 사례들을 소개하겠습니다.

그림 11.3.1 예에서는 고혈압 환자 20명을 2개 집단으로 나누고, 각각 신약과 위약을 투여했습니다. 그런 뒤 혈압을 측정하고 신약의 효과를 평가하는 것이 목표입니다. 앞에서는 t검정을 이용한 가설검정을 시행했지만, 이번에는 베이즈 통계로 해석해 보겠습니다.

◆ 그림 11.3.1 **이표본 평균값 비교**

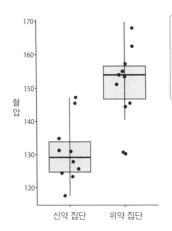

신약 집단의 표본평균 130.7
위약 집단의 표본평균 152.1

t검정이라면 $p = 1.0 \times 10^{-4}$
95% 신뢰구간 [−30.7, −12.0]

사전분포로서 최솟값 0, 최댓값 300인 균등분포를 설정합니다. 그리고 MCMC 방법의 최초 1,000단계는 번인으로 간주해 버리고, 1,001~21,000단계를 사용하겠습니다. 이 과정을 하나의 체인으로 삼아, 5체인 독립 실행합니다.

그림 11.3.2는 MCMC 방법으로 얻은 2개의 모집단을 추정하는 통계 모형의 평균값 파라미터를 단계에 따라 표시한 것입니다. 처음에는 큰 평균값을 얻을 때도 있으나, 단계를 거듭할수록 특정 값 주변에서만 움직이고 있음을 알 수 있습니다.

◆ 그림 11.3.2 **MCMC 방법 결과**

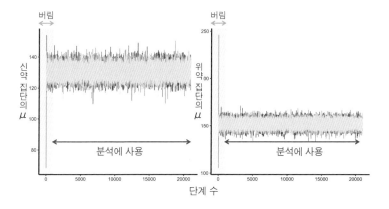

MCMC 방법으로 얻은 파라미터(신약군의 μ, 대조군의 μ) 추정치의 시간에 따른 변화입니다. 1,000단계까지는 버리는 기간(번인)으로 했습니다. 1,001~21,000단계를 수렴해, 사후분포로서 분석에 사용합니다. 선의 색으로 5체인을 구분합니다만, 1,001~은 겹쳐 있어 거의 보이지 않습니다.

그림 11.3.3이 평균값 차이의 사후분포입니다. 이는 **그림 11.3.2**의 왼쪽과 오른쪽 간 차이를 취하여, 번인 기간을 버린 다음의 데이터를 분포로 그린 것입니다. 선이 조금 울퉁불퉁한 것은, 발생한 2만 스텝×5체인=10만 개의 난수 분포를 그렸기 때문입니다.

이 분포를 요약하기 위한 점 추정값으로, 평균값인 **사후기댓값**(EAP, expected a posteriori)이나 최빈값인 **사후최빈값**(MAP, maximum a posteriori probability)을 계산할 수 있습니다. 또 점으로 추정하지 않고, 폭을 이용한 추정을 통해 $(1-\alpha)$% **신뢰구간 또는 확신구간**(CI, credible interval)을 얻을 수도 있습니다.

α=0.05라면 95% 신뢰구간으로, 자주 사용하는 지표입니다. 추정 결과 95% 확률로 통계 모형의 파라미터는 이 범위에 있음을 나타내는 것입니다. 이것은 4장에서 소개한 빈도주의 통계의 신뢰구간과는 의미가 다르므로 주의하기 바랍니다.

실제로 **그림 11.3.3**의 분포를 요약하면, EAP는 −21.3이고 95% 신뢰구간은 [−31.0, −11.6]이 됩니다. 이 분포를 더 자세하게 살펴봄으로써, "2개 집단의 평균값 차이가 −10 이하가 될 확률은 98.7%" 식의 정량적인 논의가 가능해집니다. 그 밖에도 평균의 차이를 표준편차로 기준화한 효과크기로 평가할 수도 있습니다.

◆ 그림 11.3.3 **평균값 차이의 사후분포**

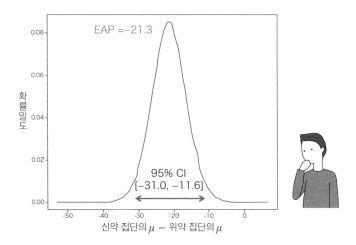

MCMC 방법으로 얻은 통계 모형의 μ 차이를 확률밀도(히스토그램)로 그린 그림입니다. 난수를 이용한 까닭에, 조금은 울퉁불퉁한 모양이 되었습니다.

푸아송 회귀의 예

이번에는 **그림 11.3.4**의 왼쪽 데이터를 대상으로, 8장에서 살펴본 일반화선형모형(GLM)의 푸아송 회귀를 베이즈 통계로 추정해 봅시다. 베이즈 추정 결과로 파라미터인 절편항 a와 기울기 b의 사후분포를 각각 얻을 수 있습니다.

◆ 그림 11.3.4 **GLM의 베이즈 추정**

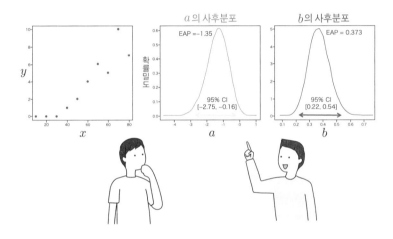

푸아송 회귀의 파라미터 a, b를 베이즈 추정한 예입니다.

사전분포를 균등분포로 설정하고, MCMC 방법의 결과로 얻은 파라미터 a, b의 사후분포를 **그림 11.3.4** 오른쪽에 나타냈습니다. 점 추정을 거쳐, a의 EAP는 -1.35, b의 EAP는 0.373이 되었습니다. 또한, 95% 신뢰구간도 얻었는데, b에 주목하면 반응변수에 대한 설명변수의 효과를 정량적으로 알 수 있습니다. 이로써 모형과 현실 현상의 대응을 보다 심도 있게 검토할 수 있게 될 겁니다.

계층적 베이지안 모형

GLM을 베이즈 추정하는 예까지 소개했으니, 다음으로는 개체 차이를 적용한 일반화선형혼합모형(GLMM)을 베이즈 통계적으로 생각해 보겠습니다.

8장에서 살펴본 것처럼 GLMM에서는 개체 차이를 나타내는 파라미터 r_i가 등장하여, $a+bx+r_i$라는 절편항이나 $a+(b+r_i)x$라는 기울기를 임의효과로 삼아 모형에 적용했습니다. 베이즈 통계에서는 r_i도 확률변수로 취급하여, 그 사후분포를 구하게 됩니다.

사후분포를 얻으려면 사전분포를 설정해야 합니다. 이에 r_i의 사전분포는 평균 0이고 표준편차 s인 정규분포를 따른다고 가정해 보겠습니다. 여기서 s는 개체 차이의 분산 크기를 결정하는 파라미터입니다. 최대가능도 추정에서는 s를 하나의 값으로 추정하지만, 베이즈 통계에서는 이 역시도 사후분포로서 추정합니다. 사후분포를 추정하려면 역시 사전분포가 있어야 하므로, 무정보 사전분포로 $p(s)$라는 폭넓은 균등분포를 두곤 합니다.

이처럼 개체 차이 r_i의 사전분포 $p(r_i \mid s)$의 형태를 결정하는 파라미터 s가 있고, 이 s에 관해서 사전분포 $p(s)$가 설정되었을 때, $p(r_i \mid s)$를 **계층적 사전분포**라고 부릅니다. 이때 파라미터 s를 초모수(hyper-parameter), 사전분포의 사전분포인 $p(s)$를 초사전분포라 부르기도 합니다. 이러한 계층적 사전분포를 사용하는 베이지안 모형을, **계층적 베이지안 모형**이라 합니다.

• • •

다변량 데이터가 되면 데이터의 특징을 파악하기 어려워질 뿐 아니라, 통계분석 과정에도 문제가 생깁니다. 따라서 변수의 수를 줄이는 차원 축소 방법이 중요해집니다. 규모가 큰 복잡한 데이터를 이용하여 예측하는 경우에는, 최근 발전한 기계학습 방법이 유용합니다. 이러한 방법들을 배워 두면, 폭넓은 시야를 갖고 데이터 분석에 임할 수 있게 될 것입니다.

12^장

통계분석과 관련된 그 밖의 방법

주성분분석부터 기계학습까지

변수의 차원

3장에서 살펴본 것처럼, 데이터 변수의 개수는 차원이라 부릅니다. 예를 들어 각 학생의 국어, 수학, 과학, 사회, 영어 시험 점수를 데이터로 수집했다면, 5개 변수이므로 5차원 데이터가 됩니다. 건강검진이라면, 신체계측, 혈액검사, 시력측정 같은 검사 항목을 추가하는 만큼 차원이 늘어납니다. 게놈 데이터나 유전자 발견 데이터는 차원이 수천부터 수만까지 이르는 고차원 데이터입니다.

'차원이 높다'고 하면 정보량이 많으니 얼핏 좋은 것처럼 생각되지만, 실은 '쓸데없이 많기만' 한 상황이 종종 발생합니다. '쓸데없이 많다'가 무엇인지 이해하기 위해, 극단적인 예를 생각해 봅시다. 키를 측정했는데, 착오로 그만 **그림 12.1.1** 왼쪽과 같이 cm와 m 단위를 사용하는 2개 변수를 만들어, 키 데이터를 섞어서 기록했다고 합시다. 이 두 변수는 '키'라는 같은 특징을 숫자로 나타낸 것이므로, 완전한 상관입니다(상관계수 $r=1$).

어느 한쪽 변수만을 사용하는 경우에 비해 정보는 늘지 않았습니다(그러나 데이터 양은 2배 많음). 즉, 이 2개 변수를 다 가진 데이터는 쓸데없이 많은 셈이며, 어느 쪽이든 하나만 있으면 충분합니다.[*]

---

[*] 이미지나 동영상 파일 압축은 상관이 높은 중복 데이터를 삭제하여, 가능한 한 정보를 잃지 않도록 하면서 데이터 양(파일 크기)을 줄이는 기술입니다. 이미지를 구성하는 각 픽셀은 이웃한 픽셀과 닮은 값을 가지며, 곧 상관입니다. 이 성질을 이용하여 데이터를 압축하는 것입니다.

이 예는 완전 상관인 특별한 예지만, **그림 12.1.1** 오른쪽처럼 수학과 과학 점수가 양의 상관을 나타낼 때에는, 2개 변수를 '이과 과목 성적'이라는 1개 변수로 요약할 수 있습니다. 이로써 데이터의 특징을 유지하면서 분석이나 결과 해석에 도움을 줄 수 있습니다. 이렇게 변수의 수를 줄이는 것을, **차원 축소 (dimension reduction)**라고 합니다.

◆ 그림 12.1.1 **상관이 있는 데이터**

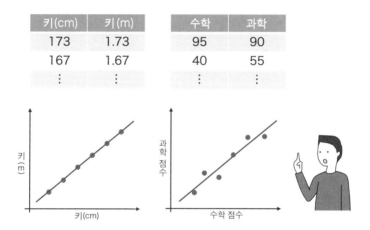

● **변수의 수를 줄이는 이유**

변수의 수를 줄이는 것은 단순히 쓸데없는 데이터가 많기 때문만은 아닙니다. 통계분석에서 변수의 수가 많으면 분석할 때 다양한 문제가 일어나기 쉬우므로, 소수의 변수로 변환해야 할 필요가 있습니다.

첫 번째 문제로는 고차원 데이터 해석의 어려움이 있습니다. 예를 들어 차원을 축소해 2개의 합성 변수로 변환 가능하다면, 2차원 평면에 플롯 그림으로 시각화할 수 있어 해석이 쉬워집니다(**그림 12.1.2**).

또한, 8장에서 살펴본 것처럼 다중회귀분석에서는 설명변수끼리 강한 상관이 있는 상황을 다중공선성이 있다고 하며, 회귀계수 추정이 불안정해지는 문제가 발생합니다. 특히 변수의 수가 많은 경우 상관이 있는 변수 쌍이 늘어나는 경향이 있습니다. 다중공선성 문제를 회피하려면 상관이 있는 변수가 없어지도록 차원을 축소한 뒤, 다중회귀분석을 수행하는 것이 좋습니다(**그림 12.1.2**).

그 밖의 문제로, '차원의 저주'가 있습니다. 회귀분석에서 변수가 많다는 것은, 그만큼 파라미터 수가 많아진다는 것을 의미합니다. 그 탓에 표본크기 n이 충분하지 않은 상황이라면, 회귀계수를 올바르게 추정할 수 없는 문제가 생깁니다. 이 문제는 8장의 **그림 8.1.8**에서도 설명했습니다. 이에 대처하기 위해서도 차원을 줄이는 것이 중요합니다.

일반적으로 고차원 데이터를 다루기는 쉽지 않습니다만, 최근에는 희소 모형화(sparse modeling) 등의 고차원 데이터 분석 방법 연구가 활발히 진행되고 있습니다.

◆ 그림 12.1.2 **변수의 차원 축소**

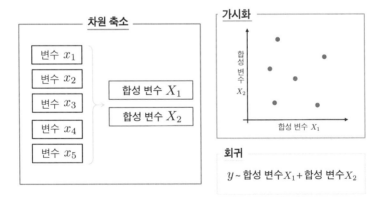

일상에서의 차원 축소

사실, 우리는 일상생활에서도 차원 축소를 하고 있다고 말할 수 있습니다. 식사를 예로 들면, 요리를 구성하는 변수는 단맛, 짠맛 등 미각과 관련한 변수부터, 요리 온도나 식감까지 다양합니다. 식사도 고차원 데이터인 셈입니다. 이를 '맛있다' 또는 '맛없다'와 같이, 적은 수의 변수로 합성하여 판단합니다. 다른 감각 정보도 마찬가지로, 사람(또는 생물)은 저차원(적은 수의 변수)으로 사물을 생각하는 습성이 있다고 할 수 있습니다. 이는 일종의 인지적 절약일지도 모릅니다.

주성분분석

차원 축소에 사용하는 가장 기본적인 방법이 **주성분분석(PCA, Principal Component Analysis)**입니다. 앞서 설명한 것처럼, 상관이 있는 변수끼리는 하나로 정리될 수 있다는 아이디어에 기반을 둡니다.

주성분분석에서는 새로운 축을 설정하고, 그 축 위의 값으로 데이터를 새롭게 바라봅니다. 이해를 돕고자 구체적인 예를 생각해 보겠습니다. **그림 12.1.3**에 나타났듯이, 수학 점수와 과학 점수 사이에는 강한 상관이 있습니다. 새로운 축은 데이터 퍼짐이 가장 커지는 방향으로 설정합니다. 이 첫 번째 새로운 축을 PC1(제1주성분)이라 합니다. 그리고 PC1과 수직 방향이고 데이터 퍼짐이 가장 커지는 방향으로, 두 번째 축인 PC2를 설정합니다.[*]

왜 이렇게 결정하는 것일까요? 각 축에 있는 정보는 데이터 퍼짐으로 나타난다고 생각하기 때문입니다. **그림 12.1.3**의 점선이 보여주는 것처럼, 각 값의 위치 정보는 평균값으로부터의 거리라고 할 수 있습니다. 따라서 오른쪽과 같이 PC1 방향으로 거리(데이터 퍼짐)가 멀다(점선이 길다)는 것은, PC1에 많은 정

---

[*] 이 예에서는 2개의 변수밖에 없으므로, PC1을 정하면 수직 방향 축은 분산의 크기와 상관없이 하나로 정해집니다.

보가 있다는 뜻입니다. 한편 PC2에는 PC1으로 나타낼 수 없는 나머지 소량의 정보가 포함되어 있습니다. 그림 아래 막대로 표시한 것처럼, 원래 각 축에 있던 정보를 PC1으로 압축해 넣는다는 느낌입니다.

가령 수학 점수와 과학 점수가 상관계수 $r=1$인 상관이라면 PC1에 모든 정보가 담기게 됩니다. **그림 12.1.3** 오른쪽에서 PC2 방향의 점선 길이가 모두 0이된 모습을 떠올려 보면 알 수 있을 것입니다. 반대로 수학 점수와 과학 점수가 무상관이라면, PC1과 PC2를 만들더라도 정보량에 거의 차이가 없으므로 차원을 축소할 수 없습니다.

변수의 수를 M이라 하면, 제M주성분까지도 만들 수 있습니다. 단, 정보가 가장 많은 순서대로 PC1, PC2… 라고 설정합니다. 각 주성분이 가진 정보(분산)의 비율을 **기여율**이라 하고, '제1부터 제k주성분까지 전체 정보의 몇 %가 포함되는지'를 **누적기여율**이라 합니다. 원래 변수 사이에 강한 상관이 있다면 소수의 변수에 전체 정보 대부분이 있을 것이므로, 차원 축소가 잘되리라 기대

◆ 그림 12.1.3 **주성분분석의 원리**

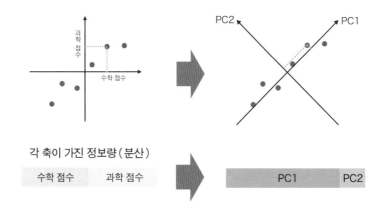

수학과 과학 시험 점수로 새로운 축인 PC1과 PC2를 얻은 예. 원래 각 축에 분산되어 있던 정보량이, 오른쪽의 PC1과 PC2의 세계에서는 PC1으로 압축되고 있음을 알 수 있습니다. 덧붙여 각 축은 평균을 지나도록 그렸으므로, 점선은 평균과의 거리를 나타냅니다.

할 수 있습니다.

● **주성분분석 결과**

주성분을 구할 때, PC1이라면 다음과 같이 진행합니다.

$$Z_1 = a_1x_1 + a_2x_2 + \ldots + a_Mx_M \quad \text{(식 12.1)}$$

먼저 이 Z_1의 분산이 최대가 되도록 계수 $a_1, \ldots, a_M$을 구합니다. PC2 이후는 그때까지 얻은 주성분과 직교하도록 설정합니다. 직교(수직)라는 성질을 가지기에, 새로운 축의 변수와는 무상관이 됩니다.

주성분분석을 구체적으로 계산할 때는 원래 데이터의 분산공분산행렬 또는 상관행렬(변수 단위나 척도가 다를 때는 상관행렬을 이용)의 고윳값과 고유 벡터를 구합니다. 그러면 $a_1, \ldots, a_M$이라는 계수는 고유 벡터에, 각 고윳값을 고윳값 총합으로 나눈 것은 기여율에 대응합니다.

주성분분석 결과 예시를 보면서 어떻게 해석하면 좋을지 생각해 보겠습니다. 원래는 국어, 수학, 과학, 사회 점수 4개 변수로 구성된 데이터라고 합시다. 주성분들이 구해지면, 각 주성분의 기여율과 누적기여율을 확인합니다(**그림 12.1.4**). 누적기여율이 이 정도면 충분하다는 절대적인 기준은 없습니다만, 이 예에서는 제2주성분까지가 전체 정보의 94%를 가지므로, 제2주성분까지면 충분하다고 하겠습니다.

다음으로, 각 주성분이 어떤 축인지를 조사하기 위해 각 주성분의 값과 원래 각 변수의 상관관계를 계산합니다. 이 값을 **주성분부하량** 또는 **인자부하량**이라 합니다. **그림 12.1.4**의 두 번째 표를 보면 PC1은 수학 또는 과학과 강한 양의 상관을 나타내므로, PC1이 이과 과목 성적이라고 해석할 수 있습니다. 마찬가지로 PC2는 문과 과목 성적이라는 것을 알 수 있습니다. 이 예는 해석이 쉽습

	PC1	PC2	...
기여율	0.68	0.26	
누적기여율	0.68	0.94	

PC2까지 전체
정보의 94%가 있음

	PC1	PC2	...
국어	0.08	0.93	
수학	0.96	-0.22	
과학	0.98	0.07	
사회	0.28	0.90	

PC1은 이과 과목
PC2는 문과 과목

ID	PC1	PC2	...
1	47	-32	
2	51	28	
⋮			

ID1은 이과 과목은 잘하지만
문과 과목은 잘 못함
ID2는 이과 과목과 문과 과목
모두를 잘함

니다만, 실제 상황에서는 해석이 어려울 때도 있습니다.

마지막으로 원래 데이터를 새로운 변수를 이용하여 표로 나타내 봅니다. 이를 주성분점수라 합니다. **그림 12.1.4**에서 ID1은 PC1이 크고 PC2가 작으므로 이과 과목은 잘하지만 문과 과목은 잘 못하는 학생임을, ID2는 PC1과 PC2 모두 크므로 양쪽 모두 잘하는 학생임을 알 수 있습니다.

앞서 설명한 것처럼 주성분분석의 결과는 변수 사이의 상관 구조에 따라 달라집니다. 본디 변수끼리 무상관인 데이터라면, 주성분분석을 시행하여 새로운 변수를 만들더라도 소수의 주성분으로 정보 대부분을 나타낼 수 없기 때문에, 차원 축소가 잘 진행되지 않습니다.

인자분석

주성분분석에서는 원래 변수를 새로운 몇 개의 변수로 요약했습니다. 이와

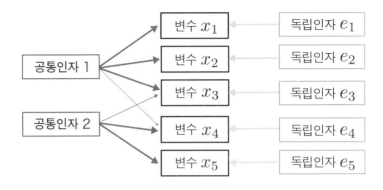

달리 원래 각 변수에는 소수의 공통인자가 있으며, 이것이 원인이 되어 데이터의 각 변수가 구성된다는 아이디어에 기반을 둔 방법이 **인자분석(factor analysis)**입니다(**그림 12.1.5**).

  공통인자와 독립인자는 모두 관측 불가능한 잠재적인 인자이며, 특히 독립인자는 각 변수에 독립적으로 작용하는 인자로, 보통은 오차로 취급됩니다. 앞의 예에서 주성분분석은 각 시험 점수를 이과 과목 성적이라는 변수로 요약했습니다만, 인자분석이라면 '이과 숙련도'라는 잠재적인 인자와 각 과목의 독립요인이 어떻게 합쳐져 수학 점수나 과학 점수가 구성되는지를 조사합니다.

  인자분석에서는 미리 공통인자 개수를 설정합니다. 이는 공통인자가 존재한다고 가정하기 때문입니다. 즉, 인자분석은 공통인자의 존재 및 공통인자와 관측한 변수 사이의 인과구조를 (도메인 지식에 근거하여) 가정할 수 있을 때 사용하는 방법입니다. 분석 자체는 관측한 변수 사이의 상관관계에 기반을 두므로, 데이터에서 인과관계를 발견할 수는 없다는 점에는 주의해야 합니다.

12.2 기계학습 입문

 기계학습이란?

　이 책은 통계학 입문서입니다만, 기계학습은 통계와도 관련이 깊으므로 여기서 간단하게 살펴보고자 합니다. 최근 기계학습은 통계뿐 아니라 비즈니스 분야에서도 사용되기 시작했습니다. 특히 이미지 판정이나 자율 주행 기술, 자연어 처리[*] 등의 복잡한 데이터 분석에 기계학습을 사용하고 있습니다. 그중에서도 딥러닝(심층학습)이라는 기계학습의 일종이 아주 높은 성능을 보이며 최근 기계학습 붐의 도화선이 되었습니다.

　기계학습은 다음과 같이 크게 3가지로 분류할 수 있습니다(**그림 12.2.1**).

- **비지도 학습**(교사 없는 학습, Unsupervised learning)
- **지도 학습**(교사 있는 학습, Supervised learning)
- **강화학습**(Reinforcement learning)

　'교사'란 정답 데이터를 말합니다. 그러므로 교사 없는 학습과 교사 있는 학

---

[*] 우리가 일상생활에서 사용하는 언어를 컴퓨터로 처리하는 기술을 자연어 처리라 합니다.

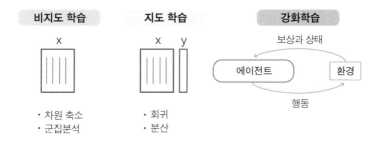

비지도 학습	지도 학습	강화학습

- 차원 축소
- 군집분석

- 회귀
- 분산

비지도 학습, 지도 학습, 강화학습의 차이. x는 입력 데이터, y는 정답 데이터를 나타냅니다.

습의 차이는 정답 데이터의 유무에 있습니다. 비지도 학습, 즉 교사 없는 학습은 주성분분석과 같은 차원 축소나 12.3절에서 살펴볼 데이터를 정리하는 군집화(클러스터링) 등과 같은, 데이터 요약이나 특징 추출이 주된 목적입니다.

한편 지도 학습, 즉 교사 있는 학습은 데이터 x와 정답 데이터 y의 관계를 학습하는 방법인데, 통계학의 회귀가 발전한 형태입니다. 강화학습은 정답 데이터는 주어지지만, 직접적이지는 않습니다. 에이전트(개체)가 환경에 대해 행동을 취하고, 이에 따른 보상과 상태를 통하여 행동을 갱신하는 원리입니다.

이 책에서는 특히 통계분석과 관련이 있는 비지도 학습과 지도 학습을 소개하겠습니다.[*]

통계학과 기계학습의 차이

통계학은 작은 표본크기를 가진 데이터를 대상으로 하며, 설명이나 해석을 중시하는 경향이 있는 반면, 기계학습(지도 학습)은 대량의 데이터를 대상으로

---

[*] 강화학습은 자율 주행이나 로봇 제어 등, 환경 안에서 개체의 움직임을 결정할 때 사용합니다.

하고, 예측을 중시하는 경향이 있습니다.

통계학의 선형회귀에서는 절편과 기울기를 가진 단순한 모형을 이용합니다. 기울기는 설명변수 1개만이 달라졌을 때 반응변수가 어떻게 변화하는지를 나타내므로, 쉽게 해석할 수 있습니다.

한편 기계학습 모형은 복잡하기 때문에(비선형이고 파라미터가 많음), 대개 모형을 해석하기가 어렵습니다.[*] 그러나 복잡한 모형은 단순한 모형보다 표현력이 강하고, 일반적으로 복잡한 현상에 대한 예측 성능이 높다고 할 수 있습니다.

---

[*] 최근의 기계학습 연구에서는 해석 능력이나 설명 가능성을 갖추도록 하는 시도를 통해, '어느 변수가 중요한가'와 같은 변수 중요도를 평가하는 방법도 개발되었습니다.

12.3 ▶ 비지도 학습

비지도 학습이란?

비지도 학습은 정답 데이터가 없으며, 데이터의 배후에 있는 구조를 올바르게 추출하려는 목적으로 사용됩니다. 비슷한 데이터 집합을 발견하는 군집분석과 고차원 데이터를 적은 수의 차원으로 줄이는 차원 축소가 대표적입니다.

● 군집분석

종종 데이터에 비슷한 값이 포함되어 있을 때가 있습니다. 예를 들어 옷 구매 행동 데이터를 가격과 디자인이라는 2개 변수로 보면, 비슷한 구매 패턴을 보이는 손님이 있다는 상황입니다(**그림 12.3.1**). 이럴 때는 데이터로부터 '어떤 손님이 어떤 집합(군집)에 속하는가'를 구하고 싶어집니다. 이것을 알면 각 군집의 특징을 자세하게 조사하여 군집별로 다른 대응책을 마련하는 등, 심도 있게 해석하고 활용할 수 있게 됩니다.

이처럼 각 데이터가 어떤 군집에 속하는지를 구하는 방법을 **군집분석(cluster analysis)**이라 합니다. 군집분석에는 교사 데이터, 즉 "이 데이터는 이 군집에 속함" 등의 정답 데이터가 없으므로, 분석 결과는 데이터 구조와 분석자가 마련한 설정에 따라 도출됩니다.

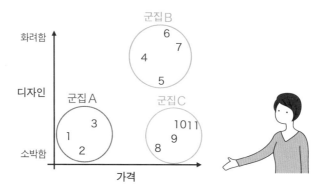

가장 기본적인 군집화 방법은 k평균(k−means)입니다. 분석자가 데이터를 몇 개의 군집으로 나눌 것인가, 군집 개수 k를 정하며 시작합니다. 그런 뒤 각 데이터에 무작위로 군집을 할당하고, 각 군집의 중심 위치(데이터의 평균)를 구합니다. 다음으로, 데이터마다 가장 근접한 군집을 할당하고 중심 위치를 다시 계산합니다. 이 과정을 반복해 나가다가, 군집 할당이 바뀌지 않거나 할당의 변화량이 일정 이하일 때 계산을 멈추고, 각 데이터에 대한 군집 할당을 얻습니다.

예를 들어 k=3이라 하고 **그림 12.3.1**의 데이터를 군집화하면, 그림에서처럼 3개의 군집으로 나눌 수 있습니다. k평균 결과는 초기 무작위 군집 할당에 따라 달라질 가능성이 있으므로, 개량한 k평균[++]을 사용하기도 합니다.

• • •

그 밖에도 자주 사용하는 군집화 방법으로 **계층적 군집화(hierarchical clustering)**가 있습니다. 모든 데이터가 다른 군집에 속하는 상태에서 시작하여, 가장 거리가 가까운(비슷한) 군집끼리 순서대로 합쳐 나갑니다. 그러면, **그림 12.3.2**와 같이 나무 형태의 **덴드로그램**(dendrogram, 수형도)을 그릴 수 있습니다.

군집 개수는 미리 정해지지 않으며, 어느 단계에서 바라보느냐에 따라 달라집니다. 아래로 갈수록 데이터를 세밀하게 바라보는 것, 위로 갈수록 대략적으로 바라보는 것에 해당합니다. 예를 들어 **그림 12.3.2** 가운데에 붉은색 선으로 표시한 단계에서 군집을 보면, **그림 12.3.1**과 동일하게 3개의 군집으로 나눌 수 있습니다.

군집분석에서는 데이터 간 유사도를 측정하고자 데이터 사이의 거리를 계산합니다만, 거리의 정의는 다양하므로 분석자가 이를 지정해야 합니다. 거리 정의에 따라 결과가 달라질 가능성은 있으나, 어느 것을 사용해야 한다는 정답은 없습니다. 그러므로 결과에는 분석자의 자의성이 개입된다는 것 또한 염두에 두기 바랍니다.

● **PCA 이외의 차원 축소 방법**

12.1절에서는 차원을 줄이는 방법의 하나인 주성분분석을 알아보았습니다. 여기서는 최근 기계학습 분야에서 발전한 차원 축소 방법을 소개합니다.

주성분분석은 선형 상관관계에 기반을 두므로, 비선형관계에는 적용할

◆ 그림 12.3.2 **계층적 군집화 예시**

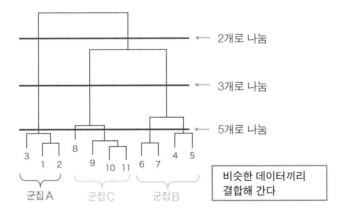

계층적 군집화는 데이터를 서로 비슷한 순서로 결합하여 군집을 만들고, 이를 나무 형태의 덴드로그램으로 그립니다. 어느 단계에서 바라보느냐에 따라 군집 개수가 달라집니다.

수 없다는 문제가 있습니다. 이와는 달리 t−SNE(t−distributed Stochastic Neighbor Embedding)는 복잡한 비선형관계에도 적용할 수 있는 방법입니다.

예를 들어 살펴봅시다. 기계학습의 표본 데이터로 자주 사용되는, 손으로 쓴 숫자 이미지 데이터(28픽셀×28픽셀인 784차원 데이터) 5,000장을 대상으로, t−SNE와 PCA를 적용하여 2차원 평면으로 시각화한 것이 **그림 12.3.3**입니다.

둘을 비교해 보면, t−SNE에서 각 숫자의 집합이 명확히 구분되어 보이므로 데이터의 구조를 잘 파악했음을 알 수 있습니다. 반면 PCA에서는 다른 숫자와 겹쳐 분포하고 말아, 데이터의 구조를 제대로 파악하지 못했음을 알 수 있습니다.

그 밖에 t−SNE와 마찬가지로 비선형관계에 적용할 수 있는 차원 축소 방법으로 UMAP(Uniform Manifold Approximation and Projection)가 있습니다.

◆ 그림 12.3.3　t−SNE를 이용한 차원 축소의 예

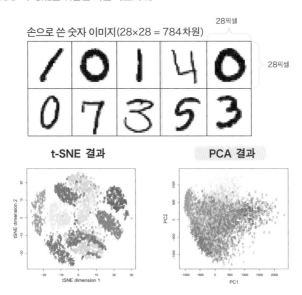

손으로 쓴 숫자 이미지 데이터(28픽셀×28픽셀인 784차원 데이터) 5,000장을 대상으로 t−SNE와 PCA를 적용한 결과입니다. 그림의 각 색과 숫자는 손으로 쓴 숫자에 대응합니다.

12.4 지도 학습

 지도 학습이란?

통계의 회귀모형에서는 설명변수 x와 반응변수 y 사이의 관계를 함수로 나타냈습니다. 기계학습의 **지도 학습**(교사 있는 학습)도 그와 마찬가지로, 설명변수 x와 반응변수 y 사이의 관계를 함수로 나타내는 것이 목적입니다. 여기서 '교사 있는'이란 설명변수 x에 대응한 정답 y값이 주어진다는 것을 뜻합니다. 즉, 특정 x값일 때, y가 어떤 값이 되는지에 관한 데이터를 바탕으로 그 관계를 학습해 나가는(함수를 구하는) 방법입니다.

이때 '학습'은 모형(함수)에서 얻을 수 있는 출력을 가능한 한 실제 y에 가깝도록 하고자 모형의 파라미터를 갱신하는 것입니다. 계산 방법은 모형의 출력과 실제 y의 차이를 **손실함수**로 정식화하고, 이를 최소화하는 파라미터를 구하는 것이 됩니다(다만, 과대적합을 피하고자 정칙화라는 방법을 쓸 때도 있습니다). 선형회귀에서는 제곱오차가 손실함수이므로, 제곱오차를 최소화하는 기울기와 절편 파라미터를 구하는 최소제곱법을 이용합니다. 기계학습도 손실함수를 최소화하는 파라미터를 구한다는 점에서는 같다고 할 수 있습니다.

통계의 회귀와 기계학습의 지도 학습의 차이로는, 기계학습 쪽이 회귀모형에 비해 대량의 데이터를 이용한다는 것, 복잡한 함수를 이용한다는 것 그리고 예측에 특화되었다는 것을 꼽을 수 있습니다.

지도 학습은 반응변수 y의 데이터 형태에 따라 회귀와 분류로 나눌 수 있습니다. 반응변수 y가 양적 변수일 때는 **회귀**, 질적 변수(범주형 변수)일 때는 **분류(classification)**라 합니다. 분류는 이진 클래스 분류가 가장 단순한 경우이나, 다중 클래스 분류도 실행할 수 있습니다.

● 예측과 교차검증

지도 학습은 예측에 특화되어 있다고 했는데, 예측을 한 번 더 설명하고 넘어가겠습니다. 학습을 통해 설명변수 x와 반응변수 y의 관계를 모형으로 나타냅니다만, 예측이란 학습에 사용한 데이터(학습 데이터, 훈련 데이터)를 설명, 예측하는 것이 아니라, 동일 조건에서 얻을 수 있는 미지의 데이터(검증 데이터, 테스트 데이터)에 대해 설명변수 x로 반응변수 y를 예측하는 것입니다.

실무 상황을 상상하면 알기 쉬운데, 지금까지 얻은 데이터를 이용하여 x에서 y를 예측하는 모형을 만들었다고 합시다. 실제로 이 모형을 사용하여 예측할 때는, 새롭게 얻은 설명변수 x를 이용하여 알 수 없는 반응변수 y를 예측해야 합니다. 그러므로 학습 데이터에 적합하고 학습 데이터를 아무리 잘 예측했다고 하더라도, 미지의 데이터를 예측할 수 없다면 의미가 없습니다.

동일 조건에서 얻은 미지의 데이터를 얼마나 잘 예측할 수 있는가를 검증하기 위해 실제로 얻은 데이터를 둘로 분할합니다. 그리고 한쪽 데이터를 사용해 학습을 진행하고, 나머지 한쪽 데이터는 예측이 얼마나 좋은지 평가하는데 이용합니다(**그림 12.4.1**). 이러한 방법을 **교차검증(cross validation)**이라 합니다.

교차검증은 어떻게 데이터를 분할하는지에 따라 몇 종류로 나눌 수 있습니다. 대표적인 것은 K–분할 교차검증으로, 데이터를 K개로 나눈 뒤 K−1개를 학

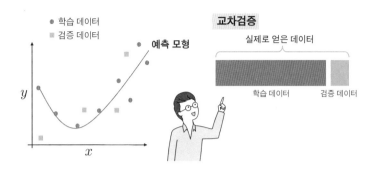

학습 데이터(붉은색 원)를 이용하여 만든 예측 모형은 학습 데이터가 아니라 검증 데이터(초록색 사각형)를 얼마나 잘 예측할 수 있는지가 중요합니다.

습 데이터로, 남은 1개를 검증 데이터로 이용하여 예측 성능을 측정합니다. 이 과정을 K번 반복 시행해 예측 성능을 평균화하는 방법입니다.

또한, Leave-one-out 교차검증은 K-분할 교차검증에서 K=1인 경우에, 데이터 하나만을 골라 검증 데이터로, 나머지는 전부 학습 데이터로 삼는 방법으로, 이를 반복하여 모든 데이터가 한 번씩 검증 데이터가 되도록 하는 방법입니다.

학습 데이터에 대한 예측 성능은 높지만, 검증 데이터에 대한 예측 성능은 낮을 때, 과대적합(overfitting)이 일어났다고 표현합니다. 이는 학습 데이터의 무작위 데이터 퍼짐에도 모형이 적합해지고 말아, 검증 데이터를 제대로 예측하지 못한다는 것을 나타냅니다.

일반적으로 모형이 복잡할수록 과대적합이 일어나가 쉬우므로, 모형의 복잡도를 조정하는 요소를 손실함수에 도입할 때가 있는데, 이를 **정칙화(regu-larization)**라 합니다.

예측 성능 측정 ①: 이진 클래스 분류

반응변수가 2개의 클래스 A, B일 때를 이진 클래스 분류라 부릅니다. 예를 들어 질병 발생/미발생, 구매/비구매 등을 예측하는 문제입니다. 이러한 분류 문제의 예측 성능을 측정할 때, 실제 데이터 클래스와 모형을 이용하여 예측된 클래스로부터 다음의 4패턴을 생각할 수 있습니다. (가설검정에서의 진실 및 판단의 4패턴과 같습니다.)

- **위양성(False Positive; FP): 실제는 음성이나 양성으로 판정**
- **위음성(False Negative; FN): 실제는 양성이나 음성으로 판정**
- **진양성(True Positive; TP): 양성을 양성으로 올바르게 판정**
- **진음성(True Negative; TN): 음성을 음성으로 올바르게 판정**

이를 도식화한 것이 **그림 12.4.2**입니다. 참고로 이 패턴은 기계학습의 예측뿐 아니라, 정답과 판정 결과 간의 관계 전반에 적용할 수 있습니다. 예를 들어 질병 진단에서도 마찬가지 사고방식을 이용할 수 있습니다.

각 설명변수 x값에 대해 정답 데이터의 클래스와 모형에서 예측한 클래스가 4패턴 중 어디에 해당하는지를 확인하고, 각각 몇 개인지를 셉니다. 이에 따라 예측 성공/실패를 확인할 수 있습니다. 진양성과 진음성이 많고, 위양성이나 위음성이 적을수록 예측 성능이 좋은 것이 됩니다.

예측 성능을 숫자로 평가하기 위해, 목적에 따라 다음과 같은 값을 사용합니다(**그림 12.4.2**도 참조).

- **민감도(sensitivity or recall): 양성을 양성이라 올바르게 판정할 비율**
- **특이도(specificity): 음성을 음성이라 올바르게 판정할 비율**

- 양성 적중률(positive predictive value): 양성이라 판정한 것이 실제로 양성일 비율
- 음성 적중률(negative predictive value): 음성이라 판정한 것이 실제로 음성일 비율
- 정답률(accuracy): 모든 판정 중 올바르게 예측한 것의 비율

◆ 그림 12.4.2 **기계학습의 클래스 분류**

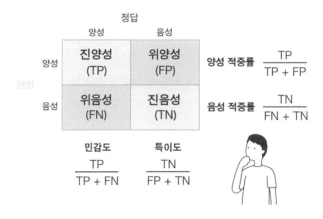

> TP, FP, FN, TN은 각각 몇 개 있는지를 나타내는 숫자입니다.

일반적으로 민감도가 높을수록 특이도는 낮다는 상충 관계가 있습니다. 극단적으로 말해 모든 데이터가 양성이고 이를 전부 양성으로 판정한다면 민감도는 1, 특이도는 0이 됩니다(이래서는 데이터를 이용한 예측 모형을 만드는 의미가 없습니다만). 이에 민감도와 특이도 양쪽을 고려하여 예측 성능을 숫자로 나타내고자, 다음에 설명하는 ROC 곡선과 AUC를 사용하기도 합니다.

● **ROC 곡선과 AUC**

분류의 예측 성능을 평가하는 ROC(Receiver Operating Characteristic) 곡선

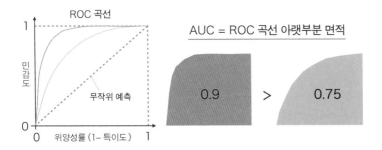

2가지 예측 모형의 각 ROC 곡선을 붉은색과 녹색으로 그린 모습입니다. AUC는 각각 0.9, 0.75로, 붉은 색 모형 쪽이 예측 성능이 좋은 모형이라 할 수 있습니다.

을 소개합니다. 이진 클래스 분류의 예측 모형은 실제로는 0~1이라는 수치를 출력합니다. 이에 대해 특정 역치를 설정하여 이보다 낮다면 클래스0으로, 높다면 클래스1로 분류하는 구조입니다. ROC 곡선은 이 역치가 작은 값에서 큰 값으로 점점 변할 때의 위양성률(=1-특이도)을 가로축으로, 민감도를 세로축으로 하여 그려지는 곡선입니다(**그림 12.4.3**).

 ROC 곡선이 (0, 0)과 (1, 1)을 연결한 대각선(무작위 판정)보다 왼쪽 위에 있을수록 위양성률이 낮을 때 진양성률은 높아지므로, 예측이 좋다(확실하게 2개의 클래스로 분류할 수 있다)는 것을 의미합니다. 예를 들어 **그림 12.4.3**에서 위양성률 = 0.5로 고정하면 붉은색 모형의 민감도는 거의 1(양성을 제대로 양성이라 판정할 수 있음)이지만, 녹색 모형의 민감도는 0.8 정도입니다. 따라서 붉은색 모형 쪽이 더 좋은 것이 됩니다.

 ROC 곡선 결과를 하나의 숫자로서 나타낼 때는, ROC 곡선보다도 아랫부분의 넓이를 이용합니다. 이를 AUC(Area Under the Curve)라 부르며, 1에 가까울수록 예측 성능이 좋음을 뜻합니다. **그림 12.4.3**에서는 붉은색 모형이 0.9, 녹색 모형이 0.75이므로, 붉은색 모형 쪽이 우수한 성능이라는 것을 알 수 있습니다. AUC가 0.5라는 것은 무작위 판정에 해당하며, 예측이 가장 나쁨을 나타냅니다.

예측 성능 측정 ②: 회귀

반응변수가 양적 변수인 경우에는, 정답인 값 y_i와 모형에서 얻은 값 $\hat{y}_i$ 사이 잔차의 **평균제곱오차**(mean square error, MSE)(식 12.2)나,

$$\frac{1}{n} \sum_{i=1}^{n} (y_i - \hat{y}_i)^2 \qquad \text{(식 12.2)}$$

그 제곱근을 취한 **제곱근평균제곱오차**(root means square error, RMSE)(식 12.3)를 예측의 좋음을 평가하는 지표로 사용하는 것이 일반적입니다.

$$\sqrt{\frac{1}{n} \sum_{i=1}^{n} (y_i - \hat{y}_i)^2} \qquad \text{(식 12.3)}$$

단, 이 값은 이상값의 영향을 받기 쉬우므로, 절댓값을 이용한 **평균절대오차**(mean absolute error, MAE)(식 12.4)를 사용하는 것이 좋을 때도 있습니다. 이 값이 작을수록 모형에서 얻은 값과 정답과의 차이가 적다는 뜻이므로, 예측 성능이 높음을 나타냅니다.

$$\frac{1}{n} \sum_{i=1}^{n} |y_i - \hat{y}_i| \qquad \text{(식 12.4)}$$

그 밖에도 선형회귀에 등장했던 결정계수 R^2값을 사용할 때도 있습니다. 이 때는 1에 가까울수록 예측 성능이 좋음을 나타냅니다.

● 로지스틱 회귀

일반화선형모형에서 살펴본 로지스틱 회귀는 기계학습 분야에서도 이용됩니다. 0 또는 1인 반응변수에 대해 1이 일어날 확률을 모형으로 출력하기에 클래스 분류에 사용할 수 있습니다. 실제로 예측할 때는 로지스틱 회귀 출력은 확률이므로, 그 확률에 대한 특정 역치를 설정하여 이보다 낮다면 클래스0을, 높다면 클래스1을 예측값으로 출력합니다.

로지스틱 회귀는 선형모형이므로, 단순한 분류만 가능한 선형분류기입니다. 예를 들어 직선이나 평면으로 서로 다른 클래스를 분리하는 것입니다.

● 결정 트리와 랜덤 포레스트

결정 트리(decision tree)는 설명변수에 대해 $x_1 > 10$이라면 가지A, 그렇지 않다면 가지B와 같은 조건 분기로 트리 구조를 만들어 데이터를 분류하는 방법입니다. 분석할 때는 미리 트리의 깊이를 지정해야 합니다. 결정 트리의 예측 성능을 향상시키기 위해 여러 개의 결정 트리를 구성하고, 이를 다수결로 수행하는 랜덤 포레스트(random forest)라는 방법도 있습니다.

● SVM

비교적 오래전에 개발된 기계학습 방법으로 서포트 벡터 머신(Support Vector Machine, SVM)이 있습니다. SVM은 각 데이터 점과의 거리가 최대가 되는 경계를 구하는 방법이며, 일반화 성능이 좋다고 알려졌습니다. 데이터를 '커널 함수'를 이용하여 변환함으로씨, 비신형 분류노 가능한 방법입니다.

● 신경망(딥러닝)

신경망(neural network)은 뇌의 신경 세포(뉴런)의 네트워크를 인공적으로 구성한 모형입니다. 최근에는 그중 하나인 딥러닝(심층학습)이 유명합니다.

　신경망은 거칠게 설명하자면, 여러 로지스틱 회귀의 출력이 또 다른 로지스틱 회귀의 입력이 되는 모형입니다(**그림 12.4.4**). 여러 개의 층으로 구성되므로, 단일 로지스틱 회귀로는 표현할 수 없는 복잡한 표현이 가능합니다. **딥러닝**은 이 층이 깊은 (일반적으로 4층 이상) 신경망을 가리킵니다.

　신경망을 이용한 학습은 신경 세포 사이의 가중치 w_{ij}를 조정하는 것입니다. 일반적으로 **오차역전파법**(back propagation)이라는 방법으로 가중치를 조정해 갑니다. 이는 모형의 출력과 정답 데이터 사이의 오차를 출력층에서 입력층 방향으로 전파시켜 오차를 줄이도록 가중치 w_{ij}를 변경하는 알고리즘입니다.

　신경망은 복잡한 관계를 나타내는 표현력이 높은 방법이지만, 파라미터(가중치) 해석이 어렵다는 단점이 있습니다. 그러므로 블랙박스 모형이라고도 할 수 있습니다. 그 밖에도 딥러닝이 왜 잘되는가에 대한 수리적인 이론이나, 어

◆ 그림 12.4.4　**신경망의 모습**

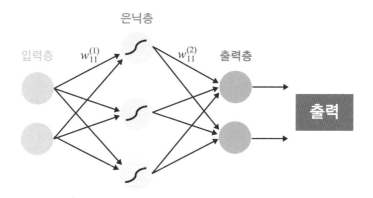

신경망은 입력층과 몇 개의 은닉층, 그리고 출력층으로 구성됩니다. 층 사이의 가중치($w_{11}^{(1)}$은 입력층 신경 세포 1에서 은닉층 신경 세포 1로의 가중치, $w_{11}^{(2)}$는 은닉층 신경 세포 1에서 출력층 신경 세포 1로의 가중치)를 바꾸면 입력 데이터와 출력 데이터 사이의 관계를 함수로 얻을 수 있습니다.

떤 모형을 만들어야 높은 효율로 학습할 수 있는가 같은 이해는 아직 완전히 이루어지지 못한 채 왕성한 연구가 진행 중입니다.

● 분리의 특징

지금까지 살펴본 로지스틱 회귀, 결정 트리, SVM, 신경망의 차이를 직관적으로 이해하고자, 이진 클래스 분류를 실행한 예를 **그림 12.4.5**와 **그림 12.4.6**으로 나타냈습니다.

설명변수는 가로축과 세로축 2개이며, 반응변수의 클래스는 붉은색 원이나 파란색 원으로 나타냈습니다. 여기서 데이터 점은 학습 데이터를 나타냅니다. 주황색 영역과 파란색 영역이 모형에서 얻은 분류 결과입니다. 각 방법 이름 옆에 있는 숫자는 각각 학습 데이터에 대한 정답률(붉은색 원이 주황색 영역에, 파란색 원이 파란색 영역에 있는 비율)과 검증 데이터에 대한 정답률을 나타냅니다.

그림 12.4.5는 오른쪽 위에 붉은색 원이, 왼쪽 아래에 파란색 원이 많이 분포하고 있어, 하나의 직선으로 나눌 수 있는 분리가 간단한 데이터 예입니다. 이를 **선형분리가 가능한 문제**라고 합니다. 실제로 선형 로지스틱 회귀로 얻은 분리 경계로 깔끔하게 나눌 수 있으며, 다른 방법에서도 마찬가지입니다.

각 방법의 특징을 더 살펴보면, 로지스틱 회귀는 1개의 직선으로 분리하고, 결정 트리는 각 설명변수에 대해 조건 분기로 분리 경계를 만들기 때문에 가로축, 세로축에 평행한 선을 조합하여 분리합니다. SVM이나 신경망은 비선형 분리 경계를 만들 수 있으므로, 굽은 선을 확인할 수 있습니다.

그림 12.4.6은 왼쪽 위와 오른쪽 아래가 붉은색 원이고, 오른쪽 위와 왼쪽 아래가 파란색 원인 복잡한 예입니다. 이럴 때는 직선(일반적인 선형 경계) 1개를 그어 붉은색 원과 파란색 원을 분리할 수 없기 때문에, **선형분리가 불가능한 문제**라 합니다. 로지스틱 회귀 결과를 보면 깔끔하게 분리되지 않음을 알 수 있습

니다. 반면 다른 방법으로는 깔끔하게 분리할 수 있습니다.

여기서는 2가지 예만 살펴보았지만, 문제의 종류에 따라 각 방법의 성능에 차이가 나므로 여러 방법을 시험해 보고 예측 성능을 비교하는 것이 좋습니다. 또한 결정 트리와 같이 분기 조건을 이용하여 쉽게 해석하는 방법도 있습니다. 따라서 적당한 수준에서 예측 성능을 해석하고 싶을 때, 해석 없이 예측 성능만을 향상시키고자 할 때 등, 분석 목적에 따라 방법을 선택하는 것이 바람직합니다.

◆ 그림12.4.5 **선형분리가 가능할 때**

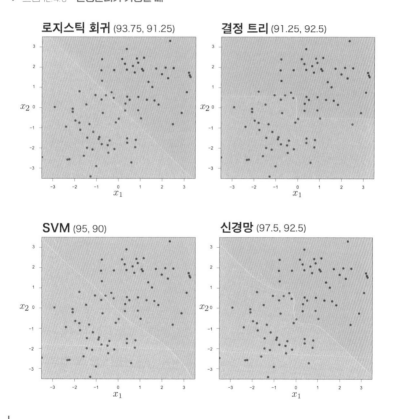

숫자는 학습 데이터에 대한 정답률(왼쪽)과 검증 데이터에 대한 정답률(오른쪽)을 나타냅니다.

◆ 그림 12.4.6 **선형분리가 불가능할 때**

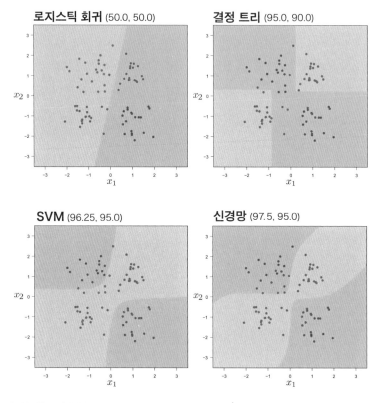

숫자는 학습 데이터에 대한 정답률(왼쪽)과 검증 데이터에 대한 정답률(오른쪽)을 나타냅니다. 로지스틱 회귀로는 제대로 분리하지 못하므로, 정답률이 낮은 값으로 나타납니다.

・・・

마지막 장에서는 모형 일반에 관해 설명합니다. 모형에는 지금까지 살펴본 통계 모형, 기계학습 모형과 더불어 수리 모형이 있습니다. 수리 모형은 미분 방정식으로 대표될 수 있는데, 이와 같이 규칙을 부여하고 무엇이 일어나는가를 연역적으로 구하는 모형입니다. 수리 모형은 데이터와 함께 이용할 수도 있으므로, 현상의 깊은 이해 및 예측, 개입을 위한 강력한 수단이 됩니다.

13^장

모형

통계 모형·기계학습 모형·수리 모형

통계 모형·기계학습 모형·수리 모형

이 책에서는 주로 확률적 모형인 통계 모형을 살펴보았습니다. 12장에서는 기계학습을 알아보았습니다만, 이 역시 하나의 모형으로 볼 수 있으므로 기계학습 모형이라 부르기로 합니다.

이와 함께 또 하나의 중요한 모형으로 **수리 모형**이 있습니다. 수리 모형은 현상의 프로세스나 메커니즘을 가정하고 그 움직임을 조사하는 모형입니다. 예를 들어 뉴턴의 운동 방정식이나 감염병 전파 모형, 심지어 인간 행동을 기술하는 모형까지 있습니다.

통계 모형, 기계학습 모형, 수리 모형과 같이 수학에 기반을 둔 모든 모형을 넓은 뜻의 수리 모형이라 부르기도 합니다만, 이 책에서는 현상의 프로세스나 메커니즘을 가정하고 그 움직임을 조사하는 모형을 수리 모형이라 부르기로 합니다. 이 장에서는 모형의 역할과 함께, 새롭게 등장한 수리 모형을 설명해 보겠습니다.

그림 13.1.1은 통계 모형, 기계학습 모형, 수리 모형 각각의 주요 특징을 나타낸 것입니다. 통계 모형이나 기계학습 모형은 데이터에서 출발하여 모형의 파라미터를 추정하고 모형을 얻습니다. 전체를 지배하는 법칙성을 데이터로 이끌어 내는 방법이므로, 귀납적인 방법이라 할 수 있습니다.

반면 이 장에서 소개할 수리 모형은 메커니즘을 수학적으로 나타내는 것에서 출발하여 논리적으로 무엇이 일어나는가를 조사하는 방법입니다. 그러므로 연역적인 방법이라 할 수 있습니다. 연역적이라고 해도, 모형의 파라미터를 데이터로 추정하고 실제 현상과 비교하며 깊게 이해하는 것도 가능합니다.

또한 수리 모형은 많은 경우 메커니즘에 기반을 둔 모형을 구축하기 때문에, 데이터로 경험하지 못한 범위라도 예측이나 통제가 가능할 때가 있습니다. 이는 데이터에 적용하는 통계 모형이나 기계학습 모형에는 없는 특징입니다.

◆ 그림 13.1.1 **각 모형의 특징**

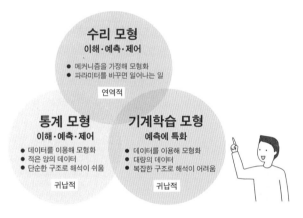

통계 모형, 기계학습 모형, 수리 모형의 주요 특징. 지금까지 살펴본 통계 모형과 기계학습 모형은 데이터를 이용하여 확률 모형을 추정했습니다. 이와 달리 수리 모형은 메커니즘을 가정하고, 무엇이 일어나는가를 조사하는 방법입니다.[*]

 모형은 현상을 이해하는 도구

애당초 '모형'이란 무엇일까요? 우리의 일상생활로부터 대상을 간략화하여

---

[*] 최근 기계학습 모형임에도 인과관계를 이용한 방법이 발전 중입니다만, 여기서는 다른 방법과 비교하고자 간단히 예측에 특화한 것으로 봅니다.

생각해 봅시다. 예를 들어 편의점까지 가는 길을 그려 달라는 부탁을 받았다면, 간단한 약도를 그릴 것이라 생각합니다. 약도에 생략된 눈에 띄지 않는 집들이 있거나, 울퉁불퉁한 지면과 길옆에 자란 잡초가 있는 등, 현실은 약도보다 압도적으로 복잡합니다. 그러나 약도는 편의점을 찾아간다는 목적 달성에는 충분한 도움이 됩니다.

이 예에서 '모형'은 바로 간단한 약도입니다(수학적인 모형은 아닙니다만). 즉, 모형이란 현상을 잘 기술하여 이해할 수 있도록 간략화하는 방법입니다. 모형을 만들 때는 현상의 본질을 유지하면서 간략화하는 것이 중요합니다. 대부분 현상에는 중요한 부분과 중요하지 않은 부분이 있습니다. 중요한 부분에 초점을 맞추면, 이해에 도움을 주며 쉽게 다룰 수 있는 모형을 얻을 수 있습니다.

통계 모형에서는 "정규분포나 푸아송 분포 등을 이용하여 수학적으로 다룰 수 있는 확률분포에서 데이터를 얻었음"이라는 가정에 기반해 모형을 만듭니다. 이에 비해 기계학습 모형은 복잡한 데이터를 대량으로 투입하여 자동적으로 중요한 부분에 초점을 맞춘 모형을 구축하는 방법이라 할 수 있습니다. 또한 수리 모형이라면 운동 방정식 $F=ma$에서 물체의 질량 m은 중요한 요인이나, (공기 저항을 무시한다면) 물체의 재질이나 모양은 상관없습니다. **모형화**란 이처럼 간략화를 통해 사물의 본질을 이끌어 내는 일인 것입니다.

● 완벽한 모형은 없다

통계학자 조지 박스는 1979년, "모든 모형은 잘못되어 있지만 그중 몇 가지는 도움이 된다."라는 말을 했습니다. 실제 현상은 우리의 상상 이상으로 월등히 복잡하며, 현상을 완벽하게 모형화하는 것은 불가능합니다. 복잡성에 더하여, 현상에 관련된 요소 모두를 상정할 수 없다는 점도 완벽하게 모형화할 수 없는 원인이 됩니다. 앞서 본 약도의 예라면, 어느 날 갑자기 공사 때문에 도로

가 막힐지도 모르고, 재건축 등으로 집들이 바뀔지도 모릅니다.

다시 말해, 우리는 모든 것을 상정할 수 없기 때문에, '현상의 실제 모습=실제 모형'을 만들기란 불가능하다고 할 수 있습니다. 그러나 실제 모형이 아닐지언정 현상을 적절하게 기술할 수 있는 모형이라면 이해에 도움이 되며, 예측이나 통제라는 목적도 달성할 수 있습니다.

예를 들어 화학에서 등장하는 기체의 상태 방정식 $PV=nRT$(P: 압력, V: 부피, n: 물질량, R: 기체 상수, T: 온도)는 하나의 수리 모형입니다. 이 방정식을 이용하면 압력과 온도 변수 사이의 관계를 간단하게 이해할 수 있습니다. 그러나 이 모형에서는 기체가 이상기체라고 가정합니다.

이상기체란 기체 분자 자체의 부피와 분자 사이의 인력이 없는 기체를 말합니다. 실제 기체 분자에는 작기는 하나 부피가 있고, 또 분자 사이에는 힘도 작용하므로, 현실의 기체는 엄밀히 말하면 이상기체가 아닙니다. 그러나 이 가정에서 크게 벗어나지 않는다면 대체로 $PV=nRT$인 관계를 따르기에 모형을 이해하는 데 도움이 됩니다.

◆ 그림 13.1.2 **현상과 모형**

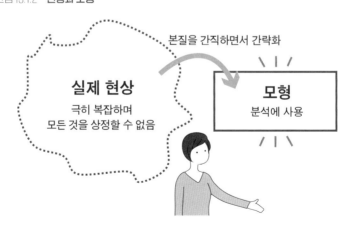

실제 현상은 극히 복잡하여, 많은 경우 현상에 관련되는 요소를 모두 상정할 수 없습니다. 모형은 현상에서 중요한 부분을 뽑아 간략화한 것이라 할 수 있습니다.

모형은 어디까지나 현상을 이해하는 데 도움이 되는 근사 도구로, 실제 현상 그 자체와 모형은 다르다는 사실을 명심하는 것이 중요합니다. 그리고 얻은 모형이 얼마나 좋은 모형인지를 확인하는 것도, 분석자에게 있어 꼭 필요한 일입니다.

 ## 수리 모형이란?

이 장에서 새롭게 살펴볼 것이 수리 모형입니다. 물리적 실체가 있을 필요는 없으며, 사회 현상인 유행 확산이나 경제 현상인 주가 변동도 대상으로 삼을 수 있습니다. 따라서 적용 범위가 넓고, 물리학부터 공학, 생물학, 경제학, 사회학, 심리학 등 다양한 분야에서 사용됩니다.

수리 모형을 한마디로 표현하면 가상의 세계를 상정하고 어떤 규칙을 적용했을 때 무엇이 일어나는가를 조사하는 방법입니다. 예를 들어 운동 방정식

◆ 그림 13.1.3 **수리 모형**

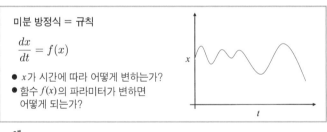

미분 방정식 = 규칙

$$\frac{dx}{dt} = f(x)$$

● x가 시간에 따라 어떻게 변하는가?
● 함수 $f(x)$의 파라미터가 변하면 어떻게 되는가?

예

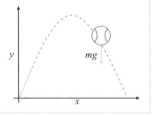

운동 방정식 = 공을 지배하는 규칙

$$m\frac{d^2x}{dt^2} = 0, \, m\frac{d^2y}{dt^2} = -mg$$

● 공은 어디에 떨어지는가?

이라는 모형은 물체의 속도 변화에 관한 규칙을 적용합니다(**그림 13.1.3**). 이 규칙에 따를 때 무엇이 일어나는가를 관찰하면, 시간에 따라 물체의 속도가 어떻게 변화하고 또 어디에 있게 될지를 알 수 있습니다.

● **수리 모형의 종류**

수리 모형에는 다양한 종류가 있습니다만, 크게 다음과 같이 2가지로 나눌 수 있습니다.

- 결정론 모형: 미분 방정식, 차분 방정식, 편미분 방정식
- 확률 모형: 무작위 행보, 마르코프 연쇄

결정론이란, 특정 시각의 상태가 정해지면 다음 시각의 상태는 단 하나로 정해지는 성질을 말합니다. 즉, 확률적인 성질이 없다는 뜻입니다. 앞의 운동 방정식은 특정 방향, 특정 속도로 공을 던졌다면 어디에 떨어질지를 반드시 예측할 수 있으므로 결정론입니다. 결정론적인 성질이 현상의 본질일 때는 **결정론 모형**을 사용하면 좋습니다.

이와 달리 확률적인 움직임이 본질인 현상도 있습니다. 예를 들어 도박에서 이기거나 지는 것을 반복할 때는 확률적인 변동이 중요한 요소가 됩니다. 이러한 현상에는 **확률 모형**을 적용할 수 있습니다. 물론 결정론적 성질과 확률적 성질을 조합할 수도 있는데, 예를 들어 확률 미분 방정식이 이런 모형입니다.

● **수리 모형 분석하기**

모형이 단순하다면 연필과 종이로 직접 계산하여 구할 수 있습니다. 이를 해석적으로 푼다고 표현합니다. 해석적으로 얻은 답은 무엇이 일어나는지를

넓게 둘러볼 수 있으므로, 이해하기 쉽다는 큰 이점이 있습니다(**그림 13.1.4**).

그러나 현실 현상을 충실하게 재현하려면 복잡한 모형이 필요할 때도 있습니다. 수리 모형이 복잡해지면(비선형이고 변수가 많으면) 대부분 풀기가 쉽지 않기에, 컴퓨터를 이용하여 계산해야 합니다. 수치 계산에서는 수식에 따라 하나의 결과를 출력하는 것이 아니라, 무엇이 일어나는가를 널리 보아야 하므로, 파라미터를 다양하게 바꿔 가며 계산해야 합니다.

더 나아가 수식으로 표현하기가 어려울 정도의 복잡한 현상을 다루기도 합니다. 이때는 컴퓨터 시뮬레이션을 이용합니다. 다만 시뮬레이션도 특정 규칙에 따라 한 가지의 결과를 출력할 뿐이므로, 왜 그런 결과인지를 이해하기는 쉽지 않습니다.

수리 모형도 통계 모형과 마찬가지로 모형이 복잡할수록 이해하기 어려워지는 까닭에, 모형의 복잡함과 이해의 용이함 간에는 상충 관계가 있습니다.

그림 13.2절부터는 결정론 수리 모형과 확률 수리 모형의 대표적인 예를 살펴보고, 수리 모형이란 어떤 것인지를 알아보고자 합니다.

◆ 그림 13.1.4 **수리 모형을 분석하는 방법**

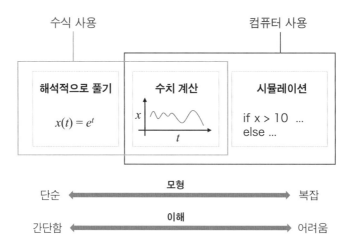

13.2 수리 모형: 미분 방정식

미분 방정식과 차분 방정식

　대표적인 수리 모형으로 결정론 모형인 **미분 방정식(차분 방정식)**이 있습니다. 뉴턴의 운동 방정식, 화학 반응인 미하엘리스−멘텐식 모두 미분 방정식의 한 종류입니다. 미분 방정식은 시간에 따라 변화하는 변수 x와 시간에 따라 변하지 않는 파라미터로 구성되며, 함수 $f(x)$의 형태와 파라미터가 변수 x의 움직임을 결정하는 규칙이 됩니다.

　미분 방정식을 포함한 수리 모형의 목적은 주어진 규칙에 따랐을 때 무엇이 일어나는가를 조사하는 것입니다. 특히 미분 방정식은 시간과 함께 변수 x가 어떻게 변하는가와 같은 시계열 움직임(동역학)을 대상으로 합니다.[*]

　이 절에서는 미분 방정식이란 무엇인가를 실제로 경험해 보고자 간단한 수의 변화 수리 모형부터 시작하여 감염병 모형까지 살펴보겠습니다.

수리 모형 사례 ①: 수의 변화를 모형으로

---

[*]　통계 모형으로서의 시계열 분석은 수리 모형과는 별개입니다. 이 책에서 살펴본 것과 같은 회귀분석으로는 시계열 통계분석이 부적절할 때가 있으므로 주의해야 합니다.

가장 간단한 수리 모형으로, 수의 변화가 있습니다. 수의 변화는 생물의 개체 수 변화, 화학물질의 농도 변화 등 다양한 현상에서 볼 수 있습니다.

수의 변화를 모형으로 나타내기 위해, 만화 《도라에몽》 17권에 등장하는 '바이바인'이라는 도구 이야기를 생각해 봅시다. 주인공인 노진구가 간식으로 밤과자를 먹으려 하는데, 먹으면 없어진다고 슬퍼합니다. 이에 도라에몽이 '바이바인'이라는 도구를 사용하여 밤과자가 5분마다 2개씩 분열하게끔 합니다. 그러자 처음에는 1개였던 밤과자가 5분 후에는 2개, 10분 후에는 4개로 늘어났습니다(먹으면 씹히기 때문인지, 뱃속에서는 늘어나지 않습니다).

그럼 여기서 밤과자가 2배씩 늘어나는 현상을 모형으로 나타내 봅시다. 시간은 t=0, 1, 2, 3…으로 간헐적이고(이산 시간), 5분마다의 시간을 나타냅니다. 즉, t=1이 5분 후, t=2가 10분 후입니다. 그리고 x_t를 시각 t에서의 밤과자 개수라 하면, 5분 후의 개수는 현재 개수의 2배이므로 다음 식이 성립합니다.

$$x_{t+1} = 2x_t \quad \text{(식 13.1)}$$

이는 증가 규칙을 나타낸 차분 방정식입니다. 이 규칙을 따를 때 밤과자의 수에 어떤 일이 생길까, 즉 시각 t에서 몇 개일까를 아는 것이 이 모형의 목적입니다. 이를 위한 한 가지 방법은 x_t에 구체적인 값을 대입하여 t=0일 때 x_0=1, t=1일 때 x_1=2… 와 같이 차례대로 계산하는 것입니다.

또 하나의 방법은 이 차분 방정식을 푸는 것입니다. 차분 방정식 또는 미분 방정식을 푼다는 것은 예를 들어 2차 방정식 x^2=1의 해 x=±1과 같은 값을 구하는 것이 아니라, x_t=$f(t)$와 같이 x_t를 t의 함수로 나타내는 것입니다. 식 13.1은 초항 x_0=1(t=0일 때의 밤과자 개수는 1개), 공비 2인 등비수열이므로, 시각 t에서의 밤과자 개수는 다음과 같습니다.

$$x_t = 2^t \quad \text{(식 13.2)}$$

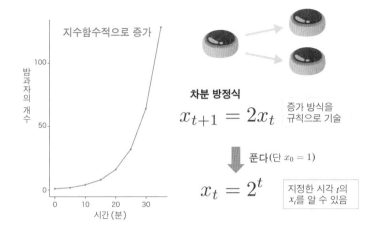

이것이 차분 방정식(식 13.1)의 해입니다.

또한, 식 13.2를 그래프로 나타낸 것이 **그림 13.2.1**입니다. 시간이 흐를수록 급격하게 늘어나는 것을 알 수 있습니다. 이는 식 13.2에서 보듯이 2의 t제곱, 즉 지수함수이므로 **지수함수 증가(또는 지수 증가)**라 합니다.

● 지수함수 증가

지수함수적인 변화는 우리의 직감을 벗어날 때가 종종 있습니다. 예를 들어 5분마다 2배로 늘어나는 차분 방정식(식 13.1)의 경우, 처음에는 1개로 시작하더라도 1시간 후에는 4,096개가 되고, 2시간 후에는 무려 1,677만 7,216개로 불어납니다.

흥미롭게도 식 13.1과 같이 일정 시간 후에 몇 배로 늘어나는 모형은 밤과자의 개수뿐 아니라 생물의 증식이나 감염병의 전파를 나타내는 모형에서도 볼수 있습니다(**그림 13.2.2**). 대장균은 평균 20분에 1번 분열하므로, 그 수는 20분마다 2배가 되며, 감염병 사례에서 한 사람의 감염자가 5일마다 2명씩 감염시

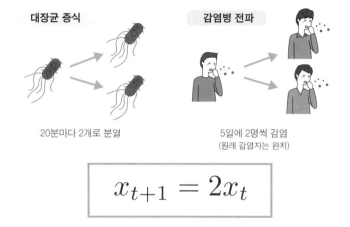

$$x_{t+1} = 2x_t$$

킨 다음 낳는다고 하면, 감염자 수는 5일마다 2배가 됩니다.

　이렇게 전혀 다른 현상임에도 같은 수식으로 모형화할 수 있는 것은, 증가하는 양이 현재 수에 따라 달라지는 성질이 공통적이기 때문입니다. 이 모형은 그 본질을 잘 포착하고 있는 것입니다.

● 지수 증식의 일반해와 분기 다이어그램

　앞의 예를 일반적으로 표현하면 **그림 13.2.3**과 같이 파라미터 r을 이용하여 나타낼 수 있습니다. 밤과자가 2배로 늘어난다는 것은 $r=2$일 때에 해당합니다. 그럼 만약 r이 다른 값이라면 어떤 일이 일어날까요?

　r이 1보다 클 때는 정량적으로는 다르지만, 정성적으로는 지수적으로 늘어나는 점에서 같다고 할 수 있습니다. 즉, 시간이 흐를수록 매우 큰 수가 됩니다. 그렇지만 r이 딱 1일 때에는, 시간이 흘러도 x_t는 변하지 않습니다. 그리고 r이 1보다 작다면 이번에는 지수적으로 감소한다는 것을 알 수 있습니다.

　이를 알아보기 쉽도록 분기 다이어그램(bifurcation diagram)을 이용하여 파

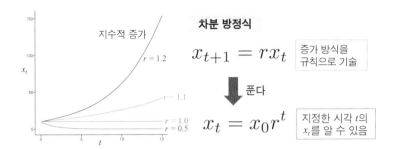

초기 상태를 x_0=10으로 설정하고, _r_ 에 따른 x_t를 그렸습니다.

◆ 그림 13.2.4 **분기 다이어그램의 예**

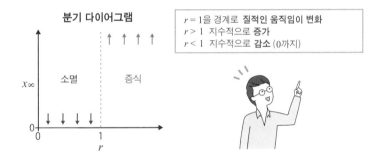

라미터 _r_ 을 가로축에, 충분한 시간이 흐른 후의 x_∞를 세로축에 두면 **그림 13.2.4** 와 같이 됩니다. _r_ 이 1보다 큰지 작은지에 따라 질적으로 다른 움직임을 보인 다는 것을 한눈에 알 수 있습니다.

이처럼 파라미터를 다양하게 바꾸었을 때 어떤 일이 일어나는가를 조사할 수 있다는 것이 수리 모형의 강점입니다.

● 미분 방정식

차분 방정식에서는 시간 _t_ 가 0, 1, 2...와 같이 이산적인 값이었는데, 이 시간 간격을 작게 하면 연속 시간 모형인 다음 식을 얻을 수 있습니다.

$$\frac{dx}{dt} = ax \qquad \text{(식 13.3)}$$

이것이 미분 방정식(differential equation)으로, 아주 짧은 시간의 변화율을 나타냅니다. 식 13.3은 가장 단순한 선형 미분 방정식('선형'의 의미는 잠시 후 칼럼 〈선형과 비선형〉)이므로, 다음과 같이 간단하게 해를 얻을 수 있습니다.

$$x(t) = x(0)e^{at} \qquad \text{(식 13.4)}$$

지수적 증가 또는 감소라는 성질은 같으나 그 경계가 파라미터 $a=0$이 됩니다. 왜냐하면 미분 방정식은 변화율을 표시하므로, 식 13.3이 0보다 크면 증가, 0보다 작으면 감소를 나타내기 때문입니다.

● 밀도 효과

식 13.1의 차분 방정식과 식 13.3의 미분 방정식 모두 x 자신의 정수배로 나타내는 선형 방정식입니다. 지수적 증가와 감소는 선형 방정식의 전형적인 움직임입니다. 그러나 실제로는 지수적 증가가 언제까지나 계속되는 것은 현실적이지 않습니다. 이에 x가 늘어날수록 그 증가율이 줄어드는 효과, 즉 **밀도 효과**를 적용한 모형을 생각하는 것이 자연스럽습니다.

여기서 흔히 사용되는 것이, 다음과 같은 형태의 로지스틱 방정식입니다.

$$\frac{dx}{dt} = ax\left(1 - \frac{x}{K}\right) \qquad \text{(식 13.5)}$$

이는 식 13.1 우변에 $(1-x/K)$를 곱하여, x가 K라는 파라미터(생물 개체 수를 나타낼 때는 환경 수용력이라고 함)에 가까울수록 증가율(dx/dt)이 0에 가까워지도록 하는 것입니다.

· · ·

지수적 증가와 로지스틱 방정식을 비교한 것이 **그림 13.2.5**입니다. 로지스틱 방정식에서는 시간이 흐를수록 K라는 값으로 포화한다는 것을 알 수 있습니다. 그리고 일단 $x=K$가 되면 증가하지도 감소하지도 않는 상태가 됩니다. 이를 **평형 상태** 또는 **평형점**이라 합니다.

평형점은 $dx/dt=0$을 만족하는 x를 나타내는데, 실제로 간단한 계산으로도 $x=K$가 평형점임을 알 수 있습니다. 한편 $dx/dt=0$을 만족하는 또 하나의 점인 $x=0$은 개체 수가 0이라면 0에 머무른다는 것을 뜻합니다. 예를 들어 생물의 개체 수가 일단 0이 되어 멸종해 버리면, 스스로 부활하지는 않는다는 사실에 해당합니다.

그리고 x가 K보다 작거나, 커지더라도 $x=K$인 평균 상태로 되돌아가는 성질이 있습니다. 이러한 평형점을 **안정평형점**이라 부릅니다. x가 K보다 크면 $dx/dt<0$이 되어 x가 줄어들고, x가 K보다 작으면 $dx/dt>0$이 되므로 x는 늘어나기

◆ 그림 13.2.5 **로지스틱 방정식**

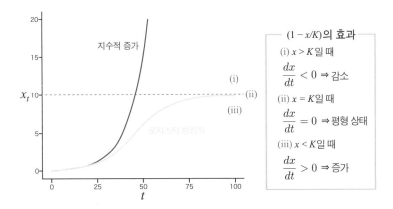

초깃값 x_0=0.1, 파라미터 a=0.1, 로지스틱 방정식은 K=10으로 설정했습니다. 붉은색 선이 식 13.3의 지수적으로 증가하는 모형을, 파란색 선이 식 13.5의 로지스틱 방정식을 나타냅니다.

때문입니다. 반면 $x=0$인 평형점에서는 x가 0보다 조금이라도 커지면 $dx/dt>0$이 되어 x는 늘어나기 시작합니다. 일단 $x=0$을 벗어나면 자연적으로 이 평형점으로 되돌아가는 일은 없기 때문에, **불안정평형점**이라 합니다.

이처럼 세운 미분 방정식의 평형점을 조사하고, 그 평형점이 안정인지 불안정인지를 확인함으로써, 그 모형의 성질 일부를 밝힐 수 있습니다. 이때 이용하는 것이 선형대수에서 등장하는 고윳값과 고유 벡터입니다. 이 책에서는 이 이상의 수학적인 설명은 하지 않지만, 관심이 있다면 공부해 보기 바랍니다.

 선형과 비선형

미분 방정식(또는 차분 방정식)은 선형과 비선형으로 분류할 수 있습니다. 선형 방정식이란 변수 x의 정수배와 총합으로 작성할 수 있는 방정식을 가리킵니다. 맨 처음에 살펴본 $x_{t+1}=rx_t$는 다음 시각의 값이 지금 값의 정수배이므로, 선형인 차분 방정식입니다. 식 13.3의 미분 방정식도 마찬가지로 선형인 미분 방정식입니다.

반면 식 13.5의 로지스틱 방정식은 비선형인 방정식입니다. 왜냐하면, 식을 전개하면 x^2의 항, 즉 $x \times x$라는 곱이 있기 때문입니다. 선형과 비선형의 차이를 직관적으로 이해하기 위해서는, 선형은 항상 규칙이 같은 데 비해 비선형은 변수 x의 값에 따라 규칙이 달라진다고 생각하면 좋습니다.

예를 들어 $x_{t+1}=rx_t$는 x_t가 어떤 값이든 항상 r배라는 규칙이 있습니다. 이와 달리 로지스틱 방정식에서는 x_t가 0보다 작을 때는 $(1-x_t/K)$는 대부분 1이므로 지수적으로 증가합니다만, x_t가 K에 가까울수록 증가율이 낮아지고, x_t가 K가 되면 x_t는 변화하지 않는 등, x_t에 따라 규칙이 다릅니다(상태 의존성). 따라서 선형 방정식은 주로 지수적으로 증가(혹은 감소)하는 식의 단순한 움직임을 나타내지만 비선형 방정식은 복잡한 움직임도 나타낼 수 있습니다.

또한, 선형인 방정식은 풀 수 있으나(여기서 푼다는 것은 x_t를 t의 함수로 나타내는 것), 비선형인 방정식은 대부분 풀 수가 없습니다.* 이에 수치 계산을 이용하거나, 평형점과 가까운 곳에서 선형 방정식으로 근사하여 움직임을 조사하는 접근법을 취합니다.

---

* 여기서 소개한 로지스틱 방정식은 비선형입니다만, 예외적으로 풀 수가 있습니다.

자, 드디어 감염병 모형을 생각해 볼 차례입니다. 지금까지의 모형은 x_t라는 1개 변수뿐이었습니다만, 이번에는 3개의 변수 $S(t)$(감수성 보유자, Susceptible), $I(t)$(감염자, Infected), $R(t)$(회복자, Recovered)가 있고, 시각 t에서 각각의 사람 수를 나타냅니다.

$S(t)+I(t)+R(t)$=사람 수로, 전체 사람 수는 달라지지 않는다고 가정하면, 인구를 1로 하여 $S(t)$, $I(t)$, $R(t)$를 비율로 해석할 수 있습니다. 감수성 보유자는 감염자와 접촉하면 일정 감염률 β로 감염자로 변하고(즉, 감염), 감염자는 일정 비율 γ로 회복자로 변합니다.

이를 미분 방적식으로 표현하면 다음과 같습니다.

$$\frac{dS}{dt} = -\beta S(t)I(t)$$

(식 13.6)

$$\frac{dI}{dt} = \beta S(t)I(t) - \gamma I(t)$$

(식 13.7)

$$\frac{dR}{dt} = -\gamma I(t)$$

(식 13.8)

이것이 감염병의 기본 모형으로, **SIR 모형**이라 불립니다. 식 13.6과 식 13.7에서 S와 I가 곱해지는 까닭은, 감염에 대한 감수성이 감염자의 수에 비례하기 때문입니다. 이 항이 있으므로 SIR 모형은 비선형인 미분 방정식이 됩니다.

그림 13.2.6은 SIR 모형의 움직임을 나타냅니다. 초기 상태는 $S(0)=0.999$, $I(0)=0.001$, $R(0)=0$으로, 감염자가 없는 상태에서 아주 약간의 감염자(I)가 발생했음을 나타냅니다. 감염 초기에는 감염자가 지수적으로 증가하여 감염이 급속

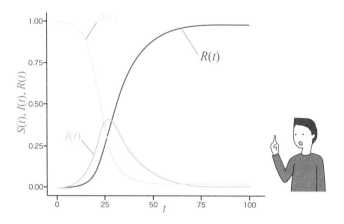

SIR 모형에서 β=0.4, γ=0.1로 하여 계산한 예입니다.

히 확산되는 것을 알 수 있습니다. 그러다 감수성 보유자(S)가 줄어들면서 감염자 수도 줄기 시작하고, 마지막에는 많은 사람이 감염을 경험한 회복자(R)가 됩니다(최종적인 회복자의 비율은 파라미터 β, γ에 따라 다름).

● 분기 다이어그램

그림 13.2.4와 같은 분기 다이어그램 아이디어를 떠올려 보세요. 이와 마찬가지로 감염 상태 초기에 최초로 출현하는 감염자 수 $I(0)$가 늘어나는지 여부가, 감염병이 유행할지를 결정하게 됩니다. 즉 **식 13.7**에서 다음이 성립할 때, 감염병이 유행하리라는 것을 알 수 있습니다.

$$\frac{dI(0)}{dt} = \beta S(0)I(0) - \gamma I(0) \qquad \text{(식 13.9)}$$

$$= I(0)\big(\beta S(0) - \gamma\big) > 0 \qquad \text{(식 13.10)}$$

기초감염재생산수 R_0(회복자 R과는 다르므로 주의)를 다음과 같이 정의하여 식 13.10의 조건을 다시 쓰면 다음과 같습니다.

$$R_0 = \frac{\beta}{\gamma} S(0) > 1$$

(식 13.11)

$S(0)$은 거의 1이므로, β / γ이 1보다 큰지가 유행 진입 여부를 결정합니다. 가로축을 β / γ로, 세로축을 최종적인 R로 하여 분기 다이어그램을 그린 것이 **그림 13.2.7**입니다. 기초감염재생산수 R_0는 감수성 보유자뿐인 집단에서 1명의 감염자가 감염시키는 사람 수(2차 감염자 수)의 평균이므로, R_0가 1보다 크다면 유행이 확산된다는 것을 직관적으로도 알 수 있습니다.

기초감염재생산수 R_0는 대책이 없는 무방비 집단에서 감염 초기에 얼마나 병이 퍼지기 쉬운가를 나타내는 값입니다. 이와 달리 유행이 시작되고 백신 대책에 따라 면역 보유자가 존재하게 되었거나, 행동 변화에 따라 파라미터 β나

◆ 그림 13.2.7 **SIR 모형의 분기 다이어그램**

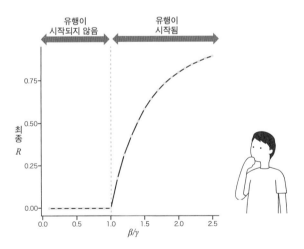

가로축이 기초감염재생산수 $R_0 = \beta/\gamma$, 세로축이 최종 회복자 수 R(기감염자 수)인 그래프입니다. $\beta / \gamma = 1$을 경계로 유행 시작 여부가 판가름 난다는 것을 알 수 있습니다.

γ가 달라진 경우에는 실질감염재생산수 R_t를 생각할 수 있습니다. 실질감염재생산수 R_t는 R_0와 마찬가지로 1명의 감염자가 감염시키는 사람 수(2차 감염자 수)의 평균이므로, 1보다 크면 똑같이 감염자 수 증가로 이어집니다.

마스크를 쓰거나 외출을 자제하는 등의 행동 변화는 원래의 β를 작게 하는 변화에 해당하고, 감염되었을 때 조기에 격리하는 대책은 γ를 크게 하는 변화에 해당합니다. 예를 들어 접촉률이 반이 되면 β도 반으로 줄어들고, 실질감염재생산수 R_t는 원래 기초감염재생산수 R_0의 반으로 줄어듭니다. 이에 따라 예를 들어 R_0=1.8로 확산될 터였던 유행을 억제하는 일이 가능합니다.

이러한 SIR 모형의 결과가 우리가 감염병 예방에 있어 중요하다고 여겼던 것들을 분명히 나타내고 있으므로, 감염병 유행이라는 현상에 대해 한층 깊게 이해할 수 있었습니다.

● 예측

지금까지 수리 모형을 구축하고, 파라미터를 바꿔 가면서 이를 통해 현상을 이해하고자 했습니다. 데이터로 모형의 파라미터를 추정하면 미래의 값을 예측할 수도 있습니다(**그림 13.2.8** 왼쪽). 단, 지금까지의 파라미터(감염 규칙)가 달라지지 않는다는 것을 전제로 한 예측이라는 점에 주의하기 바랍니다.

● 통제

더 나아가 일단 수리 모형을 만들어 두면, '만약 ~이라면 어떤 일이 일어날까'라든가, '어떻게 하면 바라는 상태를 만들 수 있을까' 등의 문제를 모형상에서 생각할 수가 있습니다.

계속해서 감염병 수리 모형을 예로 들겠습니다. 감염이 널리 퍼진 후, 면역 보유자가 있는 상황에서 1명의 감염자가 감염시킬 신규 감염자 수인 실질감염

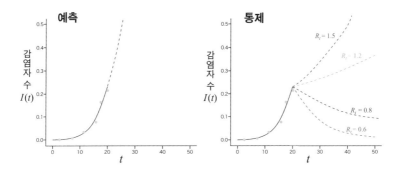

t=20까지의 데이터를 얻고 모형을 이용하여 앞날을 예측 또는 통제하는 예입니다. 각 점선은 앞날을 예측한 값 또는 통제했을 때 미래의 값을 나타냅니다.

재생산수 R_t를 줄일 수 있었다면, 감염자 수가 어떤 변화를 보일 것인가를 다양하게 시뮬레이션할 수 있습니다(**그림 13.2.8** 오른쪽).* 거꾸로 이야기하면 전염병을 감소시키고자 한다면 실질감염재생산수 R_t를 어느 정도로 작게 해야 좋을지도 알 수 있습니다.

이처럼 수리 모형을 이용하여 시나리오를 탐색하는 접근법은 경험하지 못한 것, 즉 데이터로 얻을 수 없는 조건에 관해서도 지식을 얻는 방법으로, 통계 모형이나 기계학습 모형에는 없는 강점이라 할 수 있습니다.

🔍 복잡한 모형으로

앞서 설명한 것처럼 현상을 적절하게 나타내는 좋은 모형일수록, 실제 현상을 예측하고 통제하는 데 뛰어납니다. 소개한 SIR 모형은 매우 간단하면서도 감염병의 유행을 제대로 기술할 수 있다고 알려져 있습니다. 물론 더 좋은 모

---

* 예측(forecast 또는 prediction)과 명확히 구별하고자 프로젝션(projection)이라 부르기도 합니다.

형을 얻으려면 SIR 모형의 가정을 변경하고, 보다 현실적인 요소를 도입하는 것이 중요합니다.

예를 들어 SIR 모형에서는 사람이 모두 동질하다고 가정했으나, 실제로는 연령에 따라 감염률이나 회복률이 다를 것입니다. 그러므로 연령 구조를 고려한 모형으로 발전시키는 것은 중요한 방향성 중 하나입니다.

더불어 SIR 모형에서는 접촉하는 상대가 무작위라고 가정했으나, 현실 세계에는 복잡한 사회 네트워크 구조가 있습니다. 이러한 요소를 적용하여 더 나은 모형으로 확장하려는 시도가 네트워크 과학 분야를 중심으로 이루어지고 있습니다. 그 밖에도 백신의 효과를 적용한 모형을 이용하면, 백신이 감염병 비율 움직임에 어떠한 영향을 주는지를 조사할 수도 있습니다.

13.3 수리 모형: 확률 모형

확률 모형

실제 현상에서는 예측이 어려운 불확실한 요소가 본질일 때가 있습니다. 이 장 시작 부분에서 설명한 것처럼, 도박의 승패와 같은 현상은 확률로 기술하는 편이 좋습니다.

물리 현상에서도 셀 수 없이 수많은 분자 운동은 확률로 기술하는 편이 유용할 때가 있습니다. 여기에는 원리적으로는 결정론이라도 요소의 수가 너무 많은 나머지 결정론 모형으로 다루기가 어려워, 확률을 이용하여 통계적으로 다루게 되었다는 배경이 있습니다.

● 무작위 행보

가장 간단한 확률 모형의 예인 **무작위 행보**(random walk)를 살펴봅시다.

어떤 도박사가 100만 원을 자금으로 도박을 시작했다고 합시다. 각 시각 t에서 1/2 확률로 1만 원을 따고 1/2 확률로 1만 원을 잃는, 승패 확률이 같은 도박을 생각해 보겠습니다. 단순화를 위해 빚을 지는 것도 가능하다, 즉 가진 돈이 음수가 될 수도 있다고 합시다.

이때 원래 가진 100만 원은 시간이 지날수록 어떻게 변화할까요? 이를 표현한 것이 1차원 무작위 행보라는 모형입니다. **그림 13.3.1**은 확률 시뮬레이션을 시행한 예입니다. 확률 모형이므로 매번 결과가 다릅니다만, 재미있게도 어떤 법칙성이 나타나게 됩니다.

승패 확률은 같으므로 돈의 증감 기댓값은 0입니다. 그러나 시간이 흐를수록 점점 큰 값이나 작은 값이 나타나는 일이 늘어납니다. 실은 시각 t가 충분히 흐르면 가진 돈의 분포는 평균 100만 원, 표준편차 $\sigma\sqrt{t}$(여기서 σ는 +1과 −1이 균등하게 나오는 확률분포의 표준편차=1)인 정규분포로 근사할 수 있습니다.

그리고 이것은 다시 +1+(−1)+(+1)+…이라는 확률변수의 합이 정규분포를 따르는 중심극한정리로 설명할 수 있습니다. 그리고 이 정규분포의 표준편차는 $\sigma\sqrt{t}$이므로, 각 사람이 원래 가진 돈은 시간과 함께 100만 원에서 멀어지는 경향이 있음을 알 수 있습니다.

무작위 행보는 도박의 모형일 뿐 아니라, 입자의 브라운 운동과 확산 과정의 모형이기도 합니다. 또한 주가나 생물의 중립 유전자 동태와 고정 등의 모

◆ 그림 13.3.1 **1차원 무작위 행보 예시**

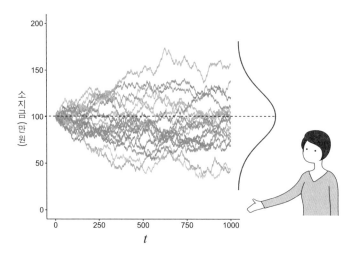

│ t=0에서 가진 돈 100만 원으로 시작한 1차원 무작위 행보입니다. 다른 색은 서로 다른 각각의 시행을 나타냅니다.

형에도 사용합니다. 이처럼 확률적으로 시간 변동하는 현상을 기술하는 수리 모형을, 확률 과정(stochastic process)이라 합니다.

● 마르코프 과정

무작위 행보를 일반화한 확률 과정으로 **마르코프 과정(Markov process)**이 있습니다. 마르코프 과정은 과거 상태와는 상관없이, 현재 상태에 따라 다음 상태가 결정되는 확률 과정입니다. 이 '과거와 상관없이 현재 상태에 따라 미래가 정해지는 성질'을 마르코프 성질이라 합니다. 무작위 행보에서 도박의 승패는 과거의 어떤 사건과도 상관없이 정해지므로(정해진다고 가정하므로), 마르코프 성질이 있다고 할 수 있습니다.

마르코프 과정의 예로 자주 드는 것이 날씨입니다. 날씨 상태에는 {맑음, 흐림, 비}의 3가지 이산적인 상태가 있으며 시간도 어제, 오늘, 내일과 같이 이산적이라 합시다(이러한 이산 상태, 이산 시간의 마르코프 과정을 일반적으로 마르코프 연쇄라 합니다). 그러면 오늘 날씨로부터 내일 날씨로 변하는 과정을, **그림 13.3.2**와 같이 나타낼 수 있습니다.

화살표에 있는 숫자가 확률을 나타내므로, 예를 들어 오늘이 맑음이라면 내일도 맑을 확률은 0.5, 흐릴 확률은 0.3, 비가 내릴 확률은 0.2가 됩니다. 물론 이 모형의 마르코프 성질이나 이들 확률 수치는 가정에 지나지 않습니다만[*], 일단 이렇게 가정하면 어떤 일이 일어나는지 살펴봅시다.

이 마르코프 과정을 해석할 때는 각 상태에 맑음=1, 흐림=2, 비=3으로 번호를 붙이고, 상태 i에서 상태 j로의 전이확률인 p_{ij}를 나열한 행렬을 생각하면 편합니다.

---

[*] 실제로 내일 날씨는 과거 며칠 동안의 영향을 받는다고 볼 수 있습니다. 예를 들어 3일 전~오늘의 날씨 상태로부터 내일 날씨가 정해진다고 하면, 현재 상태에 3일 전~오늘 상태를 포함하도록 개선함으로써 마르코프 과정으로 표현할 수 있습니다.

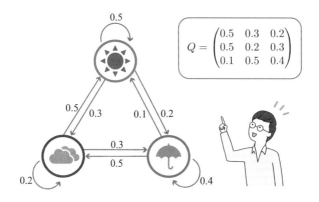

$$Q = \begin{pmatrix} 0.5 & 0.3 & 0.2 \\ 0.5 & 0.2 & 0.3 \\ 0.1 & 0.5 & 0.4 \end{pmatrix}$$

원이 각 상태를, 상태 사이의 숫자가 전이확률을 나타냅니다.

$$Q = \begin{pmatrix} p_{11} & p_{12} & p_{13} \\ p_{21} & p_{22} & p_{23} \\ p_{31} & p_{32} & p_{33} \end{pmatrix} \qquad \text{(식 13.12)}$$

이를 **전이행렬(transition matrix)**이라 합니다. 시각 t의 각 상태 확률을 $\boldsymbol{\pi}_t = (q_1^{(t)}, q_2^{(t)}, q_3^{(t)})$(단, $0 \leq q_i^{(t)} \leq 1\,(i=1,\,2,\,3)$, $q_1^{(t)} + q_2^{(t)} + q_3^{(t)} = 1$, 위에 있는 t는 t제곱이 아니라 t번째라는 것을 나타내는 첨자)로 나타내고 전이행렬을 곱하면, 현재 상태로부터 미래 상태를 계산할 수 있습니다.

예를 들어 오늘($t=0$)이 맑음이라면 현재 상태는 맑음이라 확정되므로, $\boldsymbol{\pi}_0 = (1,\,0,\,0)$라고 나타내고 다음 식을 계산합니다.

$$\pi_1 = \pi_0 Q \qquad \text{(식 13.13)}$$

이를 통해 다음날($t=1$)의 상태 확률분포 $\boldsymbol{\pi}_1 = (0.5,\,0.3,\,0.2)$를 얻을 수 있습니다.

그리고 모레($t=2$)의 상태 확률분포는 다음과 같이 계산하여, $\boldsymbol{\pi}_2 = (0.42,\,0.31,$

0.27)이 됩니다.

$$\pi_2 = \pi_1 Q = \pi_0 Q^2 \qquad \text{(식 13.14)}$$

즉, 맑은 날 n일 후의 상태 확률분포는 다음과 같이 계산할 수 있습니다.

$$\pi_n = (1, 0, 0)Q^n \qquad \text{(식 13.15)}$$

또한, 시간이 충분히 지나고 나서는 Q를 곱하더라도 각 상태 확률분포는 변하지 않는, 즉 정상 상태 π에 이를 때가 있습니다. 이 경우 정상 상태는 $\pi = \pi Q$를 풀면 얻을 수 있습니다. 이 예에서는 $\pi = (0.38, 0.33, 0.29)$입니다.

지금까지는 확률을 가정하고 움직임을 조사하는 흐름을 살펴보았습니다만, 최대가능도 방법 등을 이용하여 데이터로 전이확률을 추정할 수도 있습니다.

수리 모형의 역할

이 장에서는 미분 방정식 모형과 확률 모형을 소개하면서 수리 모형을 살펴보았습니다. 이 예들을 통해 수리 모형이란 '만약 이렇게 되면 어떤 일이 일어날까?'라는 사고 실험을 엄밀한 형태로 수행하는 것이라는 사실을 알 수 있었을 겁니다.

인간의 자연어(평소 사용하는 언어)를 이용한 추론이나 인간이 가진 직감은 때로는 우수한 판단을 보이기도 하나, 도움이 되지 않을 때도 있습니다. 예를 들어 지수함수 증가 같은 현상(앞서 본 예로 이야기하자면, 5분마다 2배로 늘어나는 밤과자가 1개에서 시작해 2시간 후에는 1,600만 개 이상까지 폭발적으로 늘어난다는 것)을 이해하려면, 수학이 아니고서는 어렵습니다.

다시 말해 수학은 인간의 일상 감각이 다다르지 못하는 곳으로 우리를 데

려다주는 도구라고 할 수 있습니다. 물론 모형은 실제 현상의 일부만을 취해, 사람이 세운 가정을 이용하여 만든 것임을 잊어서는 안 됩니다.

현실 세계의 현상을 어느 정도 예측할 수 있는지의 관점에서 끊임없이 모형의 좋고 나쁨을 평가하고, 그 결과를 바탕으로 모형을 개선하는 노력을 게을리하지 않도록 합시다.

이 책에서는 본격적인 데이터 분석에 필수불가결한 통계학 개념과 다양한 통계분석 방법을 망라하여 살펴보았습니다. 다양한 분석 방법이 등장했지만 기본적인 사고방식은 일관되어 있으므로, 이 사고방식의 핵심만 잘 이해했다면 분석 방법의 차이는 세세한 것에 불과하다는 사실을 알 수 있었으리라 생각합니다. 그러므로 일반적인 데이터 분석 범위에서 ○○검정과 같은 가설검정 방법의 자세한 수학 계산 과정을 모두 외울 필요는 없습니다(적어도 필자는 그렇게 생각합니다). 물론 흥미가 있다면 수학적으로도 엄밀하게 설명하는 전문서를 참고하여 한층 더 깊이 이해할 수도 있을 겁니다.

또한, 기본 개념을 이해하지 못한 채 통계학을 사용하거나 데이터를 해석하는 일이 얼마나 위험한지도 느꼈을 것입니다. 그러나 이러한 통계학의 기본 사고방식이 아직 널리 퍼지지는 않았습니다. 항상 데이터를 다루고 있는데도 불구하고, 그 취급 방법은 충분히 이해하지 못하는 것이 지금의 실정입니다. 그러므로 데이터를 적절하게 다루고 분석할 수 있는 능력이 과학이나 비즈니스뿐 아니라, 다양한 분야에서 중요해지고 있다고 생각합니다.

이 책은 통계와 관련한 지식을 가능한 한 전체적으로 소개하기 위해, 구체적인 데이터를 이용한 분석 사례는 최소한으로 실었습니다. 그러므로 이 책을 읽는 독자에게는 다음 단계로 R이나 Python 등의 프로그래밍 언어를 이용하여 실제로 데이터 분석에 도전해 볼 것을 추천합니다. 구체적인 데이터를 대상으로 분석 목적을 설정한 다음 분석 방법을 직접 선택하여 컴퓨터로 분석을 실행하고, 나타난 결과를 보며 해석해 본다면 이해가 훨씬 깊어지리라 생각합니다. 그러면 아마 데이터 분석이 얼마나 재미있고 흥분되는 일인지를 비로소 피부로 느낄 수 있을 것입니다. 이러한 R이나 Python을 이용한 연습을 다루는 책이 많이 출간되고 있으니, 이 책에서 배운 지식을 살리면서 도전해 보기 바랍니다.

최근 딥러닝의 등장이 웅변하고 있듯, 통계학과 데이터 분석 방법은 끊임없이 진보 중이며, 새로운 기법도 계속 개발되고 있습니다. 그러나 이 책에서 소개한 사고방식의 기본만 제대로 이해한다면 이를 바탕으로 새로운 지식을 더할 수 있을 것이니, 어렵지 않게 새로운 데이터 분석 지식을 계속 배워 나갈 수 있을 것입니다.

데이터 분석을 통해 더 나은 미래를 만드는 데, 이 책이 도움이 된다면 더 바랄 바가 없겠습니다.

아베 마사토 (阿部真人)

찾아보기

빅데이터 시대, 올바른 인사이트를 위한

통계 101×데이터 분석

초판 1쇄 2022년 10월 31일
초판 4쇄 2025년 1월 6일

지은이 아베 마사토(阿部真人)
옮긴이 안동현
발행인 최홍석

발행처 (주)프리렉
출판신고 2000년 3월 7일 제 13-634호
주소 경기도 부천시 길주로 77번길 19 세진프라자 201호
전화 032-326-7282(代) **팩스** 032-326-5866
URL www.freelec.co.kr

편 집 박영주
디자인 황인옥

ISBN 978-89-6540-338-8

이 책은 저작권법에 따라 보호받는 저작물이므로 무단 전재와 무단 복제를
금지하며, 이 책 내용의 전부 또는 일부를 이용하려면 반드시 저작권자와
㈜프리렉의 서면 동의를 받아야 합니다.

책값은 표지 뒷면에 있습니다.

잘못된 책은 구입하신 곳에서 바꾸어 드립니다.

이 책에 대한 의견이나 오탈자, 잘못된 내용의 수정 정보 등은 프리렉 홈페이지(freelec.co.kr)
또는 이메일(help@freelec.co.kr)로 연락 바랍니다.